新编21世纪高等职业教育精品教材·通识课系列

大数据基础与应用（商科版）

主　编　李仁璞　周　航
副主编　牛　力　杨庆宜　耿　睿

中国人民大学出版社
·北京·

图书在版编目（CIP）数据

大数据基础与应用：商科版 / 李仁璞，周航主编. -- 北京：中国人民大学出版社，2025.8
新编 21 世纪高等职业教育精品教材. 通识课系列
ISBN 978-7-300-31956-8

Ⅰ.①大… Ⅱ.①李… ②周… Ⅲ.①数据处理-高等职业教育-教材 Ⅳ.①TP274

中国国家版本馆 CIP 数据核字（2023）第 129517 号

新编 21 世纪高等职业教育精品教材 · 通识课系列
大数据基础与应用（商科版）
主　编　李仁璞　周　航
副主编　牛　力　杨庆宜　耿　睿
Dashuju Jichu yu Yingyong (Shangkeban)

出版发行	中国人民大学出版社		
社　址	北京中关村大街 31 号	**邮政编码**	100080
电　话	010－62511242（总编室）		010－62511770（质管部）
	010－82501766（邮购部）		010－62514148（门市部）
	010－62511173（发行公司）		010－62515275（盗版举报）
网　址	http://www.crup.com.cn		
经　销	新华书店		
印　刷	北京密兴印刷有限公司		
开　本	787 mm×1092 mm　1/16	**版　次**	2025 年 8 月第 1 版
印　张	14	**印　次**	2025 年 8 月第 1 次印刷
字　数	333 000	**定　价**	42.00 元

前　言

在21世纪的全球数字化浪潮中，中国正站在新时代的前沿，顺应经济变革新趋势推动数字中国建设。《中共中央关于制定国民经济和社会发展第十四个五年规划和二〇三五年远景目标的建议》提出“发展数字经济，推进数字产业化和产业数字化”。这一战略利用现代数字技术、先进互联网和人工智能技术对传统产业进行全方位、全角度、全链条的改造，促使数字技术与实体经济各行各业深度融合发展，成为推动经济高质量发展的重要动力。在此背景下，培养既懂业务又具备数字化思维和技能的复合型数字化人才显得尤为重要。

本书紧紧围绕国家大数据战略和数字中国发展的总体规划，致力于培养具备数字技能和数据思维的商科人才。本书通过深入浅出的方式，对大数据理论、技术与应用进行系统讲解，帮助读者掌握从数据认知到实际应用的全面能力，通过将业务场景与数据分析的紧密结合，洞察数据的商业价值，成为负责任的数据使用者和决策者。

本书的主要特色如下：

1. 项目引领，任务驱动

本书将理论知识与实践技能紧密结合，通过精心设计的实务案例和任务，采用“理论+实训”的教学模式，使学生在掌握专业技能的同时深刻理解理论内涵。每个项目围绕具体的商业活动，以“项目引领，任务驱动”为理念，将复杂的知识点拆解为具体任务，每个具体任务涵盖“学习目标—任务背景—任务目标—任务准备—知识要点—任务实施—任务评价—课后思考”的完整流程，使学生在实践中深化理解。

2. 全链路体系，循序渐进

本书依据数据全链路思维体系，将内容围绕企业实际经营过程中的数据决策全过程展开，涵盖从提出业务问题、框定业务数据、探索业务问题、开发数据流程，到解决业务问题的全过程。本书通过五个项目的进阶式学习，系统引导学生掌握大数据应用的基本流程。导论部分介绍大数据的基础知识和大数据分析平台；项目一至项目四按照大数据的处理流程“数据存储与汇集—数据清洗与加工—数据分析与挖掘—数据可视化与报告撰写”，系统地引导学生掌握大数据的应用；项目五通过综合实训案例，加深学生对所学知识的理解，提升其综合应用能力。

3. 多元资源，利教便学

本书为方便师生教学和学习，配备了丰富的辅助资源，如教学课件、教案、课程标准等多种教学资源，以支持教师的教学活动。本书还配备了大数据分析平台的登录账号，可通过微信扫描右侧二维码免费获取。账号申请成功后会收到手机短信，里面包含大数据分析平台的登录网址。在浏览器中输入该网址，通过微信扫码即可登录该平台。如有疑问或需要进一步协助，请联系技术支持电话 021－80270481 按 2。

4. 伦理教育，责任培养

为体现思政育人理念，每个项目后均设置了“崇德向善”栏目，通过对大数据伦理案例的解读提升学生的数据伦理与责任意识。在数据驱动的商业环境中，透明性与公平性是确保商业公正与社会信任的核心，特别是涉及数据隐私、安全性和合规性问题。本书旨在帮助学生在应用大数据的同时理解数据决策对社会与商业的深远影响，树立负责任的数据使用观念。

本书坚持产教融合、校企双元开发，由常州工程职业技术学院牵头组织编写，常州工程职业技术学院李仁璞、周航担任主编，上海长耳朵数据科技有限公司总经理牛力、常州工程职业技术学院杨庆宜和耿睿担任副主编。本书实操案例由上海长耳朵数据科技有限公司专家团队提供，在此深表感谢。

本书在编写过程中，广泛参阅了大量文献和资料，在此也谨向编写这些著作、资料的专家和学者致以诚挚的谢意。由于编者水平有限，书中难免存在疏漏之处，敬请广大读者批评指正。

编者

目 录

导论

大数据基础

要在数据驱动的商业世界中做出有效的决策，关键一步是深入理解数据、数据思维、大数据技术、大数据平台以及数据伦理的作用及相互联系。这就好比烹饪，要制作出符合食客口味的佳肴，首先需要深刻洞察食客的需求，这相当于对业务的深入理解和敏锐的商业洞察力；其次，数据思维至关重要，它指导我们如何精选和运用“食材”——数据，并采用恰当的“烹饪技巧”——大数据技术来解决具体的业务挑战。大数据分析平台如同烹饪工具，它提供了必要的支持来高效地处理和分析数据，以确保最终的成果能够精准满足食客的需求。数据伦理可以被看作是烹饪过程中的“食品安全和卫生标准”，确保食材的新鲜、安全和卫生永远是一道美食的基础。通过导论部分，读者将系统地学习大数据的基础知识，熟悉大数据分析平台，并树立正确的数据伦理观念。

学习目标

知识目标

1. 理解大数据的基本概念及应用。
2. 熟悉大数据技术体系和应用场景。
3. 理解大数据伦理问题及基本原则。

技能目标

1. 能够描述大数据的特征及对商业的影响。
2. 能够使用大数据分析平台进行基本操作。

素质目标

1. 培养对数据的敏感度和关注力。
2. 树立数据伦理观念与社会责任感。

一、大数据的定义与类型

（一）大数据的定义

数据是指任何以电子或其他方式对事物或现象的描述性记录。大数据是指规模巨大到无法通过传统的数据处理技术在合理时间内进行获取、管理、处理和分析的数据集合。国际商业机器公司（IBM）提出的大数据的5V特征分别是：Volume（大量）、Variety（多样）、Value（价值）、Velocity（高速）、Veracity（真实性）。

1. 数据体量（Volume）巨大

数据量从TB级别跃升到EB级别（1TB=1 024GB，1PB=1 024TB，1EB=1 024PB），这些数据集的规模远超传统数据处理工具的处理能力。

2. 数据类型（Variety）繁多

大数据不仅包括结构化数据，如表格数据，还包括半结构化和非结构化数据，如文本、图像、视频、音频等。从大量数据中找到有价值的信息就像“沙中淘金”。

3. 价值（Value）密度低

尽管大数据的总量巨大，但其中真正有价值的信息可能只占很小的一部分，因此需要有效的分析方法来提取这些有价值的信息。例如，在连续不间断监控的视频中，可能有用的数据仅仅有1～2秒。

4. 速度（Velocity）快

数据的产生、传输和处理速度极快，强调“实时性”。大数据通常需要快速处理和实时分析，以便从中提取有价值的信息和洞见。

5. 数据真实性（Veracity）高

数据的质量和可信度存在不确定性，即“数据噪声”问题。数据真实性高是大数据质量的重要保障，它将直接影响分析结果的可靠性和有效性。

上述 IBM 对大数据的定义出现在 2000 年左右。随着信息化、智能化、数字化的发展，大数据的内涵与外延在不断地发生变化。在实际的工作应用中，我们没有必要生搬硬套 5V 特征，尊重由经验积累起来的最佳实践、解决工作中的实际数据类问题更为重要。

（二）数据的类型

1. 按结构分类

按照结构来划分，数据可以分为结构化数据、半结构化数据和非结构化数据。

结构化数据：是指具有固定格式和组织形式的数据，通常存储在关系型数据库中，如交易记录、表格数据等。

半结构化数据：是指没有固定格式，但包含一些结构化元素的数据，通常存储在文件中，如 XML 文件、JSON 文件等。

非结构化数据：是指没有固定格式和组织形式的数据，通常存储在非关系型数据库或文件中，如自然语言文本、图像、音频、视频等。

了解数据的类型有助于选择合适的数据存储、处理和分析方法，从而提高数据处理效率和分析的准确性。

2. 按表现形式分类

除了按照结构对数据进行分类外，我们还可以按照数据的表现形式对其进行分类，常见的数据类型见表 0－1。

表 0－1 常见的数据类型

<table>
<tr><th>常见数据类型</th><th>细分类型</th><th>说明</th></tr>
<tr><td rowspan="5">数值类型</td><td>整数（INT）</td><td>常用的整数类型，通常占用 4 字节，广泛应用于需要存储整数的场景，如用户 ID、订单数量、商品库存数量等</td></tr>
<tr><td>大整数（BIGINT）</td><td>大整数用于存储极大的整数。BIGINT 的取值范围是从 －9 223 372 036 854 775 808 到 9 223 372 036 854 775 807</td></tr>
<tr><td>单精度浮点数（FLOAT）</td><td>表示有小数部分的数字，通常占用 32 位（4 字节）的存储空间，适用于对精度要求不高，但需要快速计算的场景</td></tr>
<tr><td>双精度浮点数（DOUBLE）</td><td>表示有小数部分的数字，通常占用 64 位（8 字节）的存储空间，适用于需要更高精度的科学计算</td></tr>
<tr><td>高精度数值（DECIMAL）</td><td>通常占用 128 位（16 字节），适用于需要精确表示十进制小数的场景，如金融计算</td></tr>
<tr><td rowspan="2">字符串类型</td><td>固定长度字符串（CHAR）</td><td>表示固定长度的字符串，如邮政编码、固定格式的编号等</td></tr>
<tr><td>可变长度字符串（NVARCHAR）</td><td>表示长度可变的字符串，如人名、地址、描述性文本等</td></tr>
<tr><td rowspan="3">日期、时间类型</td><td>日期类型（DATE）</td><td>表示具体的某一天，如 2024－07－25。适用于只需要记录日期的场景，如员工入职日期、订单日期、出生日期等</td></tr>
<tr><td>时间类型（TIME）</td><td>表示一天中的某个具体时间点，如 14：30：00</td></tr>
<tr><td>日期时间类（DATETIME）</td><td>同时表示日期和时间，如 2024－07－25 14：30：00</td></tr>
<tr><td>逻辑类型</td><td>真（TRUE）、假（FALSE）</td><td>常用于表示状态、条件判断等</td></tr>
</table>

二、大数据的来源及应用

（一）大数据的来源

大数据的来源广泛且多样，主要来源包括：

（1）互联网数据：包括搜索引擎查询记录、网站浏览量、在线购物行为等，以及用户在社交媒体平台上发布的文字、图片、视频等信息。

（2）传感器和物联网数据：各种传感器设备（如智能家居设备、工业传感器）产生的实时数据。

（3）企业数据：企业在日常运营中产生的各类数据，如销售记录、客户信息、生产过程数据等。这些数据包括结构化的交易记录、库存信息、客户资料等，以及半结构化的日志文件和非结构化的文档、报告等。

（4）公共数据：政府和公共机构公开的各类数据，包括统计数据、公共服务使用情况等。

（二）大数据的应用

大数据的应用常见于企业生产和政府管理，特别是电子商务、交通管理、金融行业等方面。

1. 电子商务

如今的电商平台利用大数据来分析消费者的需求，预测未来的销售发展情况，进而使企业管理者对企业的经营决策更加合理化、科学化，由此提高企业的竞争能力，获得更大的经济效益。例如，企业先根据消费者经常搜索、长时间停留页面的产品和购买的产品所得到的大数据，分析消费者的喜好，然后进行个性化推荐（如图 0－1 所示）和广告投放（如图 0－2 所示）。

图 0－1　购物的个性化推荐

图 0－2 购物平台的广告投放系统

2. 交通管理

大数据在城市交通和建设上的应用也是较为广泛的，相关部门利用大数据技术来协助管理城市，使整个城市的管理工作更加智能化、科学化、规范化。例如，在交通系统中，交通部门通过各个路口电子摄像头（如图 0－3 所示）的实时监控和上传，准确地将路况信息分析出来，在附近各个路口实时显示拥堵状况，还可以为驾驶员提供较为快捷方便的路线。

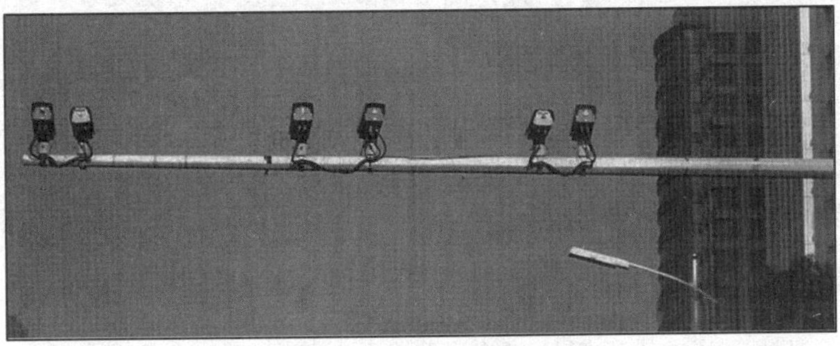

图 0－3 路口电子摄像头

3. 金融行业

金融行业由于其自身行业的特性，在长期的业务开展过程中积累了海量的高价值数据，因此在大数据的应用方面具备得天独厚的优势。目前大数据在金融领域的应用可以分为客户管理、风险管控和运营优化三个方面。例如，通过分析客户的基本信息、在金融机构的相关历史记录和其他相关信息，金融机构可以建立客户产品购买响应模型，对客户接受某产品的概率进行预估，找出最有可能购买相应产品的客户群组。通过该模型，金融机构可以选择该概率超过一定程度的客户为营销对象，从而提高营销成功率、降低营销成本。金融机构通过从市场监督管理局、证券交易所、证监会、安全部门、公安部门等发布的

知识拓展

数字中国建设整体布局规划

监管文件，以及在新闻、出版物、社交媒体数据中抓取到的企业间关系、交易对手风险事件信息，全面刻画行业的社交网络图并应用于机构风险管理、营销等不同业务领域。

三、大数据技术的概念与分类

大数据技术是用来管理和分析规模庞大的结构化、半结构化以及非结构化数据集，从而从海量且多样化的数据资源中迅速提取有价值的信息，获得分析和预测结果的一系列数据处理和分析技术。这些技术涵盖了数据的采集、存储、处理、分析和可视化等多个环节，包括：大数据采集技术、大数据预处理技术、大数据存储与管理技术、大数据安全技术、大数据分析与挖掘技术、大数据可视化与应用技术。随着国家对大数据产业的日益重视以及大数据的发展，大数据技术已成为推动各行各业应对数据量呈指数级增长的关键支撑。它不仅帮助企业优化了决策过程，还促进了创新和效率的提升。

（一）大数据采集技术

大数据采集技术是指获得各种结构化、半结构化及非结构化海量数据的技术，主要包括数据库采集技术、网络数据采集技术、文件采集技术等。

（二）大数据预处理技术

大数据预处理技术主要应用于对采集到的原始数据进行抽取、清洗、填补、平滑、合并、规格化及检查一致性等，将那些杂乱无章的数据转化为统一格式且便于处理的规范形态，为后期的数据分析奠定基础。具体方法包括数据去重、异常值处理、数据标准化等。

（三）大数据存储与管理技术

大数据存储与管理技术是用存储系统将采集到的数据存储起来，并进行管理和调用。具体技术包括关系型数据库系统、分布式文件系统（HDFS）、NoSQL 数据库（MongoDB、Cassandra）、数据湖、数据仓库等。

（四）大数据安全技术

大数据安全技术是指在大数据的存储、处理和分析过程中，采用一系列技术手段来保护数据免受未经授权的访问、使用、泄露、破坏或修改。具体技术包括数据加密、访问控制、数据脱敏、数据备份与恢复等。

知识拓展

大数据技术在商业环境中的关键应用

（五）大数据分析与挖掘技术

大数据分析与挖掘是指从大量的、复杂的、多样化的数据中，通过数据分析与挖掘技术抽取出有价值的信息和知识的过程。具体技术包括统计分析、聚类分析、分类算法、关联规则挖掘、深度学习等。

（六）大数据可视化与应用技术

大数据可视化与应用技术主要用于将数据分析结果呈现给业务决策者，如 Tableau、Power BI、帆软 BI 等。

四、大数据分析平台

DEEP大数据分析平台（如图0－4所示）以应用大数据技术为基础，以数据全链路流程为框架搭建而成，覆盖了从数据源到数据可视化的各个环节，为用户提供了一个高效、便捷的数据处理和分析环境。平台采用双引擎架构设计，包含编程式大数据引擎和图形化大数据引擎。编程式大数据引擎旨在培养学生的IT（Information Technology，信息技术）专业技能，而图形化大数据引擎则专注于提升学生的数据思维能力，适用于商科等非技术背景的学生学习大数据技术，用户可以通过图形化组件的拖放和简单配置来完成大数据分析任务，不需要任何编程基础。

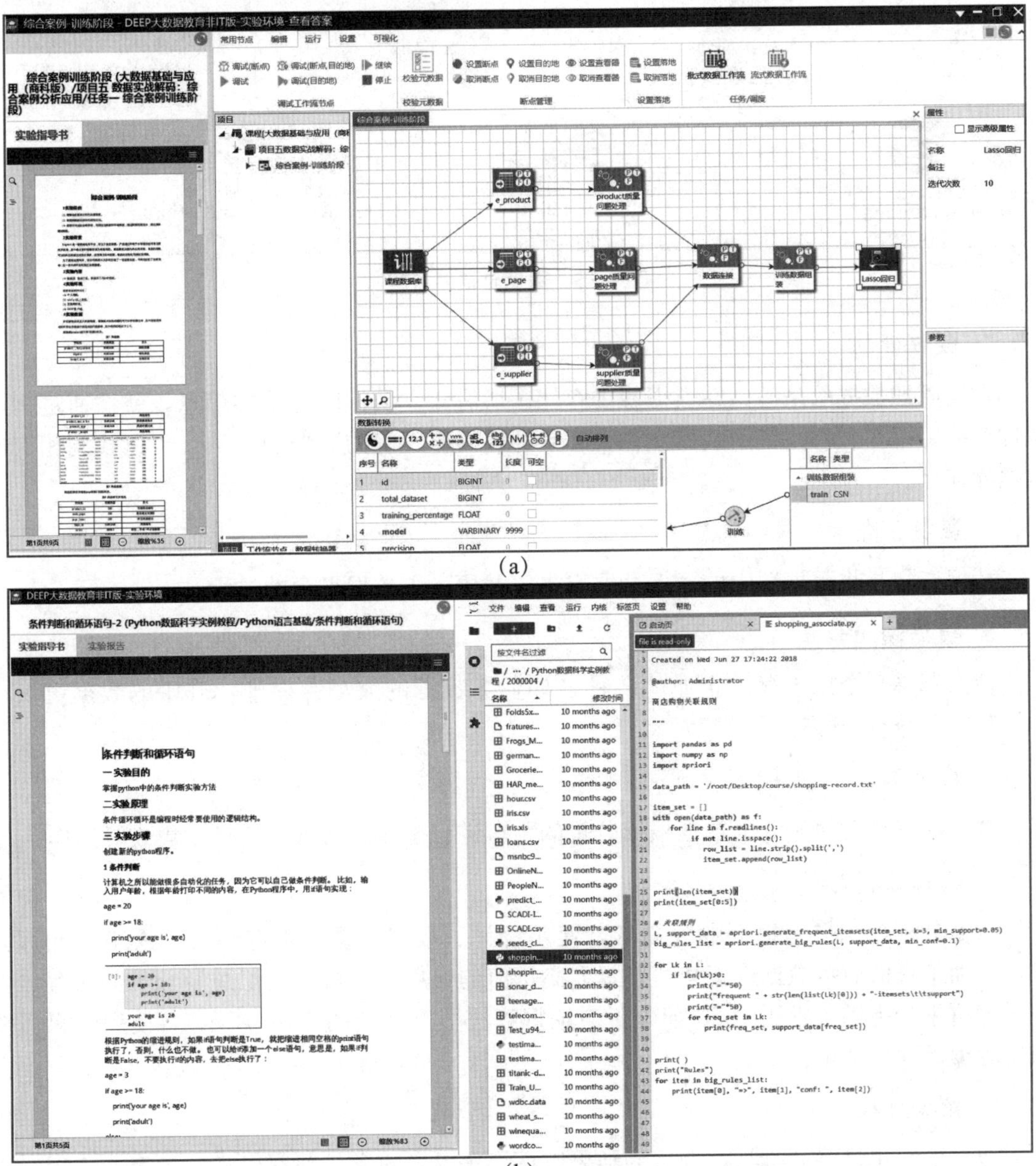

(a)

(b)

图0－4　大数据分析平台

获取 DEEP 平台登录账号的方法，详见本书前言。

（一）数据全链路流程

数据全链路流程是 DEEP 平台的核心框架，它将数据采集、存储、加工、分析、挖掘和可视化等大数据技术与数据处理的各个环节紧密结合。通过遵循数据全链路流程，用户可以系统地解决大数据业务问题，实现数据价值的最大化。数据全链路流程如图 0-5 所示。

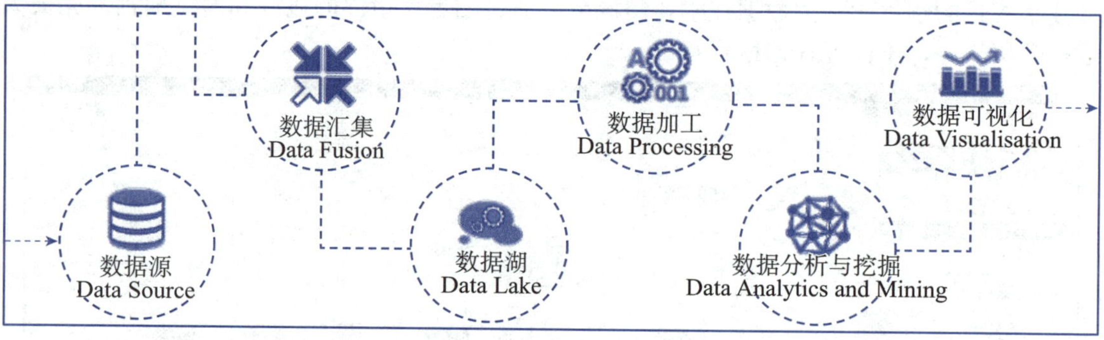

图 0-5 数据全链路流程

1. 数据源

数据源即数据的来源，在数据源中存储了所有建立数据库连接的信息，就像通过指定文件名称可以在文件系统中找到文件一样，通过提供正确的数据源名称，可以找到相应的数据库连接。

2. 数据汇集

数据汇集是将数据源中的数据抽取出来，并导入大数据平台的过程。

3. 数据湖

数据湖是一个用于存储企业的各种各样业务数据的大型存储池，其中的数据可供存取、处理、分析及传输。

4. 数据加工

数据加工是对原始业务数据根据分析的需求进行排序、筛选、转换、集成等操作。

5. 数据分析与挖掘

数据分析与挖掘是根据业务需求，使用统计、数据挖掘、机器学习、人工智能等方法，对加工过的业务数据进行建模，提取高价值的信息，进行历史汇总及预测的过程。大数据分析平台提供了常用的 25 种分析与挖掘算法节点（如图 0-6 所示），使用时只需要拖曳到编辑面板即可。

6. 数据可视化

数据可视化是将分析与挖掘后的结果以可视化图表的形式展现出来，为企业管理者进行数字化运营提供决策支持。

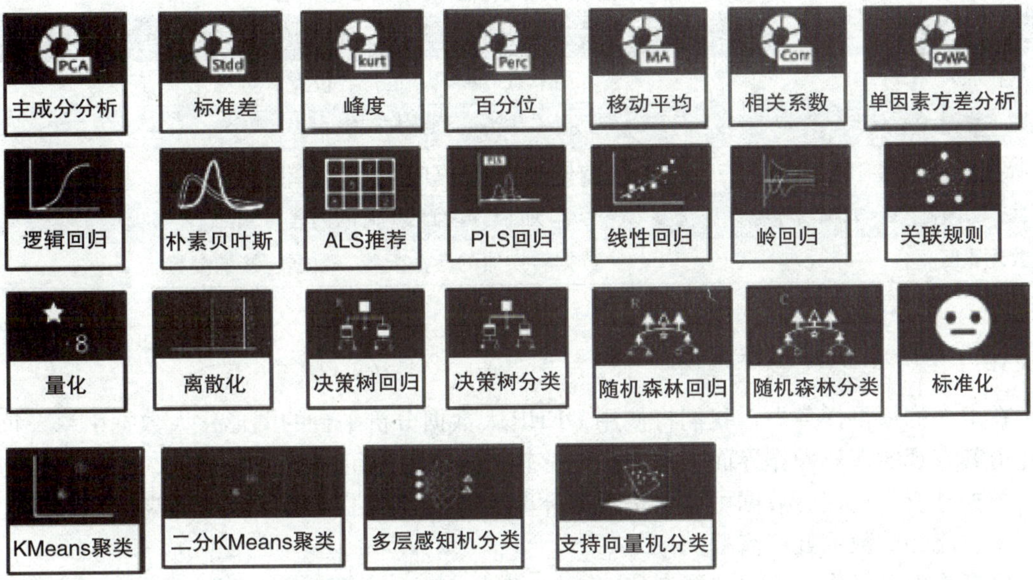

图 0-6 分析与挖掘算法节点

(二)操作界面与功能区域

DEEP 平台的操作界面(如图 0-7 所示)为用户提供了清晰的导航和操作指引,界面被划分为多个功能区域,每个区域都配备了相应的操作面板(见表 0-2),以支持不同的数据处理任务。

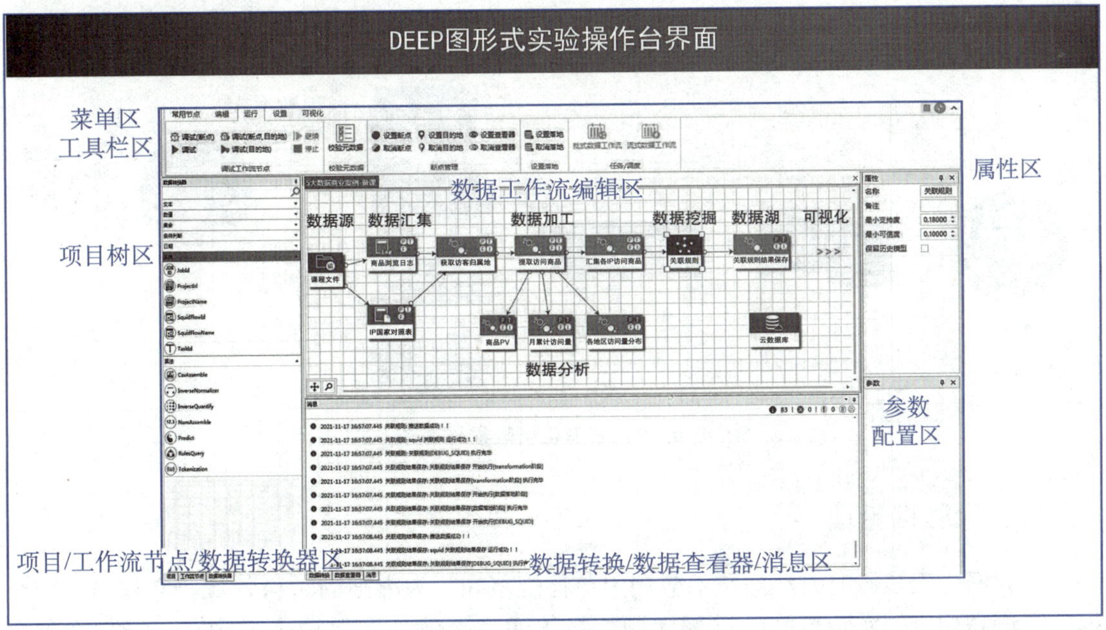

图 0-7 DEEP 平台的操作界面

表 0－2　大数据分析平台操作分区及面板内容

区域名称	拥有的操作面板
工具栏区	常用节点、编辑、运行、设置、可视化
数据工作流编辑区	数据工作流的设计与编辑
数据转换/数据查看器/消息区	数据工作流节点的数据处理逻辑配置
项目/工作流节点/数据转换器区	分析项目与数据工作流的创建与删除
参数配置区	数据转换器的参数配置、数据连接的配置

（三）图形化引擎操作流程

在本书的项目任务中，我们将使用 DEEP 大数据分析平台的图形化大数据引擎。该引擎凭借其直观的拖放操作界面，使用户能够轻松、灵活地组合数据源接入、数据加工与处理、数据分析与挖掘、数据可视化呈现等环节所需的各种工具组件，从而高效地构建起一套完整、流畅的数据处理流程。

图形化引擎操作流程（如图 0－8 所示）十分直观，主要步骤包括：

（1）创建项目：根据具体需求创建一个新的项目。

（2）细分任务：将项目细分为多个任务，每个任务代表一个独立的数据工作流。

（3）搭建工作流：数据工作流由多个工作流节点组成，用户需要按照数据处理的逻辑顺序依次将其放置到工作流中，并建立节点之间的连接关系，形成一条完整的数据处理流水线，类似于工业生产中的流水线，每个节点承担特定的职能。

（4）工作流节点处理：每个工作流节点负责特定的数据处理职责，相当于流水线上的操作岗位。用户需要对每个节点进行详细配置，设定其处理规则和参数。

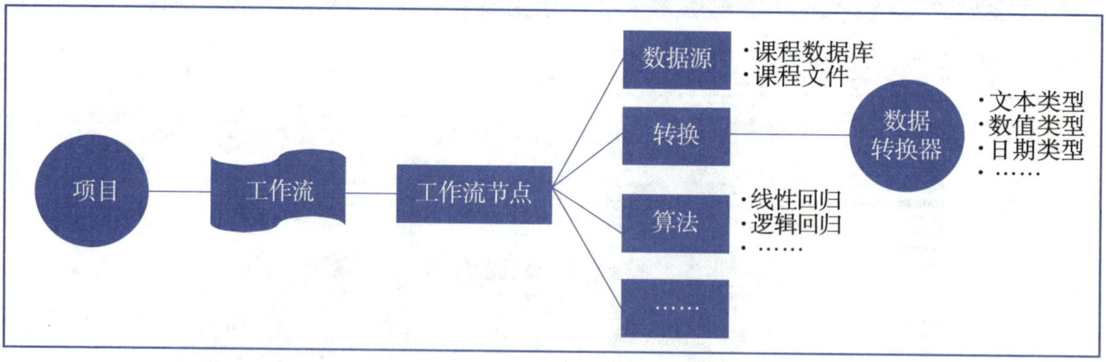

图 0－8　图形化引擎操作流程

五、大数据伦理

大数据伦理是研究大数据技术应用中道德规范和行为准则的学科领域，它聚焦于与数据、算法和相应的实践相关的道德问题，具体而言，就是在保护个人隐私、确保数据安全、防止偏见和歧视的情况下，如何正确地开展数据的收集、存储、分析与利用工作，以及对新技术进行合理使用。这一领域涉及隐私权、数据所有权、算法透明度、决策公正性等多个方面，旨在引导大数据的负责任使用，确保技术发展与社会伦理价值相协调，同时促进知识的创新和经济的增长。

（一）大数据伦理问题

1. 隐私保护问题

隐私保护是大数据伦理中最受关注的问题之一。大数据技术能够随时随地记录、保存和还原个人的身份信息、行为信息、位置信息甚至信仰、观念、情感与社交关系等隐私信息。这种强大的记录能力使得个人隐私面临巨大威胁。如果网络平台运营商不当地收集、存储和兜售用户数据，个人隐私将无从谈起。随着大数据技术的普及，个人数据的泄露风险在不断增加，可能导致财产损失、隐私侵犯等严重后果。

2. 数据安全问题

在大数据时代，随着海量数据的生成和流转，数据安全风险也随之增加。尽管个人和企业对于其数据的删除、存储、使用和知情等行为理应拥有自主控制权利，然而在实际操作中却常常难以落实。信息技术的固有安全缺陷可能使数据面临泄露、篡改或损坏的风险，不仅导致敏感信息的暴露，还可能引发财产损失、信誉损害甚至法律风险。例如，2017 年全球范围内的勒索软件攻击事件，利用了未及时修补的安全漏洞，导致数十万用户的数据被加密勒索，该事件凸显了数据安全问题管理的紧迫性。

3. 数据所有权和控制权问题

随着信息技术的快速发展，个人和企业产生了大量的数据，这些数据的归属和使用权问题变得日益复杂。数据所有权涉及确定谁对数据拥有法律上的权利，包括数据的收集、存储、处理和分发。而数据控制权则关注于谁有权决定数据如何被使用和共享。在实践中，这些问题涉及个人隐私、企业商业机密和国家数据主权等多个层面。例如，用户在社交媒体上产生的数据，其所有权和控制权可能并不完全属于用户本人，而是由平台公司拥有，这引发了关于用户隐私和数据使用的伦理争议。

4. 数据歧视与偏见问题

数据歧视与偏见是大数据伦理中的重要问题，它们可能在数据收集、处理和分析的各个阶段出现。这些偏见可能源于历史数据的不均衡、算法设计者的主观倾向，或者是数据收集过程中的不公正选择。例如，面部识别技术在不同肤色人群中的识别准确率差异，就是一个典型的数据偏见案例。此外，算法在决策过程中可能会因为数据中的性别或种族不平衡而产生不公平的结果，如在招聘算法中可能因为历史数据的性别倾向而对某一性别的申请者产生不利影响。

5. 数据主权

数据主权关系到国家对数据的控制、管理和利用的最高权力。数据主权强调的是国家在其领土内对数据的管理和控制权，包括对数据的生成、存储、流动、分析和利用的权力，以及在国际事务中独立自主地参与数据治理的能力。随着大数据和云计算技术的发展，数据的存储和处理经常跨越国界，这使得传统的以地理边界为基础的主权概念面临挑战。例如，一个国家的公民数据可能被存储在另一个国家的服务器上，这就引发了关于哪个国家拥有数据主权的问题。

在实践中，数据主权的问题变得复杂，因为它不仅涉及技术层面，还涉及法律、经济和政治等多个层面。例如，跨国公司在全球范围内收集和处理数据，可能会与所在国的数据保护法规发生冲突。同时，国家之间在数据治理方面的合作与竞争，也使得数据主权的问题更加复杂。

6. 机器道德

随着 AI 系统自主决策能力的增强，如何为这些非生物实体制定道德准则成为一大挑战。传统的道德哲学主要基于人类的行为和选择，但 AI 的决策基于算法和数据处理，这使得传统道德框架难以直接套用。例如，自动驾驶汽车在面对两难困境时的决策，就涉及复杂的道德问题。

7. 信息茧房

信息茧房指的是人们在互联网上由于个性化算法推荐而只接触到与自己观点相符的信息，从而形成一种信息闭环，限制了人们的视野和认知的多样性。这种现象可能导致个体和社会的分化加剧，减少了不同观点之间的交流和理解，增加了群体间的误解和偏见。

8. 深度伪造

深度伪造技术通过人工智能算法可以合成逼真的图像和声音。这项技术在伦理上引发了广泛的讨论。一方面，深度伪造技术可能被用于不法用途，如制造虚假新闻、诽谤个人，甚至影响政治选举，从而破坏社会信任和个人声誉。例如，通过深度伪造技术制作的假视频可能会被用于误导公众，影响政治观点或市场情绪，造成社会不稳定和个人伤害。另一方面，深度伪造技术也有潜在的正当用途，比如在电影制作中创造虚拟角色，或者为失去声音的人合成语音等。

（二）数据伦理的基本原则

数据伦理的基本原则是指导数据处理活动、确保数据科学技术负责任使用的一套道德准则，旨在确保数据处理活动在尊重个人权利、增进社会福祉、保护公共利益的同时，能够负责任和可持续地进行。数据伦理的基本原则主要包括以下五部分内容：

1. 尊重隐私

尊重隐私原则要求在处理个人数据时必须保护个体的隐私权利。这包括但不限于获取明确的同意、提供隐私政策，以及实施数据最小化原则，即只收集和处理实现特定目的所必需的数据。隐私保护还涉及设计隐私保护措施，如匿名化和去标识化技术，以减少个人数据被滥用的风险。此外，隐私尊重还意味着要对个人数据进行安全存储，防止未经授权的访问和泄露，确保个人隐私不受侵害。

2. 数据保护和安全

数据保护和安全原则强调必须采取适当的技术和管理措施来保护数据不被非法访问、泄露、篡改或破坏。这包括实施强大的数据加密、访问控制措施和开展定期的安全审计活动。组织必须确保数据在整个生命周期中的安全，从收集、存储、处理到传输和销毁的每一个环节都不应忽视安全措施。此外，数据保护还要求对数据泄露事件有迅速和有效的响应机制，以及对受影响的个人要及时通知。

3. 公平性和非歧视

公平性和非歧视原则要求数据处理活动不得因种族、性别、年龄、信仰或其他个人特征而导致不公平或歧视性的决策。这意味着算法和数据分析必须设计得公正无私，避免偏见和歧视。组织需要对算法进行定期审查和测试，以确保它们不会加剧现有的社会不平等。此外，这一原则还鼓励多样性和包容性，确保所有群体都能公平地受益于数据驱动的服务和决策。

4. 透明度和可解释性

透明度和可解释性原则要求数据处理活动对用户和相关方是透明的，尤其是当算法和数据分析用于重要决策时。这意味着组织应该能够清楚地解释其数据处理实践、算法逻辑和决策依据。透明度还涉及提供足够的信息，让用户了解他们的数据如何被使用，以及他们拥有哪些权利。可解释性则要求算法决策过程是可以理解的，即使是复杂的人工智能系统，也应提供一定程度的解释，以便用户能够理解其工作原理和结果。

5. 责任和问责制

责任和问责制原则强调组织和个人应对其数据处理活动负责，并在违反数据伦理规范时承担相应的责任。这要求组织建立明确的数据治理框架，明确责任分配，并确保所有员工都了解他们的责任。问责制还意味着在发生数据滥用或其他不当行为时，应有明确的问责和惩罚机制。此外，组织应建立有效的监督和审计系统，以确保数据处理活动符合法律法规和伦理标准，并在必要时采取纠正措施。

知识拓展

国内外数据保护法律概览

项目一

数据资产积累：数据存储与汇集

随着企业数字化转型的加速和信息系统的广泛使用，企业积累了大量的数据，这些数据成为企业重要的资产。然而，如何高效地存储和管理这些数据，确保数据的安全性和可用性，以及如何将分散的数据汇集起来，为后续的数据分析与挖掘提供支持，成为亟待解决的问题。本项目旨在通过学习数据存储与汇集的概念及方法，并结合大数据分析平台的实际操作，帮助读者掌握数据存储与汇集的关键技能，提升数据管理与应用能力，为后续的大数据分析和数据驱动决策奠定坚实的基础。

任务一　数据源数据存储

学习目标

知识目标

1. 熟悉数据存储的基本概念和方式。
2. 理解数据源存储管理的概念及形式。

技能目标

1. 能够将本地业务文件存储至大数据分析平台。
2. 能够配置平台预置的数据源存储载体（课程文件/云文件/课程数据库）。

素质目标

1. 培养对数据安全的高度重视。
2. 提升在处理和存储敏感数据时的道德意识，确保数据隐私和合规性。

任务背景

在大数据时代，数据的存储和管理对于企业来说至关重要。有效的数据存储解决方案不仅能够确保数据的安全性和可访问性，还能够支持企业的业务连续性、合规性以及数据驱动的决策制定。然而，随着数据量的激增，传统存储方式已经无法满足现代社会的需求，企业面临着数据存储和管理方面的挑战，如数据安全性、存储成本，以及数据的快速访问等。

为了解决这些问题，企业需要构建一个安全、高效、可靠的数据存储和管理平台。

任务目标

在大数据分析平台上创建和管理课程文件、云文件和数据库数据源。

任务准备

一、实验环境准备

需要准备的环境有：

（1）个人计算机。

（2）Win7SP1（Windows 7 Service Pack 1）以上系统。

（3）互联网环境。

（4）大数据分析平台及个人登录账号（获取DEEP平台登录账号的方法详见本书前言）。

二、数据准备

在本地计算机中提前准备几个数据文件（格式和内容随意，大小不要超过 1MB）。使用个人账号登录大数据分析平台后，依次单击【我的数据】→【低代码数据】→【文件管理】。通过单击【选取文件】按钮选择准备的数据文件（每次只能选择一个），然后单击【开始上传】按钮将本地文件上传到大数据平台，如图 1 - 1 所示。

图 1 - 1　上传本地文件

三、工作流概览

本任务将创建三种类型的数据源，分别是课程文件、云文件、课程数据库（如图 1 - 2 所示）。

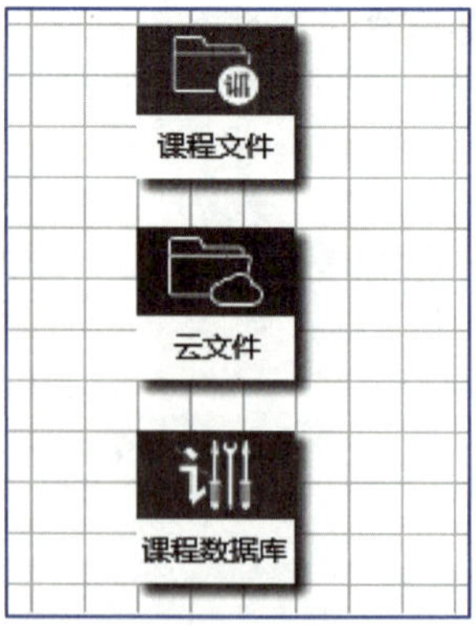

图 1 - 2　工作流概览

四、步骤分解

本任务的执行步骤见表 1 - 1。

表 1-1　任务步骤分解

子任务	步骤
流程准备	（1）新建项目； （2）创建数据工作流
数据源文件存储	（1）创建课程文件； （2）创建云文件
数据源数据库存储	创建课程数据库

知识要点

一、数据存储的概念

数据存储是指将数据以电子形式保存在计算机或其他设备中的过程。传统的数据存储方式包括磁盘存储、光盘存储等，这些方式主要依赖于单一物理介质的形式来保存数据。然而，随着数据量的激增，传统的数据存储方式已经无法满足现代社会的需求。因此，分布式存储和云存储等新型存储模式出现了。

二、传统数据存储管理

（一）文件系统

文件系统是操作系统中负责管理和组织计算机存储设备上文件和数据的一种机制。

文件是组织数据的一种方式，存放在文件系统中。文件可以是文本文档、图片、程序等。文件系统支持多种文件存储和访问方式。常用的文件类型有 Excel 文件、CSV 文件等。CSV 全称是 Comma-Separated Values，即逗号分隔值，它由任意数目的行和列组成，各行之间以换行符分隔，各列之间通常用英文逗号“,”或制表符“\t”分隔，每行都是一条数据。CSV 文件是一种通用的、相对简单的文件格式，被广泛应用于个人使用、商业应用及科学研究等诸多领域。以下直播信息的 CSV 数据示例（如图 1-3 所示）中，列名分别是直播编号、直播房间号、直播开始时间、直播结束时间。

```
id,room_id,start_time,end_time
1,R00001,2022-01-01 19:00:00,2022-01-01 21:00:00
2,R00001,2022-01-08 19:00:00,2022-01-08 21:00:00
3,R00001,2022-01-15 19:00:00,2022-01-15 21:00:00
4,R00001,2022-01-22 19:00:00,2022-01-22 21:00:00
5,R00001,2022-01-29 19:00:00,2022-01-29 21:00:00
6,R00002,2022-01-01 19:00:00,2022-01-01 21:00:00
7,R00002,2022-01-08 19:00:00,2022-01-08 21:00:00
8,R00002,2022-01-15 19:00:00,2022-01-15 21:00:00
9,R00002,2022-01-22 19:00:00,2022-01-22 21:00:00
10,R00002,2022-01-29 19:00:00,2022-01-29 21:00:00
11,R00003,2022-01-01 19:00:00,2022-01-01 21:00:00
12,R00003,2022-01-08 19:00:00,2022-01-08 21:00:00
13,R00003,2022-01-15 19:00:00,2022-01-15 21:00:00
14,R00003,2022-01-22 19:00:00,2022-01-22 21:00:00
15,R00003,2022-01-29 19:00:00,2022-01-29 21:00:00
16,R00004,2022-01-01 19:00:00,2022-01-01 21:00:00
```

图 1-3　直播数据

（二）数据库

数据库可以分为关系型数据库与非关系型数据库，它们的主要区别是组织和存储数据的形式不同。关系型数据库使用二维表格的形式组织数据，而非关系型数据库使用其他结构来组织数据，如键值对等。用户可以对其中的数据进行新增、删除、修改、查询等操作。

关系型数据库是一种基于关系模型的数据库，通过表之间的关系来管理数据。每个数据库中都可以创建许多张表。每张表其实就像一个简单的电子表格，是由多个列组成的，包括列名称和列里面的值。对于关系型数据库的管理，常见的数据库管理系统有 MySQL、SQL Server、Oracle 等。

非关系型数据库是近年来迅速发展的一种数据库技术。与关系型数据库相比，非关系型数据库更灵活，适合处理大量的分散数据和高并发访问。非关系型数据库有多种数据模型，最常见的包括键值对、列存储和图形等。键值对是非关系型数据库中最基本的数据模型，它将数据以键值对的形式进行存储，每个键都对应一个值，操作简单高效。列存储数据库以列为单位存储数据，适合处理分散的数据。图形数据库则专门存储和处理图结构数据。非关系型数据库的主要特点有：数据模型灵活，可存储非结构化或半结构化数据；横向扩展性强，易于通过添加节点进行扩展；性能高，可针对特定应用场景进行优化，例如在某些场景下具备快速读写能力。它广泛适用于大规模数据存储（如社交媒体的海量用户数据）、高并发读写（如物联网的高并发访问）以及实时数据处理（如金融风控的实时响应）等场景。常见的非关系型数据库管理系统有 MongoDB、HBase、Redis 等。

三、大数据时代数据存储管理

（一）分布式存储

分布式存储是通过在多个服务器上搭建分布式文件系统等架构，将数据按照一定的策略分散存储到各个服务器节点上，并实现数据的统一管理和高效访问的一种存储方式（如图 1－4 所示）。

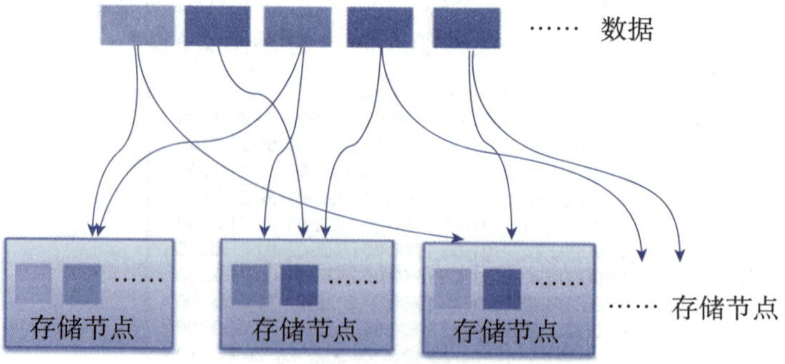

图 1－4　分布式存储

分布式存储技术是一种新型的数据处理技术，主要是将数据分布存储，同时将分布存储的数据联系起来，共同构建一个虚拟的存储设备。这种技术在网络中分布存储数据，并将数据结合成一个整体，以达到节约存储空间的效果。分布式存储技术最早应用于气候研究和物理研究等大规模科学计算，由于研究人员分布在不同的地理位置，因此数据存储具有分布式的特征。随着互联网技术的蓬勃发展，分布式存储技术的应用范围越来越广泛，大大提高了网络存储资源的利用率，使人们存储数据的需求也得到了满足。同时，分布式存储技术为人们提供了数据共享通道，方便了人们之间的数据交换。

与传统的存储系统相比，分布式存储系统拥有更高的可靠性、更好的安全性、更强的扩展性，使得人们存储管理大量数据的需求能轻而易举地得到满足。分布式存储系统主要应用了两种技术。第一种技术是弹性扩展技术。存储系统的首要特性是可扩展性，这一特性是决定存储系统性能的关键因素。弹性扩展技术的发展使分布式存储系统具备了良好的可扩展性。第二种技术是元数据管理技术。元数据是指用于描述数据的特征、属性和关系等信息的数据，例如在文件系统中，文件的名称、大小、创建时间、修改时间等信息就是文件的元数据，它帮助我们更好地管理和查找文件。拥有良好的元数据管理能力是存储系统完成元数据管理工作的重要前提。分布式存储系统具有一流的元数据管理能力且不需要专门的元数据服务器，大大地减少了企业的成本开支。

（二）云存储

云存储是一种基于云计算模型的网络存储技术，通过互联网提供按需分配、弹性扩展的数据存储服务。

云存储由网络设备、存储设备、服务器、应用软件、公用访问接口、接入网和客户端程序等组成。它以存储设备为基础，通过应用软件来对外提供数据存储和业务访问服务，其核心包括与数据的存储管理、调度等一系列功能相关的软件和服务体系。云存储的架构通常分为以下四个层次：

（1）存储层：存储层是云存储的基础，由大量存储设备组成，这些设备通过高速网络连接在一起。存储设备之上是一个统一的存储设备管理系统。

（2）基础管理层：基础管理层包括集群系统、分布式文件系统和网格计算，用于协调云存储设备之间的工作，使多个存储设备可以对外提供服务。数据加密技术保证云存储中的数据安全，数据备份技术和数据容灾技术则保证云存储自身的安全和稳定。

（3）应用接口层：应用接口层是云存储与用户交互的桥梁。不同的云存储运营商开发不同的服务接口，提供不同的服务，如视频监控、视频点播应用平台、网络硬盘和远程数据备份应用等。这些接口通过标准化的应用程序接口（API）和工具，使用户能够方便地访问和管理存储资源。

（4）访问层：任何一个授权用户都可以通过标准的公用应用接口（如 Web 界面）登录云存储系统，享受云存储服务。

传统数据存储方式下，数据存储系统的读写性能较差，数据存储过程易受到时间和空间的限制，难以满足现代企业对实时性和高效性的需求。此外，数据存储的安全性和稳定性无法得到完全保障。随着数据量的增长，存储容量的扩展不仅增加了硬件设备的购置成本，还带来了更高的运维费用。与传统存储方法相比，云存储技术不仅容量大，而且存储效率较高。用户可以通过网络和相关服务器设备，便捷地管理和使用数据，实现数据信息的有效利用。在数据传输过程中，云存储技术利用互联网加密技术，可以提升数据传输的完整性、可靠性。在当前的商业世界中，云存储技术和大数据技术协调发展，大幅提升了数据处理效率，为用户提供了更加便捷、高效的数据存储和管理解决方案。

四、数据源数据存储管理

数据源是指应用程序直接访问的数据来源，包括数据库、数据库服务器、文件系统、API 等数据载体或服务端点。在大数据分析平台上，数据源中存储着待分析的原始业务数据，是数据分析的起点。进行大数据分析时，用户只有将原始数据从数据源中抽取并汇集到大数据分析平台上才能进行高效的加工和处理。

数据源允许企业以原始格式存储大量结构化、半结构化和非结构化数据，支持数据的全量获取、全量存储、多模式处理与全生命周期管理。数据源数据存储主要用于存储和管理特定类型的原始数据，支持业务应用和实时数据处理，适用于业务系统、实时监控和数据备份等场景。

大数据分析平台中的数据源数据存储可分为以下形式，如图 1－5 所示。

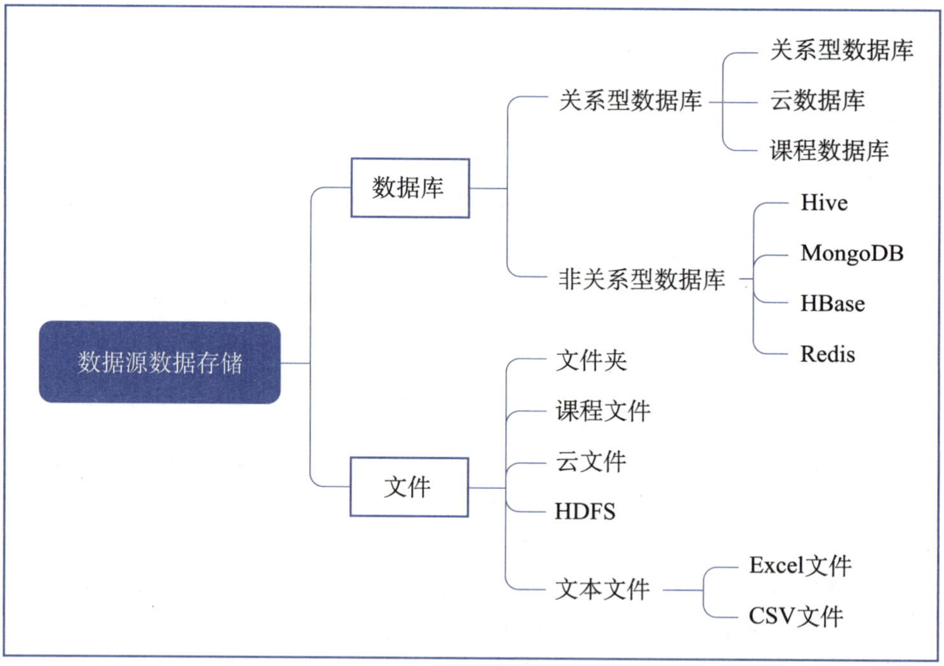

图 1－5　数据源数据存储

文件系统和数据库系统是两种常见的数据存储与管理机制。

文件系统以文件为单位存储和管理数据，依赖于操作系统。它是操作系统用于管理和组织存储设备（如磁盘或固态硬盘）上文件的方法和数据结构。文件系统负责创建、读取、写入、修改和删除文件，以及控制对文件的访问。

相比之下，数据库系统则是一种更为复杂的数据存储和管理机制，用于存储和管理大量结构化和非结构化的数据，如文本、数字、图像、音频等。数据库系统以数据库为单位存储数据，通过数据库管理系统来统一管理和控制数据，提供数据定义、数据操纵、数据库事务管理、数据库维护等功能。通过程序与数据的分离，数据库系统实现了以记录和字段为单位的数据共享。

任务实施

一、流程准备

（一）新建项目

在“免费数猎场_***********”（11 位 * 代表个人在大数据分析平台上的登录账号，下文同）上右击【创建项目】。将该项目名称改为“项目一 数据资产积累：数据存储与汇集”。如果已经存在该项目，则无须再新建。

（二）创建数据工作流

在刚才创建的项目上右击【创建数据工作流】，将该工作流名称改为“任务一 数据源数据存储”。用鼠标双击（用鼠标单击和双击默认为用鼠标的左键，下文同）该工作流，即可打开该工作流，如图 1-6 所示。

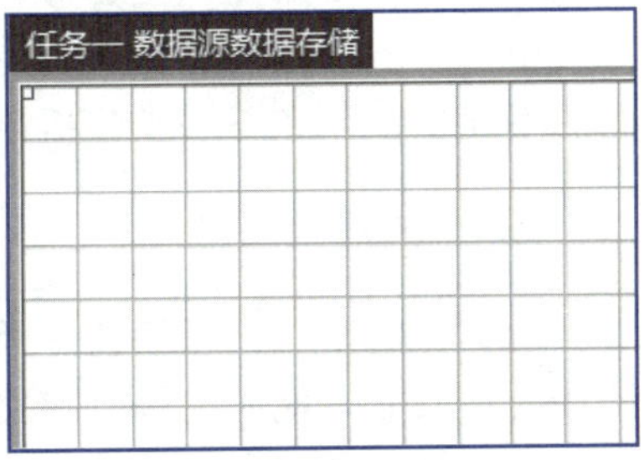

图 1-6 创建数据工作流

二、数据源文件存储

（一）创建课程文件

课程文件是一种存储文件类型数据的数据源。大数据分析平台的课程文件是为了方便教学而提出的一个定制化概念，其实质是一个文件夹，和计算机里的文件夹类似。课程文件里可以存储一个或多个数据文件。

根据任务要求，本工作流节点定义并连接文件类型数据源，具体步骤如下：

在【工作流节点】面板中的【数据源】栏中，找到【课程文件】节点，用鼠标将它拖曳到上面步骤打开的工作流的编辑面板中，如图 1-7 所示。

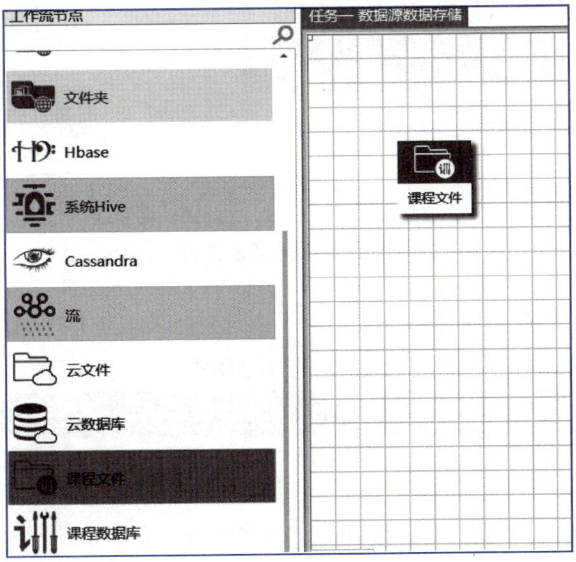

图 1-7 创建课程文件

用鼠标选中【课程文件】节点，对该节点进行如表 1-2 所示的属性设置。

表 1-2 数据源属性

属性名	值
课程	大数据基础与应用（商科版）

单击【属性】面板中的【连接】按钮，可以看到若干个文件，如图 1-8 所示。

如果可以看到文件，就说明连接成功了。连接成功后，可以选中文件，单击【预览】按钮，查看文件的内容。在大数据分析中，一般都会先浏览一下待分析的原始数据，根据原始数据的不同特征，在下一步分析流程中选择不同的加工方法。

图 1-8 连接数据源

（二）创建云文件

云文件也是一种存储文件类型数据的数据源，它将文件存储在云端（非本地）的服务器之上，如百度云、阿里云等。

本工作流节点定义并连接文件类型数据源，具体步骤如下：

在【工作流节点】面板中的【数据源】栏中，找到【云文件】节点，用鼠标将它拖曳到上面步骤打开的工作流的编辑面板中，如图 1-9 所示。

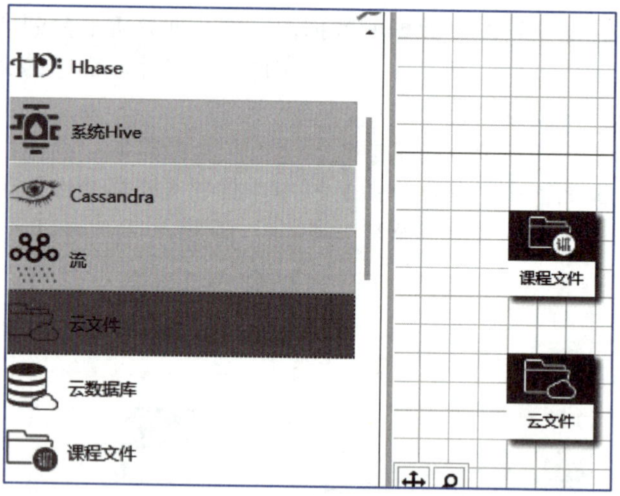

图 1-9 创建云文件

用鼠标选中【云文件】节点，对该节点进行如表 1-3 所示的属性设置。

表 1-3 数据源属性

属性名	值
文件路径	/

单击【属性】面板中的【连接】按钮，在数据源面板上可以看到在本项目的数据准备环节上传的文件，如图 1-10 所示。

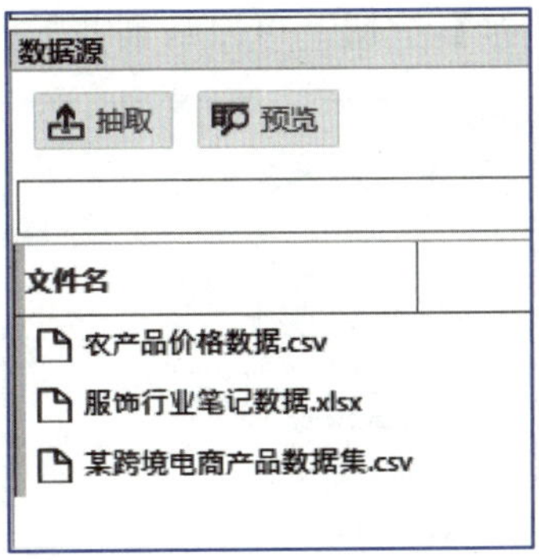

图 1-10　连接数据源

如果未完成本项目的数据准备环节的操作，则数据源面板为空；如果可以看到文件，就说明连接成功了。需要注意的是，云文件和个人账号绑定，不同的用户上传的文件不同，则在此步骤中看到的文件列表也会不同。

三、数据源数据库存储

课程数据库是一种存储数据表数据的数据源。

大数据分析平台的课程数据库是为了方便教学而提出的一个定制化概念。其实质是一个关系型数据库，和常规的关系型数据库，如 MySQL、DB2、Oracle 等类似。一个课程数据库里可以存储一个或多个数据表。

本工作流节点定义并连接数据库类型数据源，找到所需要的数据表。具体步骤如下：

在【工作流节点】面板中的【数据源】栏中，找到【课程数据库】节点，用鼠标将它拖曳到上面步骤打开的工作流的编辑面板中，如图 1-11 所示。

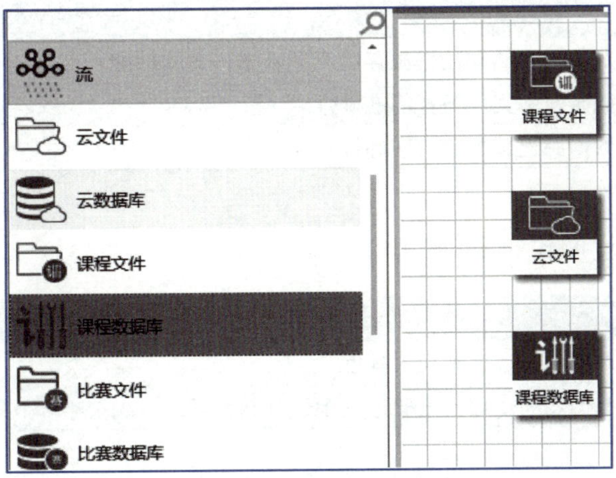

图 1-11　创建课程数据库

用鼠标选中【课程数据库】节点，对该节点进行如表 1-4 所示的属性设置。

表 1-4　数据源属性

属性名	值
课程	大数据基础与应用（商科版）

单击【属性】面板中的【连接】按钮，可以看到若干张表，如图 1－12 所示。

图 1－12　连接数据源

如果可以看到表，就说明连接成功了。选中其中一个表，单击【预览】按钮，可以查看表里的具体数据记录。这些数据是大数据分析的原始数据，在后续的分析步骤中，将对这些数据按照实验指导书（需求）的要求来设计相应的分析流程，进行不同的数据加工和分析。

任务评价

一、知识与技能评价（70 分）

评价项目	评价内容	分值
理解与应用	对数据存储和数据源存储管理基本概念的理解	20
数据配置能力	原始业务文件配置的准确性	25
数据配置能力	数据源连接配置的准确性	25

二、过程与体验评价（20 分）

评价项目	评价内容	分值
学习态度	对任务的态度和投入程度	10
问题解决能力	在创建和管理数据源过程中遇到问题时的解决策略和效果	10

三、自我感受与反思（10 分）

评价项目	评价内容	分值
自我感受	对本次任务的总体感受	5
反思与改进	对自身表现和不足的反思	5

课后思考

在数据存储过程中应采取哪些措施来预防数据泄露？

任务二　数据湖数据存储

学习目标

知识目标

1. 理解数据湖数据存储管理的概念及形式。
2. 了解云存储的安全性问题。

技能目标

1. 能够配置平台预置的数据湖存储载体（云文件/云数据库）。
2. 能够验证数据湖的有效连接。

素质目标

1. 培养对数据安全的高度重视。
2. 提升在处理和存储敏感数据时的道德意识，确保数据隐私和合规性。

任务背景

在大数据时代，企业不仅需要存储原始数据，更需要对这些数据进行加工和整合，以便能够快速、高效地进行分析和决策。数据湖作为企业数据架构的核心组成部分，一般用于存储原始的业务数据，以及大数据分析的中间结果和最终结果。与传统的数据库相比，数据湖里的数据在数据的结构、形式、尺寸等方面基本没有限制。

任务目标

在大数据分析平台中构建数据湖并进行数据存储。

任务准备

一、实验环境准备

需要准备的环境有：

（1）个人计算机。

（2）Win7SP1 以上系统。

（3）互联网环境。
（4）大数据分析平台。

二、数据准备

无。

三、工作流概览

本任务创建两种类型的数据湖，分别是云文件、云数据库。整个工作流设计如图 1－13 所示。

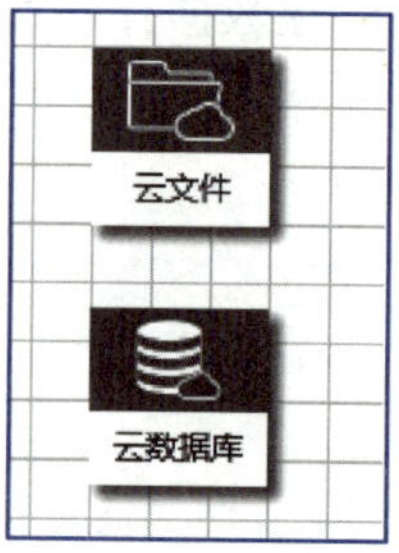

图 1－13　工作流概览

四、步骤分解

本任务的执行步骤见表 1－5。

表 1－5　任务步骤分解

子任务	步骤
流程准备	（1）新建项目； （2）创建数据工作流
数据湖文件存储	创建云文件
数据湖数据库存储	创建云数据库

知识要点

一、数据湖数据存储管理

数据湖是大数据分析平台的数据存储池，主要存储数据分析或加工过程中产生的一些原始数据、中间数据和结果数据，支持大数据分析、数据科学实验和数据探索等复杂场景。在大数据分析平台中常用来作为数据湖的有云文件、云数据库等，如图 1－14 所示。

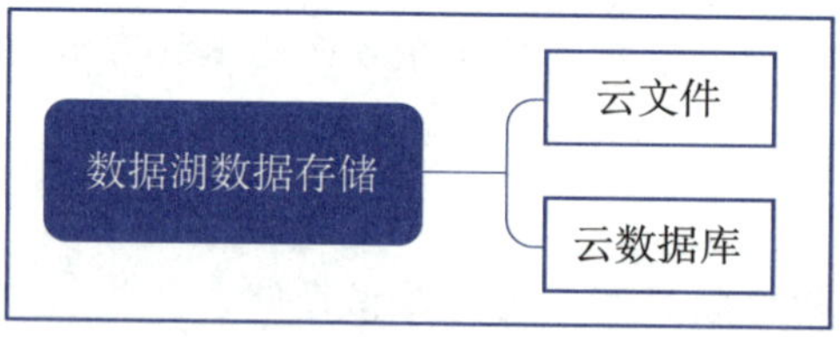

图 1－14　数据湖数据存储

二、云存储安全管理

云存储的安全性已成为公众关注的焦点。在公共云存储环境中，数据的所有权与管理权是分开的，用户一旦将数据上传至云端，就无法直接控制自己的数据。存储资源由云服务提供商掌控，并通过虚拟化技术将这些资源分配给多个用户。如果访问控制不严格，存在可被利用的安全缺陷、访问途径不当或技术漏洞，那么可能引发用户隐私数据的泄露风险。为了保障数据安全，云存储通常采取以下措施：

（1）数据加密：在数据传输和存储过程中进行加密，确保数据在传输和存储过程中的安全性。

（2）访问控制：基于角色的访问控制，确保只有授权用户才能访问相应数据。

（3）审计和监控：记录和监控数据访问和操作日志，及时发现异常行为。

（4）数据备份与恢复：定期备份数据，并确保备份数据的安全存储。

（5）物理安全措施：在云存储提供商的数据中心实施严格的物理安全控制措施，如监控系统和安全防范系统，确保设施的安全性。

（6）使用防火墙与入侵检测系统：部署网络防火墙和入侵检测系统，保护数据免受网络攻击和未经授权的访问。

任务实施

一、流程准备

（一）新建项目

在“免费数猎场_************”上右击【创建项目】。将该项目名称改为“项目一　数据资产积累：数据存储与汇集”。如果已经存在该项目，则无须再新建。

（二）创建数据工作流

在刚才创建的项目上右击【创建数据工作流】，将该工作流名称改为“任务二　数据湖数据存储”。用鼠标双击该工作流，即可打开该工作流，如图 1－15 所示。

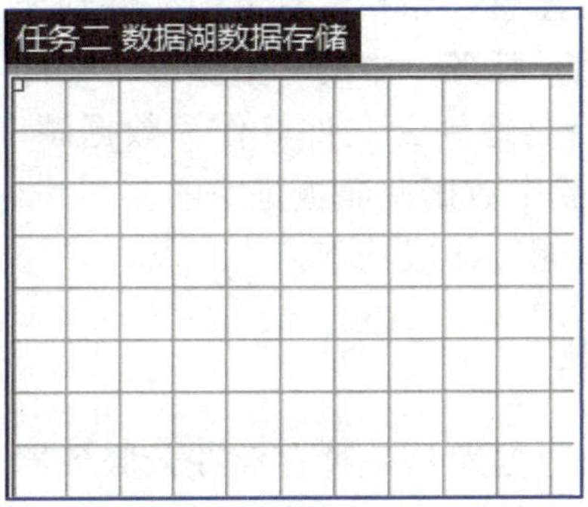

图 1－15　创建数据工作流

二、数据湖文件存储

在大数据分析平台上，云文件是一种存储在云服务器（公有云如百度云、阿里云，或私有云）上的文件类型。云文件既可以作为数据湖，也可以作为数据源（参考项目一任务一），其数据编码格式和本地文件没有本质区别。

【云文件】节点定义并连接数据源，找到所需要的数据表。具体步骤如下：

（1）在【工作流节点】面板中的【数据源】栏中，找到【云文件】节点，用鼠标将它拖曳到上面步骤打开的工作流的编辑面板中，如图 1－16 所示。

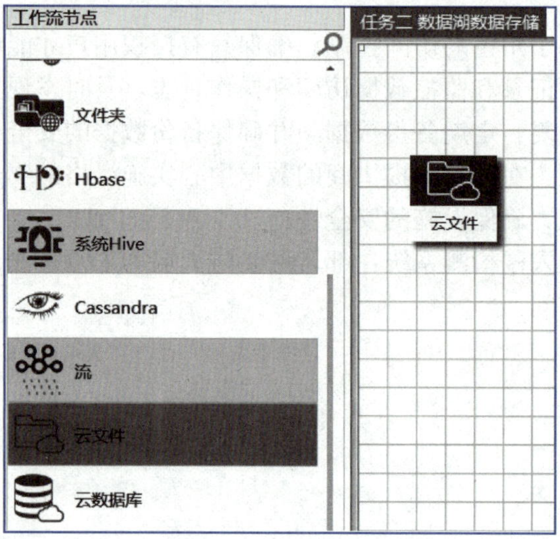

图 1－16　创建云文件

（2）用鼠标选中【云文件】节点，对该节点进行如表 1－6 所示的属性设置。

表 1－6　数据源属性

属性名	值
文件路径	/

（3）单击【属性】面板中的【连接】按钮，可以看到若干个文件，如图 1－17 所示。注意：如果没有上传文件到云文件（作为数据源，详见项目一任务一中的“数据准备”部分内容）或在分析流程中执行落地到云文件（作为数据湖，详见项目一任务三），则本实验中数据源面板是空的。

图 1－17　连接数据源

如果可以看到文件，就说明连接成功了。

三、数据湖数据库存储

在大数据分析平台上，云数据库是一种存储在云服务器（公有云如百度云、阿里云，或私有云）上的数据库类型。云数据库既可以作为数据湖，也可以作为数据源，其数据组织管理方式和本地数据库没有本质区别。

【云数据库】节点定义并连接数据源，找到所需要的数据表。具体步骤如下：

（1）在【工作流节点】面板中的【数据源】栏中，找到【云数据库】节点，用鼠标将它拖曳到上面步骤打开的工作流的编辑面板中，如图 1－18 所示。

（2）选中【云数据库】节点，单击其【属性】面板中的【连接】按钮，可以看到若干张表，如图 1－19 所示。注意：如果没有在数据分析流程中执行落地到云数据库（详见项目一任务三），则本实验的数据源面板是空的。

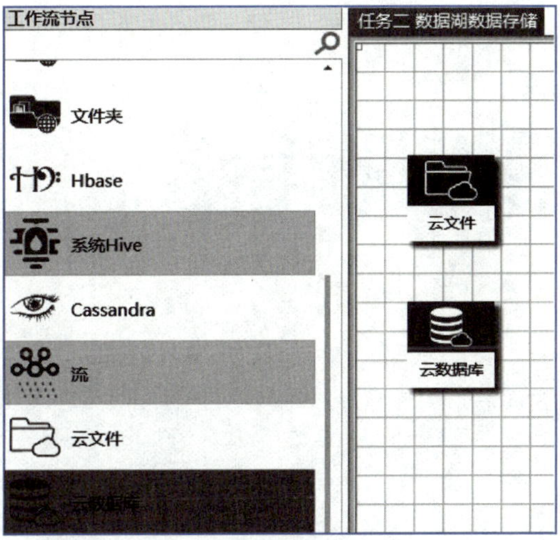

图 1－18　创建云数据库

图 1－19　连接数据源

如果可以看到表，就说明连接成功了。

任务评价

一、知识与技能评价（70 分）

评价项目	评价内容	分值
理解与应用	对数据湖存储管理和数据存储安全基本概念的理解	20
数据配置能力	配置云文件/云数据库载体的准确性	25
数据配置能力	验证数据湖载体可接入性的操作规范性	25

二、过程与体验评价（20 分）

评价项目	评价内容	分值
学习态度	对任务的态度和投入程度	10
问题解决能力	在创建和管理数据湖过程中遇到问题时的解决策略和效果	10

三、自我感受与反思（10 分）

评价项目	评价内容	分值
自我感受	对本次任务的总体感受	5
反思与改进	对自身表现和不足的反思	5

课后思考

讨论数据湖和传统数据仓库在数据存储和管理方面的主要区别。数据湖的哪些特性使其更适合处理大规模的多样化数据？

任务三　精准实施数据汇集

学习目标

知识目标

1. 理解数据汇集的概念。
2. 掌握数据汇集的方式与步骤。

技能目标

1. 能够使用大数据分析平台完成数据汇集。
2. 能够使用大数据分析平台完成数据存储。

素质目标

1. 培养数据意识和信息素养。
2. 树立正确的数据伦理观。

任务背景

某网店进行销售情况统计，需要读取销售记录数据和支付信息并进行分析，以便优化业务流程。目前销售记录数据存储在 Excel 文件中，支付信息存储在数据库中。为了业务分析的需要，我们需要将这两类数据汇集到大数据分析平台上，并且将这两类数据保存到数据湖中。

任务目标

有效提取销售记录数据和支付信息。

将提取的数据汇集到大数据平台并保存到数据湖中。

任务准备

一、实验环境准备

需要准备的环境有：

（1）个人计算机。

（2）Win7SP1 以上系统。

（3）互联网环境。

（4）大数据分析平台。

二、数据准备

经过与 IT 部门的沟通协调，工作人员从业务系统后台数据库中导出“销售记录表 . xlsx”文件和支付记录表“paymentorder”。

“销售记录表 . xlsx”文件各列所代表的含义见表 1-7。

表 1-7　销售记录表

字段名	数据类型	含义
customer_ID	NVARCHAR	用户编号
product_name	NVARCHAR	商品名称
datatime	NVARCHAR	购物日期

该文件的部分数据如图 1-20 所示。

```
文件内容预览
customer_ID product_name   datatime
3001653289839551  Men's pants 6/4/21 15:53
3001653289839551  Men's Jackets    6/4/21 15:53
3001653289839551  Women's down jacket    6/4/21 15:53
3001654645068215  Women's sweaters    6/4/21 15:53
3001654645068215  Women's skirts    6/4/21 15:53
3001655203347692  Men's Hoodie    6/4/21 15:05
3001655203347692  Women's Hoodie    6/4/21 15:05
3001666148834989  Men's Jeans 6/4/21 15:05
3001666148834989  Men's shirts    6/4/21 15:05
3001671222127162  Men's Jackets    6/4/21 15:05
3001671222127162  Men's pants 6/4/21 15:05
3001671222127162  Men's sweaters  6/4/21 15:05
3001684925335608  Men's underwear    6/4/21 15:05
3001700559615072  Men's pants 6/4/21 15:06
3001700559615072  Women's Hoodie    6/4/21 15:06
5002008577699492  Women's sweaters    6/4/21 15:06
5002008577699492  Women's down jacket    6/4/21 15:06
5002008896297419  Women's down jacket    6/4/21 15:05
5002008896297419  Women's Hoodie    6/4/21 15:05
5002009612778404  Men's pants 6/4/21 15:05
```

图 1-20　销售记录数据

支付记录表“paymentorder”每列所代表的含义见表 1-8。

表 1-8　支付记录表

字段名	数据类型	含义
age	INT	用户年龄
amount	DOUBLE	支付金额
date	DATETIME	支付日期
gender	NVARCHAR	用户性别
orderid	INT	订单编号
payment	NVARCHAR	支付方式
province	NVARCHAR	用户省份

该表的部分数据如图 1-21 所示。

age	amount	date	gender	orderid	payment	province
33	220.5	2019-03-31 00:00:00.0	女	95527	支付宝	广东省
41	32.8	2019-03-11 00:00:00.0	男	95529	微信	青海省
16	43.7	2019-02-16 00:00:00.0	女	95537	支付宝	四川省
16	9.9	2019-03-05 00:00:00.0	女	95542	微信	山西省
22	63.9	2019-02-18 00:00:00.0	女	95548	微信	贵州省
40	6.6	2019-03-10 00:00:00.0	女	95552	支付宝	陕西省
34	54.6	2019-01-11 00:00:00.0	男	95564	支付宝	广东省
21	541.0	2019-03-30 00:00:00.0	男	95568	东付	重庆市
55	67.3	2019-02-03 00:00:00.0	女	95569	支付宝	广东省
32	75.4	2019-02-17 00:00:00.0	女	95576	支付宝	天津市
57	541.0	2019-02-22 00:00:00.0	女	95577	支付宝	广东省
62	40.9	2019-03-09 00:00:00.0	女	95583	微信	黑龙江省

图 1-21　支付记录数据

三、工作流概览

本任务工作流首先从数据源中抽取出 Excel 文件“销售记录表 . xlsx”和支付记录表“paymentorder”，然后查看数据，最后将数据落地保存起来。整个工作流设计如图 1-22 所示。

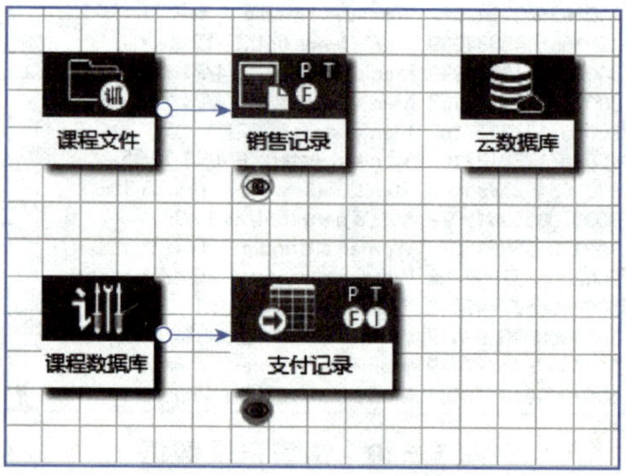

图 1-22　工作流概览

四、步骤分解

本任务的执行步骤见表 1-9。

表 1-9　任务步骤分解

子任务	步骤
流程准备	（1）新建项目； （2）创建数据工作流
汇集文件数据	（1）创建课程文件； （2）抽取文件； （3）运行调试工作流； （4）数据落地到数据湖

续表

子任务	步骤
汇集数据库数据	（1）创建课程数据库； （2）抽取表； （3）运行调试工作流； （4）数据落地到数据湖

知识要点

一、数据汇集的概念

数据汇集是从大数据分析平台的外部系统中获取原始业务数据，并将其输入大数据分析平台内部以待分析的过程，它是大数据分析和处理的准备阶段。大数据分析之前进行数据汇集的主要原因有两点：

（1）方便数据资产的统一管理：原始业务数据分布在各种信息系统中，大多为信息孤岛。这些原始数据的格式、结构、尺寸、更新频率等各异，通过数据汇集集中存储到大数据平台，为数据的统一管理提供极大的便利。

（2）保护业务系统、提高分析的效率：业务系统的设计目标是支撑日常业务操作，并不是数据分析。在业务系统中直接进行数据分析，将对业务系统造成额外的冲击，严重时会造成业务中断。大数据分析平台是为数据分析而设计的，能在一般的计算硬件上实现极高效率的分析。

二、数据汇集的方式与步骤

（一）数据汇集的方式

（1）手动输入：将信息手动输入系统。

（2）文件导入：通过文件格式将数据导入系统。

（3）数据库抽取：从数据库中自动提取数据到系统。

（4）API 接口：通过应用程序编程接口接收数据。

使用 API 接口时，必须遵循提供方的使用政策和数据许可条款。某些 API 接口可能限制数据的使用方式或收取费用，因此在使用前应详细了解相关条款。

（二）数据汇集的步骤

数据汇集的步骤通常包括以下几个关键环节：

（1）确定汇集目标：在开始数据汇集前，首先需要明确所需的数据类型和目标。这一步骤是整个数据汇集过程的基础，以确保后续工作有明确的方向和目的。

（2）设计汇集方案：根据确定的目标，设计详细的汇集方案。这包括选择合适的数据来源、确定汇集方法（如 API 接口、传感器汇集等）以及制定具体的执行计划。

（3）执行数据汇集：按照设计好的方案进行数据汇集。这可能涉及从各种数据源（如数据库、互联网、传感器等）中提取数据。

（4）验证数据的一致性：数据汇集后需要确保数据和汇集之前的完全一致。对汇集到的数据进行验证和质量控制，检查数据的完整性、准确性和一致性。

（5）整理和存储数据：将汇集到的数据存储到大数据分析平台的数据湖中，以便后续分析和应用。

任务实施

一、流程准备

（一）新建项目

在项目“免费数猎场_************”上右击【创建项目】，将该项目名称改为“项目一 数据资产积累：数据存储与汇集”。如果已经存在该项目，则无须再新建。

（二）创建数据工作流

在刚才创建的项目上右击【创建数据工作流】，将该工作流名称改为“任务三 精准实施数据汇集”。用鼠标双击该工作流，即可打开该工作流，如图 1-23 所示。

二、汇集文件数据

（一）创建课程文件

在【工作流节点】面板中的【数据源】栏中，找到【课程文件】节点，用鼠标将它拖曳到上面步骤打开的工作流的编辑面板中，如图 1-24 所示。

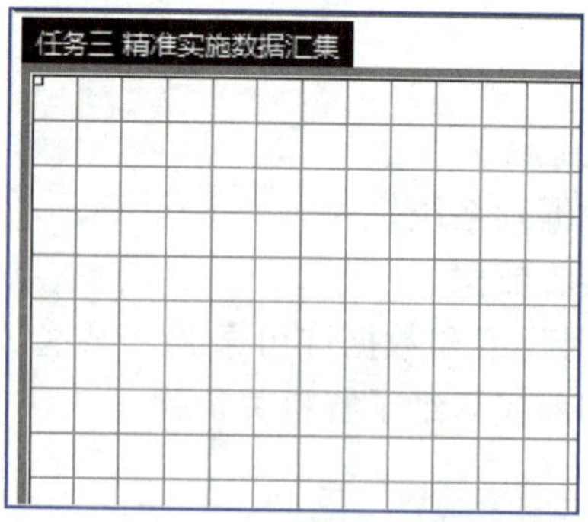

图 1-23 创建数据工作流

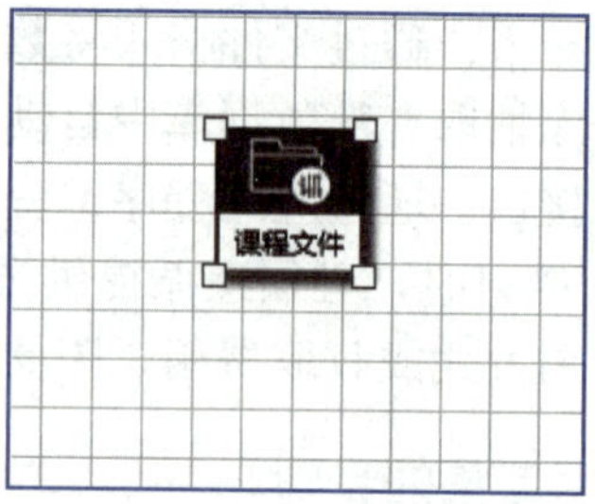

图 1-24 创建课程文件

鼠标选中【课程文件】节点，对该节点进行属性设置，见表 1-10。

表 1-10 数据源属性

属性名	值
课程	大数据基础与应用（商科版）

（二）抽取文件

单击【属性】面板中的【连接】按钮，找到文件表“销售记录表 . xlsx”，选中该表并单击【抽取】按钮，就能将该表抽取出来，成为新的节点。

选中抽取的节点，在其【属性】面板中将该节点名称改为“销售记录”。选中它并移动到适当位置。

单击【预览】按钮，可以预览数据。预览的数据如图 1－25 所示。

图 1－25　课程文件数据预览

从预览中可以看出，第 1 行的内容“customer _ ID”、“product _ name”和“datatime”是标题。从第 2 行开始是数据内容。预览之后，关闭【文件内容预览】对话框。对该节点进行属性设置，标题行号改为 1，起始数据行号改为 2，单击【获取元数据】按钮。元数据是描述数据的数据。例如，一个数据表的元数据包括列名、列的数据类型、列是否可以为空值等。文件格式的原始业务数据在大数据分析之前一般都会先进行元数据获取，使其转换为统一的结构化数据以方便进行分析。单击【获取元数据】成功后，可以在【数据转换】面板看到获取到的元数据。至此，实验文件数据汇集流程（数据工作流）已经设计完成，如图 1－26 所示。

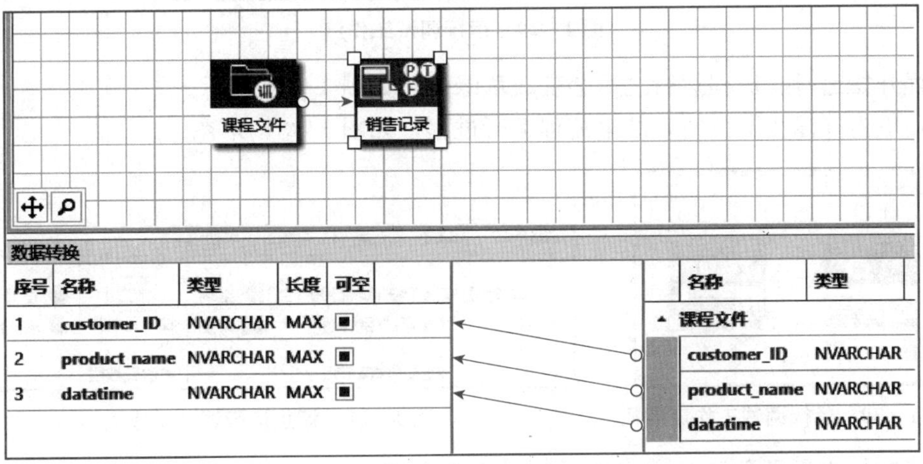

图 1－26　抽取文件

（三）运行调试工作流

数据工作流设计完成后，只有运行该工作流才能真正把实验文件的原始业务数据汇集到大数据分析平台。当然，如果数据工作流的设计有错误，则在运行时会失败，实际的数据汇集也不会发生。

【查看器】是数据工作流节点上可以查看节点数据的一种标记，若设置了该标记，则在运行工作流时，会在节点上显示该节点的计算结果数据。

（1）在【销售记录】节点上设置查看器。设置查看器的方法是右击【销售记录】节点，在弹出的菜单中单击【设置查看器】，如图 1－27 所示。

设置查看器之后，【销售记录】节点上会出现像小眼睛一样的标记，如图 1－28 所示。

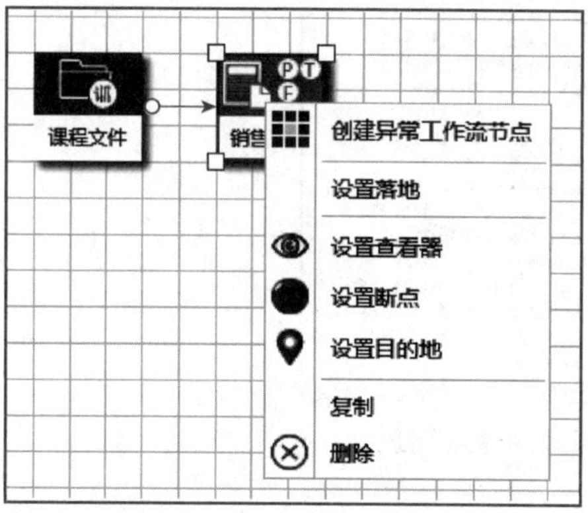

图 1－27　设置查看器

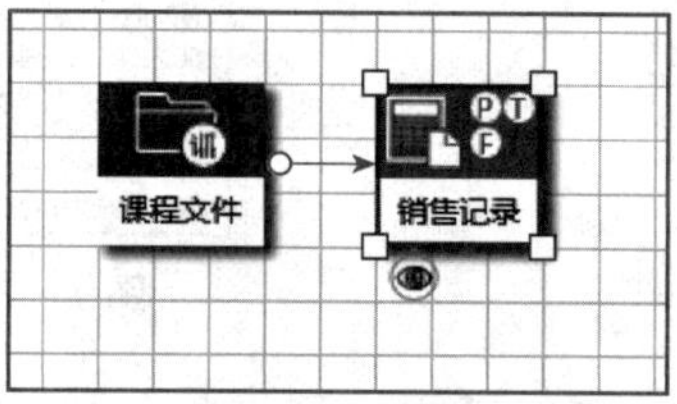

图 1－28　设置查看器效果

（2）单击【运行】菜单中的【调试】按钮，如图 1－29 所示。

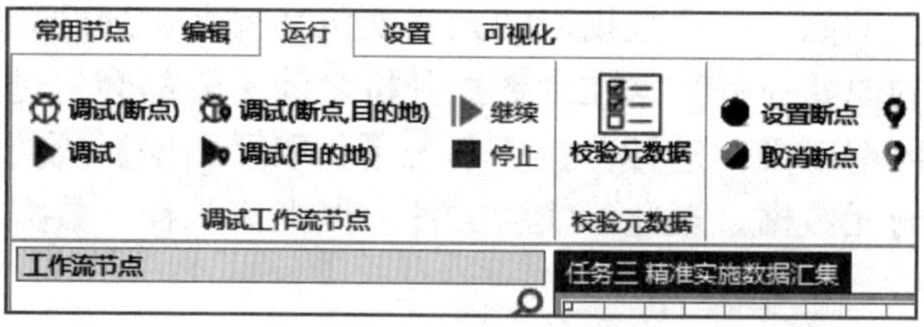

图 1－29　运行调试工作流

流程开始运行。流程运行之后会变成草绿色，如图 1－30 所示。

（3）单击【停止】按钮，结束流程运行过程，如图 1－31 所示。

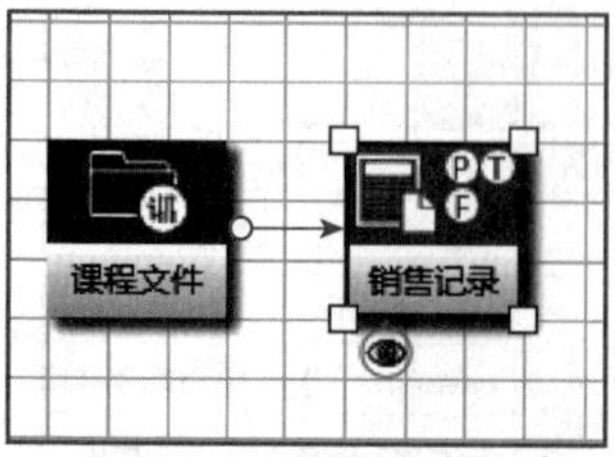

图 1－30　运行调试工作流效果

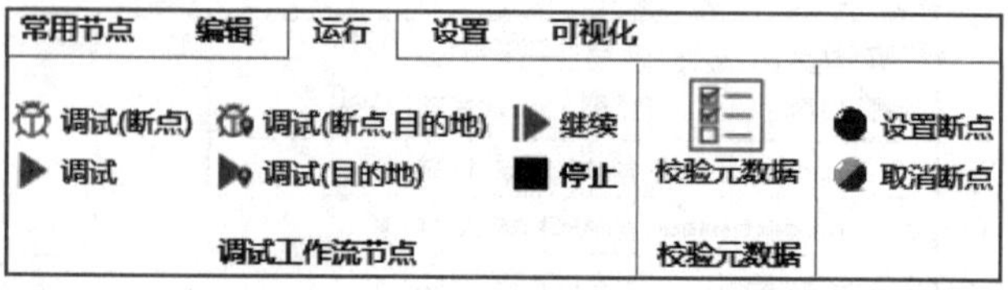

图 1－31　停止运行调试工作流

在【数据查看器】面板中可以看到该节点的数据（只显示前 100 条），部分数据如

图 1－32 所示。

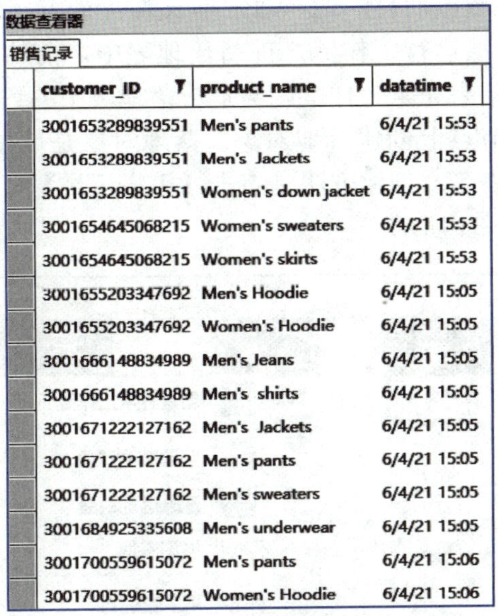

数据查看器

销售记录

customer_ID	product_name	datatime
3001653289839551	Men's pants	6/4/21 15:53
3001653289839551	Men's Jackets	6/4/21 15:53
3001653289839551	Women's down jacket	6/4/21 15:53
3001654645068215	Women's sweaters	6/4/21 15:53
3001654645068215	Women's skirts	6/4/21 15:53
3001655203347692	Men's Hoodie	6/4/21 15:05
3001655203347692	Women's Hoodie	6/4/21 15:05
3001666148834989	Men's Jeans	6/4/21 15:05
3001666148834989	Men's shirts	6/4/21 15:05
3001671222127162	Men's Jackets	6/4/21 15:05
3001671222127162	Men's pants	6/4/21 15:05
3001671222127162	Men's sweaters	6/4/21 15:05
3001684925335608	Men's underwear	6/4/21 15:05
3001700559615072	Men's pants	6/4/21 15:06
3001700559615072	Women's Hoodie	6/4/21 15:06

图 1－32 销售记录数据

（四）数据落地到数据湖

数据落地是将节点中的数据永久保存到数据湖中。云数据库也是一种数据库，一般用来作为数据湖保存数据使用。

（1）在【工作流节点】里面拖曳一个【云数据库】节点到工作流编辑区，如图 1－33 所示。

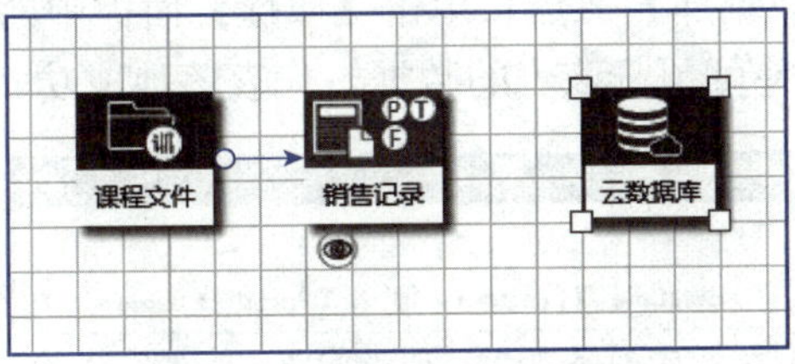

图 1－33 新增【云数据库】节点

选中【销售记录】节点，在其【属性】面板中设置落地属性，见表 1－11。

表 1－11 落地属性

属性名	值
是否落地	√
落地表名	sales _ record
落地目标	云数据库
清空旧数据	√

其中，“落地表名”是指数据湖中表的名称。落地表名的命名规则是：只能是数字、字母、下划线的组合，且只能以字母开头，不能以数字开头，英文句号最多有一个；不能

有中文、中划线、特殊字符、空格。

“落地目标”是指落地数据的目的地，通常是云数据库。

“清空旧数据”是指每次运行工作流之前将落地表中之前的数据删除。如果未勾选此项而且工作流两次运行的结果完全一样，则会造成落地表中的数据重复。

（2）在【销售记录】节点上创建落地对象。落地对象是数据湖中用来存储数据的表，表名就是上面填写的落地表名。创建方法是右击【销售记录】节点，在弹出的菜单中单击【创建落地对象】，如图 1-34 所示。

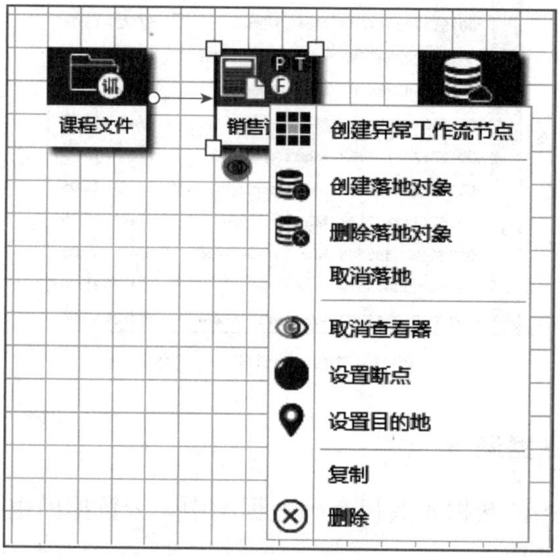

图 1-34　落地到云数据库

（3）再次运行流程，可以将数据落地到表“sales_record”中。

运行之后，选中【云数据库】节点，单击【属性】面板中的【连接】按钮，可以看到存在表“sales_record”，并可预览该表的数据，代表落地成功，如图 1-35 所示。

表数据预览 : sales_record

共 84 条数据

datatime	customer_ID	product_name
6/4/21 15:53	3001653289839551	Men's pants
6/4/21 15:53	3001653289839551	Men's Jackets
6/4/21 15:53	3001653289839551	Women's down jacket
6/4/21 15:53	3001654645068215	Women's sweaters
6/4/21 15:53	3001654645068215	Women's skirts
6/4/21 15:05	3001655203347692	Men's Hoodie
6/4/21 15:05	3001655203347692	Women's Hoodie
6/4/21 15:05	3001666148834989	Men's Jeans
6/4/21 15:05	3001666148834989	Men's shirts
6/4/21 15:05	3001671222127162	Men's Jackets
6/4/21 15:05	3001671222127162	Men's pants
6/4/21 15:05	3001671222127162	Men's sweaters
6/4/21 15:05	3001684925335608	Men's underwear

图 1-35　预览数据

三、汇集数据库数据

（一）创建课程数据库

在【工作流节点】面板中的【数据源】栏中，找到【课程数据库】节点，用鼠标将它拖曳到上面步骤打开的工作流编辑面板中，如图 1－36 所示。

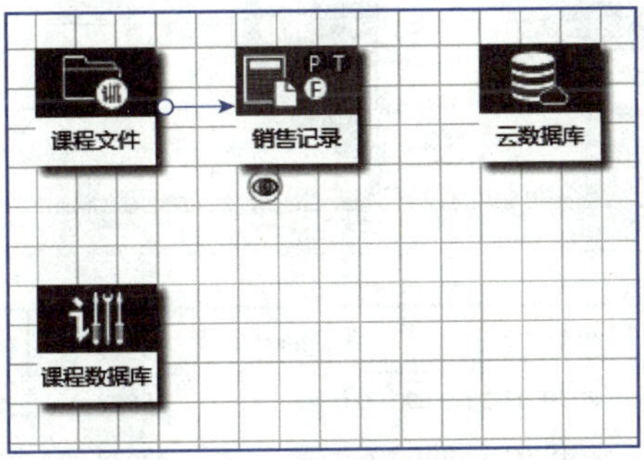

图 1－36　创建课程数据库

用鼠标选中【课程数据库】节点，对该节点进行属性设置，见表 1－12。

表 1－12　数据源属性

属性名	值
课程	大数据基础与应用（商科版）

（二）抽取表

单击【属性】面板中的【连接】按钮，找到表“paymentorder”，选中该表并单击【抽取】按钮，即将该表抽取出来，成为新的节点。

选中抽取的节点，在其【属性】面板中将节点名称改为“支付记录”，选中它并移动到适当位置。至此，从数据库中汇集数据的工作流已设计完成，如图 1－37 所示。

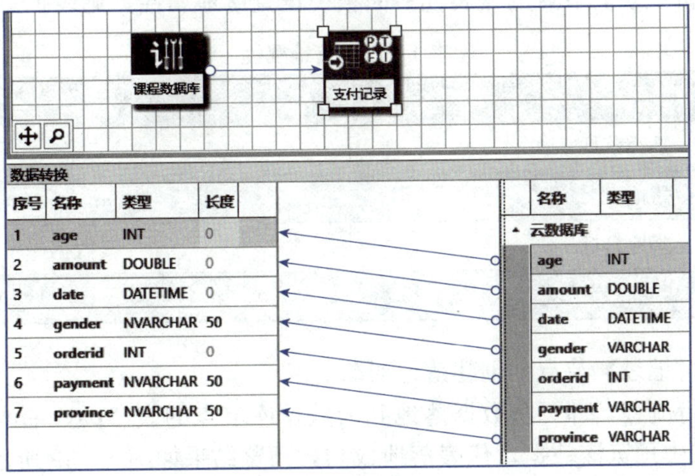

图 1－37　抽取数据

（三）运行调试工作流

在【支付记录】节点上设置查看器，并运行调试。数据抽取完成后，在【调试】界面单击【停止】按钮，结束数据抽取过程。

在【数据查看器】面板中可以看到该节点的数据，部分数据如图 1－38 所示。

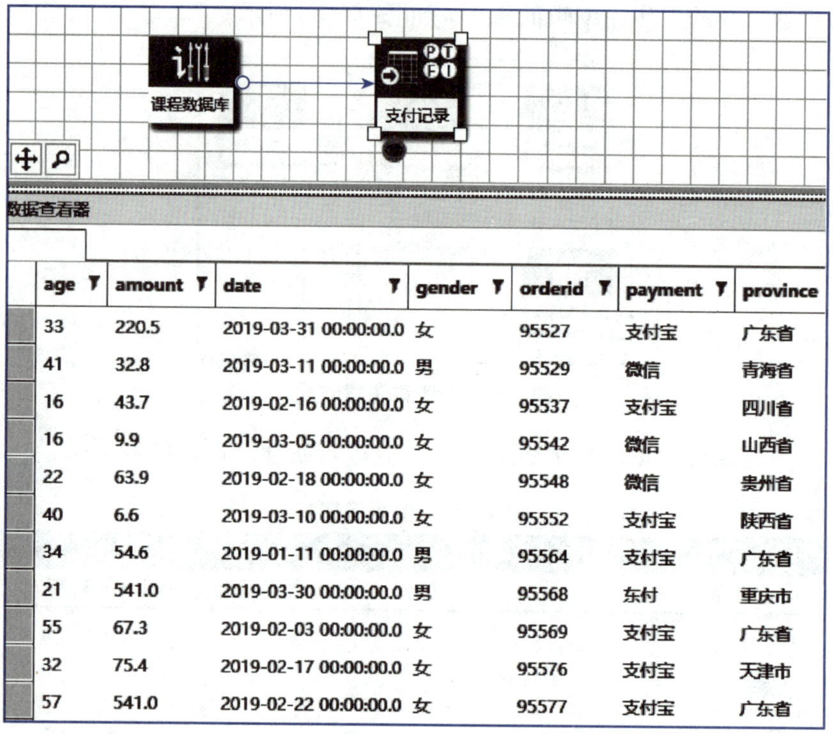

age	amount	date	gender	orderid	payment	province
33	220.5	2019-03-31 00:00:00.0	女	95527	支付宝	广东省
41	32.8	2019-03-11 00:00:00.0	男	95529	微信	青海省
16	43.7	2019-02-16 00:00:00.0	女	95537	支付宝	四川省
16	9.9	2019-03-05 00:00:00.0	女	95542	微信	山西省
22	63.9	2019-02-18 00:00:00.0	女	95548	微信	贵州省
40	6.6	2019-03-10 00:00:00.0	女	95552	支付宝	陕西省
34	54.6	2019-01-11 00:00:00.0	男	95564	支付宝	广东省
21	541.0	2019-03-30 00:00:00.0	男	95568	东付	重庆市
55	67.3	2019-02-03 00:00:00.0	女	95569	支付宝	广东省
32	75.4	2019-02-17 00:00:00.0	女	95576	支付宝	天津市
57	541.0	2019-02-22 00:00:00.0	女	95577	支付宝	广东省

图 1－38　运行调试工作流

（四）数据落地到数据湖

（1）在【支付记录】节点的【属性】面板中设置落地属性，见表 1－13。

表 1－13　落地属性

属性名	值
是否落地	√
落地表名	paymentorder
落地目标	云数据库
清空旧数据	√

（2）在【支付记录】节点上创建落地对象。

（3）再次运行流程，即可将数据落地到云数据库节点的表“paymentorder”中，可在【云数据库】节点中预览该数据，代表落地成功，预览结果如图 1－39 所示。

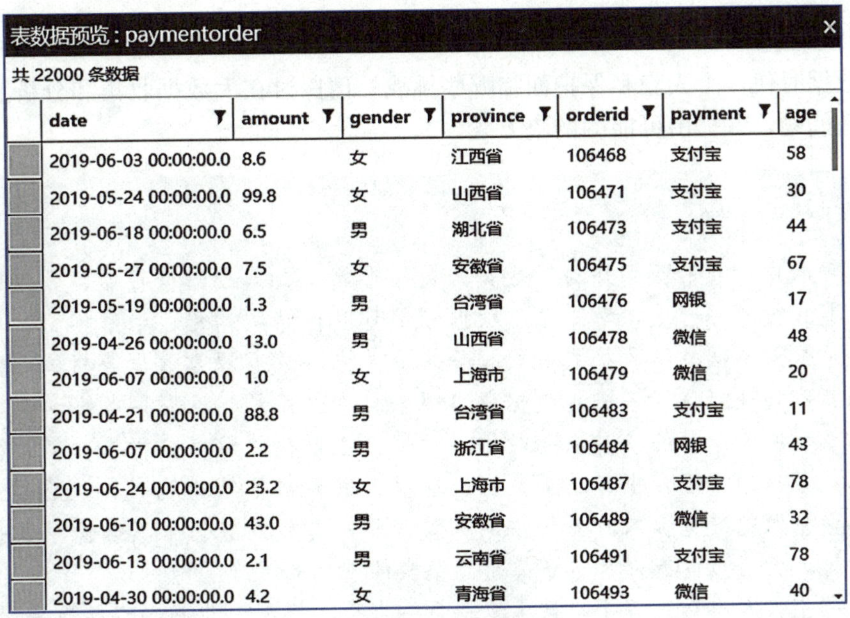

表数据预览：paymentorder

共 22000 条数据

date	amount	gender	province	orderid	payment	age
2019-06-03 00:00:00.0	8.6	女	江西省	106468	支付宝	58
2019-05-24 00:00:00.0	99.8	女	山西省	106471	支付宝	30
2019-06-18 00:00:00.0	6.5	男	湖北省	106473	支付宝	44
2019-05-27 00:00:00.0	7.5	女	安徽省	106475	支付宝	67
2019-05-19 00:00:00.0	1.3	男	台湾省	106476	网银	17
2019-04-26 00:00:00.0	13.0	男	山西省	106478	微信	48
2019-06-07 00:00:00.0	1.0	女	上海市	106479	微信	20
2019-04-21 00:00:00.0	88.8	男	台湾省	106483	支付宝	11
2019-06-07 00:00:00.0	2.2	男	浙江省	106484	网银	43
2019-06-24 00:00:00.0	23.2	女	上海市	106487	支付宝	78
2019-06-10 00:00:00.0	43.0	男	安徽省	106489	微信	32
2019-06-13 00:00:00.0	2.1	男	云南省	106491	支付宝	78
2019-04-30 00:00:00.0	4.2	女	青海省	106493	微信	40

图 1-39　预览数据

任务评价

一、知识与技能评价（70 分）

评价项目	评价内容	分值
理解与应用	理解数据汇集的概念、方式与步骤	25
数据提取能力	从文件和数据库中准确提取销售记录数据和支付信息的能力	30
数据汇集与存储能力	将提取的数据准确汇集到大数据平台，并确保数据能够安全、有效地保存到数据湖中	15

二、过程与体验评价（20 分）

评价项目	评价内容	分值
学习态度	对任务的态度和投入程度	10
问题解决能力	在数据提取、汇集和存储过程中遇到问题时的解决策略和效果	10

三、自我感受与反思（10 分）

评价项目	评价内容	分值
自我感受	对本次任务的总体感受	5
反思与改进	对自身表现和不足的反思	5

? 课后思考

在大数据时代，个人隐私保护面临哪些挑战？请探讨在大数据收集和分析过程中可能出现的伦理问题，并提出可能的解决方案。

项目小结 >>

在本项目中，我们深入探讨了数据源数据存储、数据湖数据存储、数据汇集的概念。在大数据分析平台上，数据源、数据湖都可以存储结构化、半结构化和非结构化数据，能够应对不同类型和格式的数据需求。首先，数据源是数据分析的起点，它为后续的分析和处理提供了基础。数据源可以来自内部系统、互联网等多种渠道，涵盖了企业运营和决策所需的各种原始数据。数据湖主要存储数据分析或加工过程中产生的一些原始数据、中间数据、结果数据，这些数据通常是结构统一的。数据汇集是将来自不同数据源的数据提取到系统中的关键步骤，有效的数据汇集确保了数据的全面性和准确性，为后续的存储和分析奠定了坚实的基础。

在数据汇集与存储过程中，数据安全是一个核心问题。为确保存储数据的安全性，必须采取多种措施，包括数据加密、严格的访问控制和定期的安全审计等。这些措施不仅防止了数据泄露和非法访问，还确保了数据的合规性和可靠性，特别是在处理敏感信息时，如财务数据或个人隐私信息。

崇德向善 >>

▼ “未上锁的保险柜”：美国医疗人力平台数据泄露事件

2025 年初，美国某知名医疗人力平台发生了一起大规模数据泄露事件，数万条医护人员的敏感信息被泄露。这些医护人员的数据被存储在未受保护的存储桶中，且未启用加密功能，导致数据可以被公开访问。这个如同“未上锁的保险柜”的存储桶暴露在互联网中，泄露了包括个人证件照片、工作机构名称、详细值班表、医疗诊断证明等数万条敏感信息。更严重的是，在收到初次通知后的一个多月，这个数据库的公开访问才被限制。

此案例揭示了存储桶管理的关键教训：权限配置直接影响数据安全。企业需要实施严格的访问控制并遵循最小权限原则，根据数据敏感性分级存储并强制加密敏感数据，同时定期进行安全审计以识别和修复云基础设施中的潜在漏洞，制定明确的数据泄露响应计划以快速应对，从而全方位保障数据安全和用户隐私。

实训练习 >>

【习题 1 - 1】

某大型餐厅从系统的后台数据库中导出了顾客点餐记录和评价数据，并保存到文件“meal_review.csv”中。

任务要求：

（1）抽取文件“meal _ review. csv”。

（2）将抽取的文件落地到云数据库中。

考核要求：

（1）满分 10 分。

（2）只完成第 1 个任务得 5 分。

（3）完成全部任务得 10 分。

【习题 1－2】

某电商平台自上线之后，逐步有用户开始注册，这些注册用户保存到课程数据库“platform _ user”中。

任务要求：

（1）抽取表“platform _ user”。

（2）将抽取的表落地到云数据库中。

考核要求：

（1）满分 10 分。

（2）只完成第 1 个任务得 5 分。

（3）完成全部任务得 10 分。

项目二

数据质量提升：数据清洗与加工

数据质量直接决定了数据分析和决策的有效性。然而，数据在收集、存储和传输过程中往往会出现错误、缺失、重复等问题，这些问题严重影响数据的可用性。因此，提升数据质量成为数据管理中的关键环节。本项目旨在通过系统的数据清洗与加工方法，结合实际操作，帮助读者掌握数据清洗、筛选、关联、加工和聚合的具体步骤，从而为后续数据分析与挖掘工作奠定良好的数据质量基础。

任务一　识别数据质量问题

学习目标

知识目标

1. 理解处理数据质量问题的目的和作用。
2. 掌握常见的数据质量问题及其处理方法。

技能目标

1. 能够识别实际业务中的数据质量问题。
2. 能够使用大数据分析平台对数据质量问题进行处理和加工。

素质目标

1. 培养对数据质量问题的敏感性和责任感。
2. 培养严谨细致的工作态度。

任务背景

某服装推广团队通过分析行业数据来预测流行趋势，为服饰品牌提供市场策略。为了更好地理解消费者行为和市场动态，团队需要对大量网络笔记数据进行分析。在数据收集过程中，团队发现由于数据的多次转发和收藏，出现了许多重复记录。此外，由于数据发布的时间差异，部分数据未能及时抓取，造成了数据缺失。因此，需要对这些数据质量问题进行及时的加工处理，去除重复值和缺失值，以便进行后续业务分析。

任务目标

创建数据工作流，根据业务要求进行数据去重、缺失值删除和缺失值替换。

任务准备

一、实验环境准备

需要准备的环境有：

（1）个人计算机。

（2）Win7SP1 以上系统。

（3）互联网环境。

（4）大数据分析平台。

二、数据准备

案例数据在文件“服饰行业笔记数据.xlsx”中。各列所代表的含义见表 2-1。

表 2-1　服饰行业笔记数据

字段名	数据类型	含义
date	Date	日期
style	NVARCHAR	行业名称
note _ count	INT	当日笔记篇数
likes	INT	当日点赞数
favorites	INT	当日收藏数
comments	INT	当日评论数
average _ interaction	INT	平均互动量
shares	INT	当日分享数
reads	INT	当日阅读数

该文件的部分数据如图 2-1 所示。

date	style	note_count	likes	favorites	comments	average_interaction	shares	reads
20220421	连衣裙	8105	1526348	665187	131935	286	61854	41744057
20220422	连衣裙	8035	1554701	552797	125601	277	47520	46552553
20220423	连衣裙	7316	1810782	786336	103045	369	47970	41423076
20220424	连衣裙	7532	1140351	410110	105321	219	39080	29430429
20220425	连衣裙	7985	1482300	530420	109004	265	50805	39122846
20220427	连衣裙	8179	1345154	465591	108360	234	47514	36829445
20220428	连衣裙	8502	1286831	460686	111714	218	42933	34466685
20220429	连衣裙	8433	1397471	498566	181919	246	45583	43898019
20220427	连衣裙	8179	1345154	465591	108360	234	47514	36829445
20220428	连衣裙	8502	1286831	460686	111714	218	42933	34466685
20220429	连衣裙	8433	1397471	498566	181919	246	45583	43898019
20220501	背心吊带	1044	394993	148827	22150	542	17706	
20220502	背心吊带	1095	284619	117307	23430	388	9204	6192989
20220503	背心吊带	1157	314384	135711	18903	405	5262	6352804
20220504	背心吊带	1157	326014	214440	18636	483	11066	5356180
20220509	休闲裤	2949	557095	199653	48336	273	14309	
20220510	休闲裤	3152	455686	152583	48415	208	16918	
20220511	休闲裤	3215	440385	134057	46642	193	8044	
20220512	休闲裤	2311	340084	117167	36922	213	7550	9967479
20220513	休闲裤	2507	405177	143481	39894	234	9486	
20220514	休闲裤	2369	497226	183864	59311	312	9695	
20220515	休闲裤	2321	407716	126739	38951	247	8505	9542448
20220516	休闲裤	2925	436462	156295	47674	218	13754	
20220517	休闲裤	3037	451267	157570	46108	215	12193	
20220426	连衣裙	8078	1626934	608413	115898	291	54192	40840087
20220427	连衣裙	8179	1345154	465591	108360	234	47514	36829445
20220428	连衣裙	8502	1286831	460686	111714	218	42933	34466685
20220429	连衣裙	8433	1397471	498566	181919	246	45583	43898019

图 2-1　服饰行业笔记数据

三、工作流概览

本任务工作流需要从数据源中抽取出 Excel 文件“服饰行业笔记数据.xlsx”。整个工作流设计如图 2-2 所示。

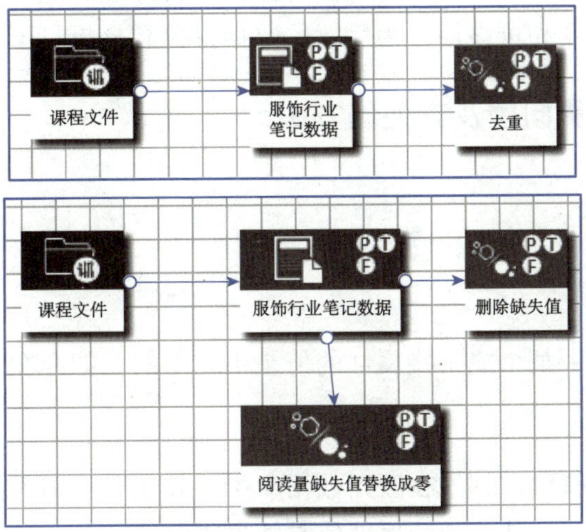

图 2-2　工作流概览

四、步骤分解

本任务的执行步骤见表 2-2。

表 2-2　任务步骤分解

子任务	步骤
流程准备	(1) 新建项目； (2) 创建数据工作流； (3) 创建课程文件； (4) 抽取文件； (5) 运行调试工作流
去除重复行	去除重复行
处理缺失值	(1) 删除缺失值； (2) 缺失值替换成零

知识要点

一、数据质量问题概述

数据质量是数据分析的基石，而数据在收集与存储过程中难免会出现误差和不精确之处，这些瑕疵被称为“脏数据”。它们如同数据海洋中的杂质，若不加以处理，很可能会扭曲分析结果，误导企业和组织的决策方向。因此，我们必须通过一系列规则和流程，“清洗”这些数据，去除“脏数据”，这一过程即被称为数据清洗。

数据清洗的核心任务是识别并修正数据中的明显或隐藏的错误，包括填补缺失值、消除重复项、纠正异常值等，从而确保数据的完整性和一致性。这一过程要求我们首先敏锐地捕捉到数据的质量问题，并采取有针对性的措施进行修正。通过数据的清洗与加工，我们可以确保数据的清洁度和可靠性，为后续的数据挖掘和分析打下坚实的基础。

二、常见数据质量问题及其处理方法

（一）缺失值

1. 定义

缺失值是指数据集中某个或某些属性的值是不完全的，即存在空值或未知值。

2. 产生原因

（1）信息暂时无法获取。例如在医疗数据库中，并非所有病人的所有临床检验结果都能在给定的时间内得到，致使一部分属性值空缺出来。

（2）信息被遗漏。在数据录入或处理过程中，人为疏忽或系统错误导致信息被遗漏。

（3）有些对象的某个或某些属性是不可用的，如一个未婚者的配偶姓名、一个儿童的固定收入状况等。

（4）获取这些信息的代价太大。对于某些数据，虽然理论上可以获取，但获取成本过高，因此在实际操作中选择了放弃。

（5）有些信息（被认为）是不重要的。

3. 处理方法

对缺失值的处理，从总体上来说包括删除、缺失值补齐和不处理三种方法。

（1）删除。将存在遗漏信息属性值的数据记录删除，只保留属性完整的数据记录。这种方法简单易行，在数据有多个属性缺失值、被删除的含缺失值的记录占比非常小的情况下是比较有效的，但不适用于缺失值占比较大的情况。

（2）缺失值补齐。该方法是用一定的值去填充空值，从而使数据集完备化。以下是常用的几种缺失值补齐方法：

1）众数填充：该方法主要针对空值是非数值型的情况，即根据统计学中的众数原理，用该属性在其他所有对象的取值次数最多的值（即出现频率最高的值）来补齐缺失值。

2）平均值填充：平均值填充主要针对空值是数值型的情况，根据该属性在其他所有对象的取值的平均值来填充缺失值。

3）利用同类数据的均值插补：与平均数填充类似，缺失值用同类数据的均值补齐。不同点在于，均值的计算范围被限定为与缺失值对象类别相同的数据样本。

（3）不处理。在特定情况下，不处理缺失值是必要的或可接受的。例如：数据集中的缺失值数量占比非常小，几乎不影响后续的分析或预测；或者缺失值可以反映数据的真实情况或收集过程中的某种特定信息，如在医疗记录中，某些数据的缺失可能意味着该数据在收集时不可用或未记录；此外，如果后续使用的分析模型或算法对缺失值具有一定的容忍度，如决策树、随机森林、神经网络等算法，能够自动处理或忽略缺失值，那么不处理缺失值也是一种选择。

（二）重复值

1. 定义

重复值是指数据集中两行或多行具有完全相同的值。重复值既可能是偶然出现的，也可能是由数据收集或整理过程中的错误造成的。对于不同的分析需求，某些列的重复值（如ID、分类等）可能被视为有效数据，而其他列的重复值则可能需要被识别和处理。

2. 处理方法

（1）删除重复值。删除重复值是一种最简单的方法，但需要谨慎选择删除的条件和标准，以避免损失有用信息。

（2）去重并合并记录。如果某些字段重复但其他字段不同，则可以考虑将它们合并为一个记录。例如，可以将一个人的多个重复记录合并为一个记录，并在该记录中列出所有相关的信息。

（3）使用唯一标识符去重。如果数据集中存在重复记录，则可以使用唯一标识符来区分不同的记录。例如，在人员信息表中，如果出现姓名重复现象，则可以使用身份证号作为唯一标识符来区分不同的人员。

（三）数据异常

1. 定义

异常值是指样本中的个别值，其数值明显偏离它（或它们）所属样本的其余观测值，也称为异常数据、离群值。这些异常数据可能是由于多种原因产生的，包括但不限于数据录入错误、测量误差、数据同步问题、系统故障、欺诈行为或数据本身的自然变异等。

2. 类型

数据异常通常可以分为以下几类：

（1）点异常（Point Outliers）：单个数据点显著偏离其他数据点。这类异常通常可以通过统计方法（如Z-score、四分位距等）来识别。

（2）上下文异常（Contextual Outliers）：虽然数据点在数值上可能并不存在异常，但在特定上下文或与其他数据的关系中显得异常。例如，在客户关系管理系统中，某个客户的购买行为可能与其历史购买记录、年龄、性别或收入水平等特征不符，那么这个客户的购买行为就是上下文异常。

（3）集体异常（Collective Outliers）：一组数据点作为一个整体与其他数据点相比显得异常，尽管单个数据点可能并不明显。例如，在零售行业中，单个门店的销售额下降可能不足以引起重视，但如果多个门店在同一时间段内都出现了销售额的急剧下滑，则意味着可能存在市场或竞争方面的重大变化。

3. 处理方法

（1）使用统计方法识别异常值。例如，IQR（四分位距）方法可以根据数据的分布情况识别异常值。

（2）删除异常值。如果异常值较多或对数据集影响较大，则可以考虑删除异常值。但需要注意的是，删除异常值可能会损失有用的信息。

（3）缩放或标准化数据。将数据缩放到特定范围或标准化，可以使异常值的影响减小。常见的缩放方法有最小-最大缩放和 Z-score 标准化。

任务实施

一、流程准备

（一）新建项目

在“免费数猎场_************”上右击【创建项目】，将该项目名称改为“项目二 数据质量提升：数据清洗与加工”。如果已经存在该项目，则无须再新建。

（二）创建数据工作流

在刚才创建的项目上右击【创建数据工作流】，将该工作流名称改为“任务一 识别数据质量问题”。用鼠标双击该工作流，即可打开该工作流。

（三）创建课程文件

在【工作流节点】面板中的【数据源】栏中，找到【课程文件】节点，用鼠标将它拖曳到上面步骤打开的工作流的编辑面板中。

首先用鼠标选中【课程文件】节点，在其【属性】面板中选择课程“大数据基础与应用（商科版）”，然后单击【连接】按钮，下面的【数据源】中即会列出该课程的所有文件。

（四）抽取文件

在【数据源】中找到文件表“服饰行业笔记数据.xlsx”，选中该表并单击【抽取】按钮，即将该文件抽取出来。

选中【抽取】节点，在其【属性】面板中将该节点名称改为“服饰行业笔记数据”。

选中文件“服饰行业笔记数据.xlsx”，单击【预览】按钮，可以预览数据。预览的数据如图 2-3 所示。

从中可以看出，第 1 行的内容“date style note_count likes favorites comments average_interaction shares reads”是标题行，数据内容从第 2 行开始。因此，【属性】面板中的【标题行号】【起始数据行号】的设置见表 2-3。

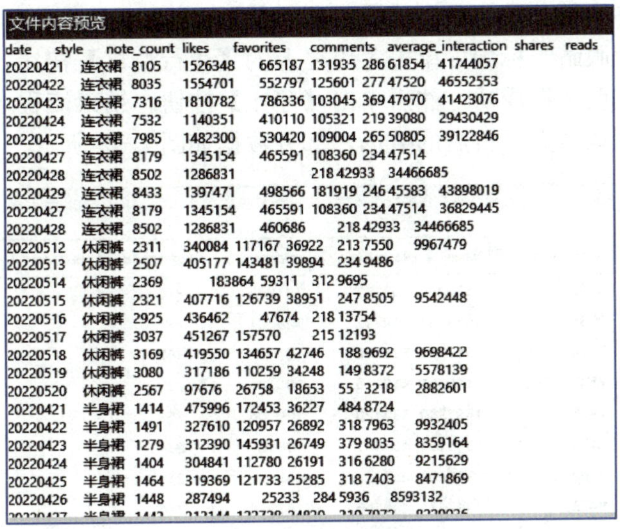

图 2-3　数据预览

表 2-3　数据源属性

属性名	值
课程	大数据基础与应用（商科版）
标题行号	1
起始数据行号	2

单击【获取元数据】，至此，完成文件抽取流程设计，如图 2-4 所示。

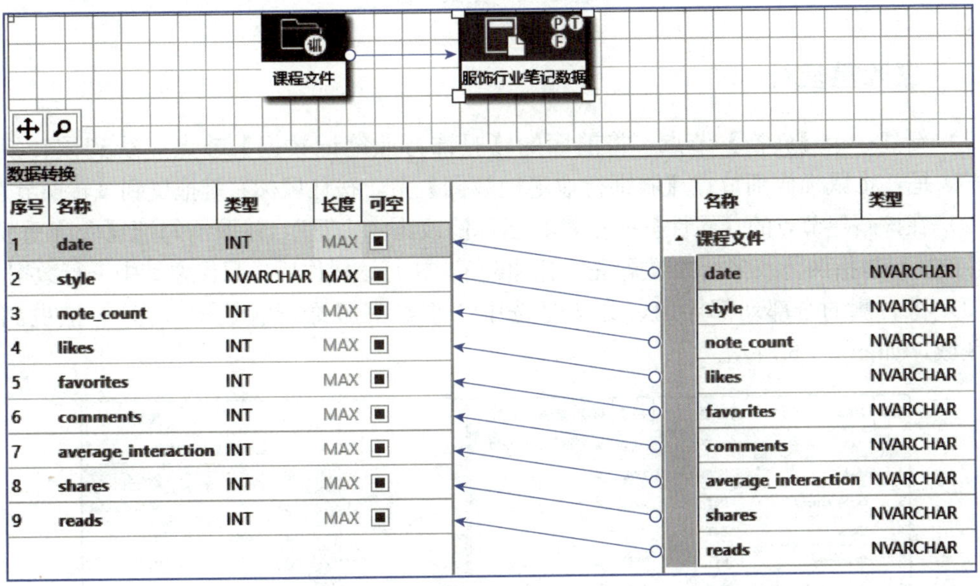

图 2-4　抽取文件

（五）运行调试工作流

在【服饰行业笔记数据】节点上设置查看器。设置查看器的方法是右击【服饰行业笔记数据】节点，在弹出的菜单中单击【设置查看器】。设置查看器之后，【服饰行业笔记数据】节点上会出现“眼睛”标记，单击菜单栏上的【运行调试】按钮，流程开始运行，当节点变成绿色时，表明运行成功。然后单击【停止】按钮，结束流程运行。在【数据查看器】面板上可以看到该节点运行后的数据，部分数据如图 2－5 所示。

数据查看器

小红书服饰行业笔记数据

date	style	note_count	likes	favorites	comments	average_interaction	shares	reads
20220421	连衣裙	8105	1526348	665187	131935	286	61854	41744057
20220422	连衣裙	8035	1554701	552797	125601	277	47520	46552553
20220423	连衣裙	7316	1810782	786336	103045	369	47970	41423076
20220424	连衣裙	7532	1140351	410110	105321	219	39080	29430429
20220425	连衣裙	7985	1482300	530420	109004	265	50805	39122846
20220427	连衣裙	8179	1345154	465591	108360	234	47514	null
20220428	连衣裙	8502	1286831	null	null	218	42933	34466685
20220429	连衣裙	8433	1397471	498566	181919	246	45583	43898019
20220427	连衣裙	8179	1345154	465591	108360	234	47514	36829445
20220428	连衣裙	8502	1286831	460686	null	218	42933	34466685
20220512	休闲裤	2311	340084	117167	36922	213	7550	9967479
20220513	休闲裤	2507	405177	143481	39894	234	9486	null
20220514	休闲裤	2369	null	183864	59311	312	9695	null
20220515	休闲裤	2321	407716	126739	38951	247	8505	9542448
20220516	休闲裤	2925	436462	null	47674	218	13754	null
20220517	休闲裤	3037	451267	157570	null	215	12193	null
20220518	休闲裤	3169	419550	134657	42746	188	9692	9698422
20220519	休闲裤	3080	317186	110259	34248	149	8372	5578139

图 2－5 结果预览

二、去除重复行

（1）新建一个【转换】节点，将前面的【服饰行业笔记数据】节点连线到该转换节点上。方法是：将鼠标放到节点【服饰行业笔记数据】上，按住鼠标右键拖曳到该转换节点上。

（2）在该新建节点的【属性】栏里将其名称修改为“去重”，并取消勾选【允许重复行】。这里的重复行是指两行或多行的数据完全相同的行，执行该操作后，只保留其中一行数据。

（3）将右侧的全部列都导出，方法是选中“小红书服饰行业笔记数据”，拖曳到左侧目标区域，如图 2－6 所示。

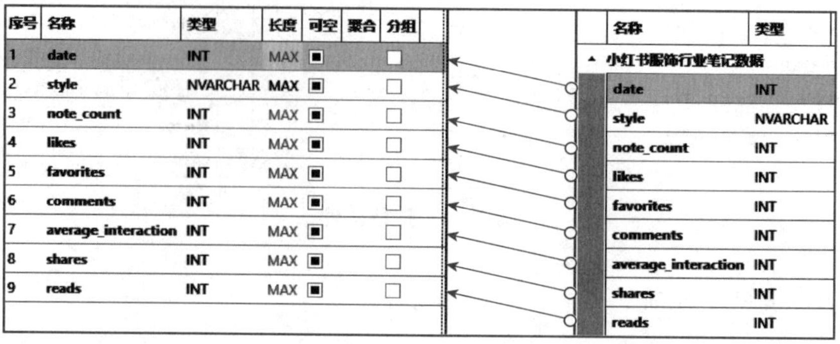

图 2－6 导出数据

三、处理缺失值

查找是否有缺失值是处理缺失值的第一步。识别缺失值的简单方法是在数据工作流中对相关数据节点设置数据查看器后运行，直接在数据查看器面板中查看是否存在缺失值(null 或空白)。因为数据查看器只显示前 100 条记录，所以这种方法不是 100%可靠。在数据表中的数据量比较大的情况下，查找缺失值的方法通常是：先假设有缺失值，统计数据行数，然后将缺失值移除，统计移除后的数据行数。比较这两个行数是否相等，如果不相等，则说明有缺失值。

(一) 删除缺失值

(1) 在【工作流节点】面板中的【转换】栏中，首先找到【转换】节点，用鼠标将它拖曳到工作流编辑面板中，然后在右上角的【属性】面板中修改名称为“删除缺失值”。

(2) 将节点【服饰行业笔记数据】连线到【删除缺失值】节点上。方法是：首先将鼠标放到【服饰行业笔记数据】节点上，然后按住鼠标右键拖曳到【删除缺失值】节点上，最后松开鼠标。结果如图 2-7 所示。

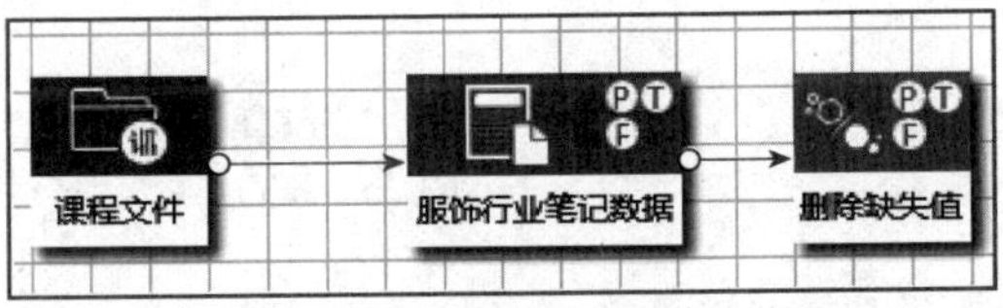

图 2-7　删除缺失值

(3) 在【删除缺失值】节点的【数据转换】面板中，将右侧的列全部导出。

(4) 取消勾选左侧全部列的【可空】。取消勾选【可空】，则表示不可以为空，如果数据中有空值，则在运行时将其删除，且只要一行中有一个属性存在缺失值，整行数据都会被删除。取消勾选【可空】，如图 2-8 所示。

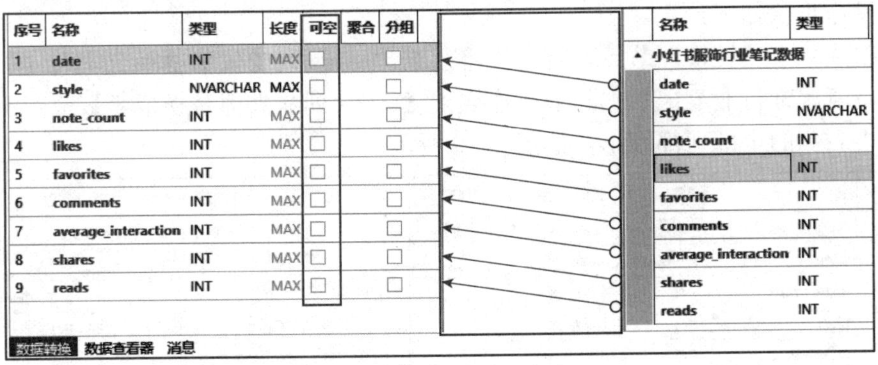

图 2-8　取消勾选【可空】

(二) 将缺失值替换成零

缺失值替换需要用到大数据分析平台的数据转换器。数据转换器是针对数据集的一个或多个列进行精细化处理的工具。一个数据转换器一般会有一个或多个输入（参数），执行完预定的数据转换之后，会产生一个或多个输出（结果）。

缺失值的替换可以借助【null 值替换】和【常量】这两个数据转换器来实现。这两个转换器的描述参考表 2－4 及表 2－5。

表 2－4 【null 值替换】转换器描述

名称	null 值替换
功能	如果第一个参数不是 null 值，则输出第一个参数本身。如果第一个参数是 null 值，则输出第二个参数的值
输入	（1）第一个参数。数据类型：BIGINT、INT、TINYINT、BIT、DECIMAL、FLOAT、TIME、NCHAR、NVARCHAR、CSN、BINARY、VARBINARY、DATETIME、SMALLINT、CSV、ARRAY、MAP。 （2）第二个参数。数据类型要与第一个参数相同
输出	替换结果

表 2－5 【常量】转换器描述

名称	常量
功能	定义常量
参数	（1）数据类型：BIGINT、INT、TINYINT、BIT、DECIMAL、FLOAT、TIME、NCHAR、NVARCHAR、CSN、BINARY、VARBINARY、DATETIME、SMALLINT、CSV、ARRAY、MAP。 （2）值：与选择数据类型相同
输出	输出的值按照所选择的数据类型输出

【null 值替换】和【常量】这两个数据转换器的使用方法是，将“reads”列和【常量】转换器分别连接【null 值替换】的第一个参数和第二个参数，将【常量】转换器的值设置为 0，由此可实现将“reads”列的缺失值替换成 0。

具体操作步骤如下：

（1）新建一个【转换】节点，将名称修改成“reads 列缺失值替换成零”。

（2）将【服饰行业笔记数据】节点连线到【reads 列缺失值替换成零】节点上。

（3）将右侧的全部列都导出，如图 2－9 所示。

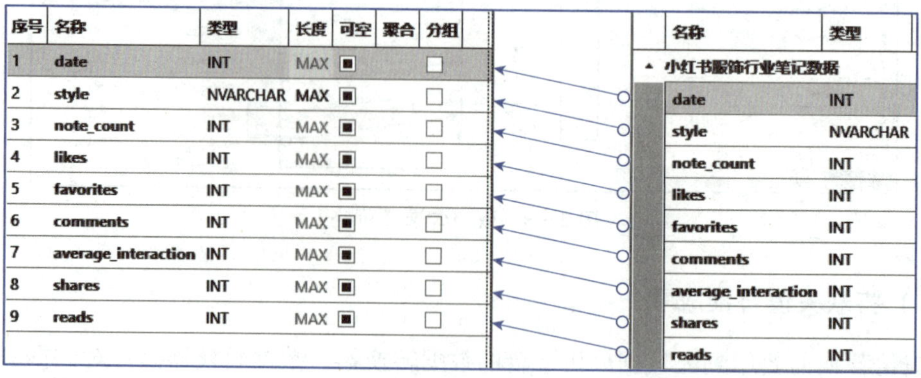

图 2－9 导出数据

（4）在【数据转换器】栏中，拖曳一个【常量】到“reads 列缺失值替换成零”的【数据转换】面板中，如图 2-10 所示。

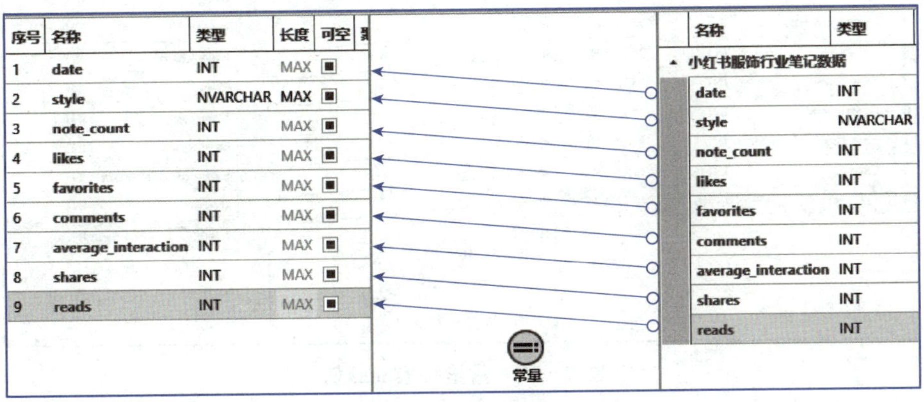

图 2-10 增加常量

（5）在右下角的【参数】栏设置常量的数据类型和值，见表 2-6。

表 2-6 常量参数设置

参数名	值
常量数据类型	INT
值	0

（6）再次新建一个【null 值替换】转换器，然后将右侧的列“reads”连线到该转换器上。方法是：用鼠标选中列“reads”，按住鼠标右键拖曳至【null 值替换】转换器，如图 2-11 所示。

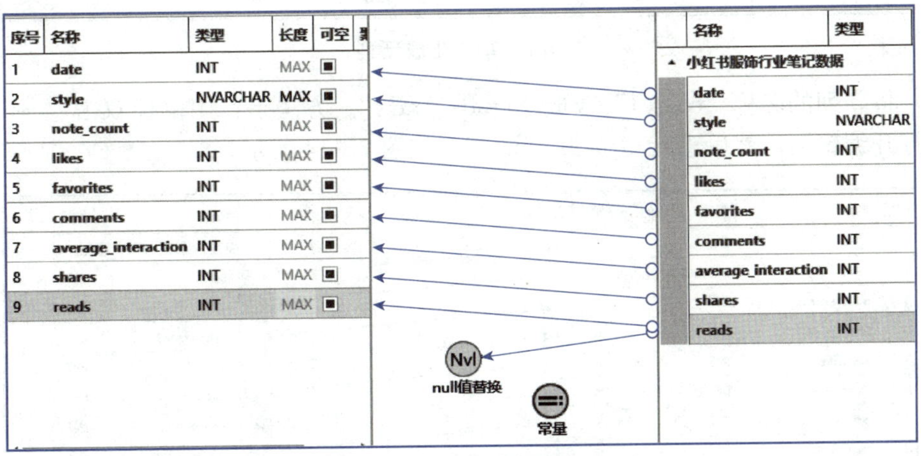

图 2-11 增加【null 值替换】

（7）将【常量】连线到【null 值替换】的第二个参数。方法是：用鼠标选中【常量】，按住鼠标右键拖曳至【null 值替换】，待光标落到第二个参数上松开，如图 2-12 所示。

（8）输出替换后的结果。方法是：用鼠标选中【null 值替换】转换器，右击，在弹出的快捷菜单中单击【生成新列：INT】，如图 2-13 所示。

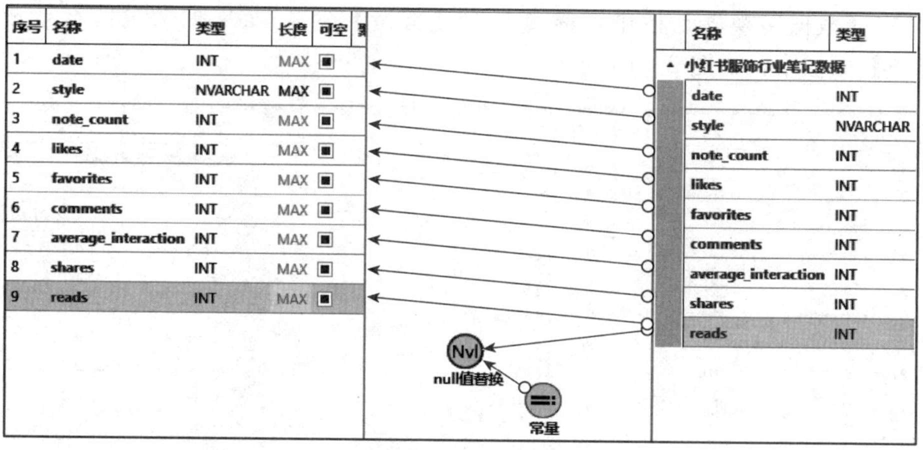

图 2-12　常量替换 null 值

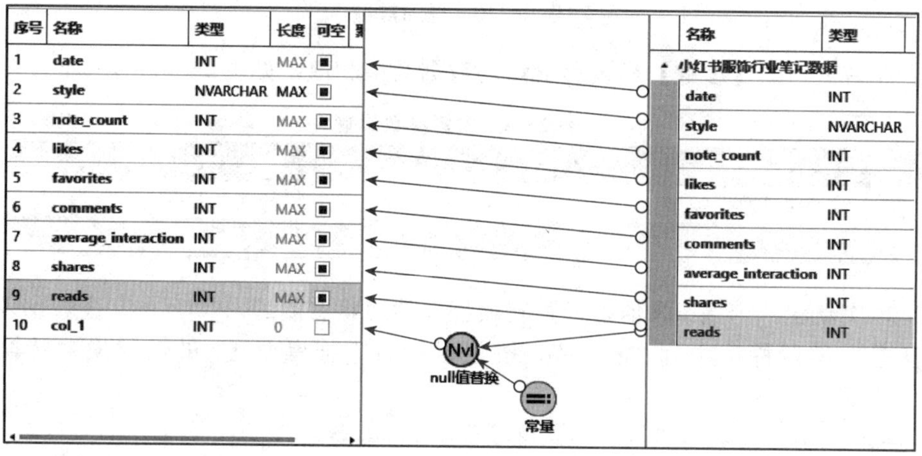

图 2-13　生成新列

(9) 将新列的名称“col _ 1”改成“reads _ new”。方法是：用鼠标双击“col _ 1”文字处，打开编辑框，然后输入“reads _ new”，如图 2-14 所示。

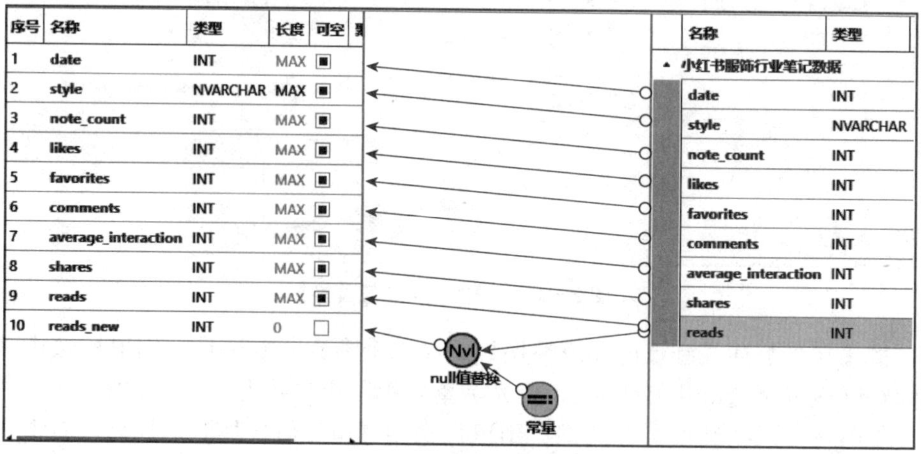

图 2-14　重命名新列

（10）设置查看器，并运行流程，即可看到替换后的数据，如图 2－15 所示。

date	styl	note_count	likes	favorites	comments	average_interaction	shares	reads	reads_new
20220514	棉衣	39	4025	1247	402	145	184	162410	162410
20220510	夹克	89	7666	1660	1011	116	282	230928	230928
20220504	半身裙	1266	202799	74121	19527	234	4269	4752821	4752821
20220508	运动卫衣	12	407	135	35	48	9	12106	12106
20220506	衬衫	1580	271956	129578	27673	271	9009	8006876	8006876
20220515	夹克	61	11492	1501	642	223	353	409981	409981
20220513	风衣	61	8089	1329	838	168	127	290075	290075
20220425	T恤	5127	997602	384703	82746	285	30665	null	0
20220515	衬衫	1245	233179	76150	21271	265	6336	6726351	6726351
20220422	连体裤	150	30878	13648	2610	314	813	982100	982100
20220513	卫衣/绒	170	22342	8403	1709	190	369	540035	540035
20220520	半身裙	1001	38757	12778	6832	58	1064	1289554	1289554
20220427	棉衣	80	10810	2994	860	183	378	309956	309956

图 2－15 结果预览

从图中，我们可以看出，阅读量“reads”中的 null 值被替换成了 0。

任务评价

一、知识与技能评价（70 分）

评价项目	评价内容	分值
理解与应用	了解数据质量加工的含义及目的，理解重复值、缺失值、异常值的含义及产生原因	30
数据处理能力	能够识别并处理数据中存在的重复值与缺失值	40

二、过程与体验评价（20 分）

评价项目	评价内容	分值
学习态度	对任务的态度和投入程度	10
合作与交流	与同伴的合作和交流情况	10

三、自我感受与反思（10 分）

评价项目	评价内容	分值
自我感受	对本次任务的总体感受	5
反思与改进	对自身表现和不足的反思	5

课后思考

数据清洗后，如何评估清洗效果并确定是否达到了预期目标？如果数据清洗后发现数据质量仍然不理想，那么有哪些可能的原因和解决方案？

任务二　实施数据筛选

学习目标

知识目标

1. 理解数据筛选的概念和目的。
2. 熟悉数据筛选常用的比较运算符和逻辑运算符。

技能目标

1. 能够使用比较运算符和逻辑运算符书写数据筛选条件。
2. 能够根据业务需要使用大数据分析平台进行数据筛选。

素质目标

1. 通过设置筛选条件培养逻辑思维能力。
2. 培养理解、处理、利用信息的能力，提升信息化素养。
3. 培养严谨细致的工作态度。

任务背景

随着数字化技术的不断发展，农产品市场也迎来了转型。传统的农产品交易市场逐渐被数字化平台取代，这些平台通过互联网技术，实现了农产品的在线展示、交易和物流跟踪。为了更好地理解和预测农产品价格波动，确保市场稳定，政府和相关机构计划开展一项农产品价格监测项目。该项目旨在通过抽样调查的方式，收集不同地区、不同种类农产品的价格数据，以分析价格趋势、识别价格异常波动，并为政策制定提供数据支持。

数据筛选是从数据中挑选出满足某些条件的数据的过程。在业务数据处理中经常需要筛选数据，例如筛选出价格大于200元的农产品、筛选出价格在150元到200元之间的农产品。

任务目标

创建数据工作流，筛选出不同价格区间的农产品数据，以便进行抽样分析。

任务准备

一、实验环境准备

需要准备的环境有：

（1）个人计算机。

（2）Win7SP1以上系统。

（3）互联网环境。

（4）大数据分析平台。

二、数据准备

案例数据在表“agricultural _ product _ price”中。各列所代表的含义见表 2 - 7。

表 2 - 7　农产品价格表

字段名	数据类型	含义
first _ level _ category	NVARCHAR	一级类别
second _ level _ category	NVARCHAR	二级类别
product _ name	NVARCHAR	品名
lowest _ price	DOUBLE	最低价（单位：元）
average _ price	DOUBLE	平均价（单位：元）
highest _ price	DOUBLE	最高价（单位：元）
specification	NVARCHAR	规格
origin _ place	NVARCHAR	产地
unit	NVARCHAR	计价单位
release _ date	DATETIME	发布日期

该表的部分数据如图 2 - 16 所示。

first_level_	second_level	product_name	lowest_price	average_price	highest_price	specification	origin_plac	unit	release_date
蔬菜		香菇	3.5	5.25	7.0		冀	斤	2023-07-19 00:00
蔬菜		白玉菇	3.0	3.25	3.5		冀豫京	斤	2023-07-19 00:00
蔬菜		口蘑	7.0	7.5	8.0		冀闽	斤	2023-07-19 00:00
蔬菜		杏鲍菇	2.5	2.75	3.0		苏豫津	斤	2023-07-19 00:00
蔬菜		金针菇	2.0	2.25	2.5		辽鲁京	斤	2023-07-19 00:00
蔬菜	水菜	油菜	1.8	1.9	2.0			斤	2023-07-19 00:00
蔬菜	水菜	小白菜	3.5	3.75	4.0			斤	2023-07-19 00:00
蔬菜	水菜	油麦菜	4.5	5.0	5.5			斤	2023-07-19 00:00
蔬菜	水菜	奶白菜	2.0	2.25	2.5			斤	2023-07-19 00:00
蔬菜		青蒜	4.0	4.25	4.5		甘	斤	2023-07-19 00:00
蔬菜		平菇	2.5	3.25	4.0		冀蒙	斤	2023-07-19 00:00
蔬菜	水菜	木耳菜	2.5	2.75	3.0			斤	2023-07-19 00:00
水果	其他类	凤梨	2.5	2.75	3.0	箱装（上六下六）		斤	2023-07-19 00:00
水果	其他类	圣女果	4.5	4.75	5.0	千禧		斤	2023-07-19 00:00
水果	其他类	百香果	11.0	11.5	12.0			斤	2023-07-19 00:00
水果	其他类	冬枣	9.0	12.0	15.0			斤	2023-07-19 00:00
水果	其他类	杨梅	15.0	16.0	17.0			斤	2023-07-19 00:00
肉禽蛋	猪肉类	腔排骨	12.0	12.5	13.0			斤	2023-07-19 00:00
肉禽蛋	猪肉类	梅花骨	8.0	9.0	10.0			斤	2023-07-19 00:00
肉禽蛋	猪肉类	棒骨	7.0	7.5	8.0			斤	2023-07-19 00:00

图 2 - 16　农产品价格

三、工作流概览

本任务工作流首先从数据源中抽取出表“agricultural _ product _ price”，然后分别筛选出最高价格大于 200 元的农产品、最高价格在 150 元到 200 元之间的农产品、最低价格低于 10 元或者平均价格低于 15 元的农产品、最低价格不在 3 元到 5 元之间的农产品数据。整个工作流设计如图 2－17 所示。

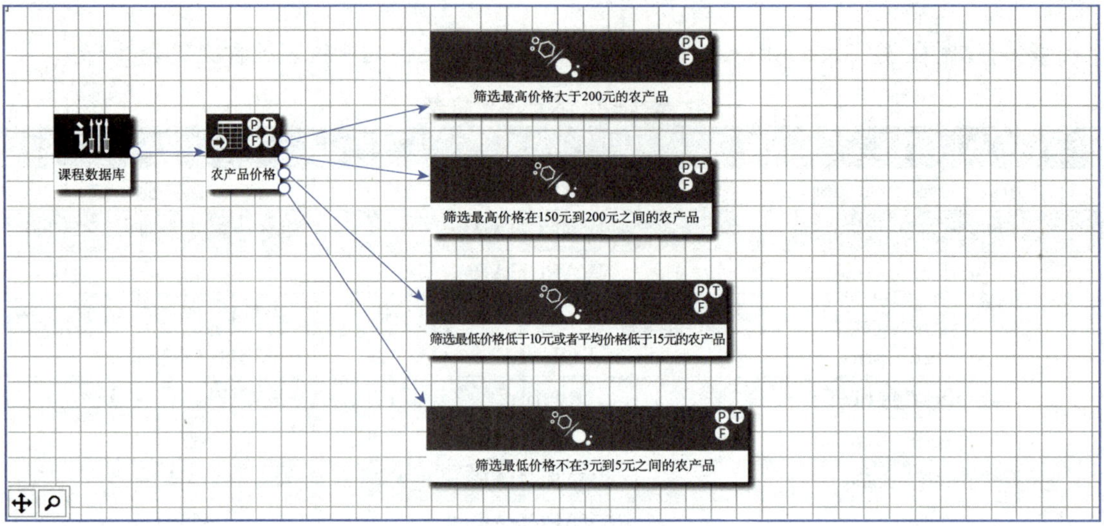

图 2－17　工作流概览

四、步骤分解

本任务的执行步骤见表 2－8。

表 2－8　任务步骤分解

子任务	步骤
流程准备	（1）新建项目； （2）创建数据工作流； （3）创建课程数据库； （4）抽取表
筛选数据	（1）筛选最高价格大于 200 元的农产品； （2）筛选最高价格在 150 元到 200 元之间的农产品； （3）筛选最低价格低于 10 元或者平均价格低于 15 元的农产品； （4）筛选最低价格不在 3 元到 5 元之间的农产品

知识要点

一、数据筛选概述

（一）概念

数据筛选是一种数据处理技术，它指的是从大量数据中识别并提取满足特定条件或标准的记录。在大数据环境下，要想分析出海量数据所蕴含的价值，筛选出有价值的数据十分重要，这个过程就像是用筛子过滤沙子，只留下那些符合我们需求的“金粒”。通过设置一定的规则，如数值范围、文本要求或日期条件，我们可以从原始数据集中分离出有用的信息，为后续的分析和决策提供精确的数据支持。

（二）目的

数据的价值在于其所能够反映的信息，但在收集数据的时候，我们无法完全考虑到未来的用途，只是尽可能地收集，这可能会导致不同数据源中数据结构相异、相同数据不同名称或者不同表示等问题。因此，数据筛选的目的是提高前期收集、存储的相关数据的可用性，确保我们处理的数据是相关且有价值的，从而提高大数据分析的质量和效率。通过剔除不相关或冗余的数据，我们可以更清晰地看到数据背后的含义，避免在无关信息的海洋中迷失方向。

二、数据筛选条件

在数据筛选中，筛选条件是决定哪些数据被保留或排除的关键因素。这些条件通常基于数据的特定属性，如数值大小、文本内容、时间戳、类别等。例如，如果我们分析销售数据，那么筛选条件可能包括特定日期范围内的交易记录、特定地区的销售记录，或者销售额超过一定阈值的记录。

在设置数据筛选条件时，运用正确的比较运算符和逻辑运算符是非常必要的。

（一）数据筛选条件中的比较运算符

在数据筛选中，比较运算符用于确定数据字段的值是否符合特定的条件，见表 2－9。

表 2－9　比较运算符

运算符	说明
=	用于测试两个表达式是否相等
!=或<>	用于测试两个表达式是否不相等
>	用于测试一个表达式是否大于另一个表达式
>=	用于测试一个表达式是否大于或等于另一个表达式
!>	用于测试一个表达式是否不大于另一个表达式
<	用于测试一个表达式是否小于另一个表达式
<=	用于测试一个表达式是否小于或等于另一个表达式
!<	用于测试一个表达式是否不小于另一个表达式

（二）数据筛选条件中的逻辑运算符

如果想把几个单一条件组合成一个复合条件，这就需要使用逻辑运算符 and、between and、or 和 not 才能完成复合条件的数据筛选。

（1）and：表示逻辑“与”操作。只有当所有使用 and 连接的条件都为真时，整个表达式才为真。例如，筛选条件“销售额>1 000 and 客户评级＝‘A’”表示只选择销售额大于 1 000 且客户评级为 A 的记录。

（2）between and：表示数值范围操作。它用于筛选介于两个数值之间的记录。例如，“价格 between 1 000 and 2 000”会选择销售额在 1 000 到 2 000 之间（包括 1 000 和 2 000）的所有记录。该逻辑运算符特别适用于需要根据数值范围进行筛选的情况，如日期范围、价格区间等。

（3）or：表示逻辑“或”操作。只要使用 or 连接的条件中至少有一个为真，整个表达式就为真。例如，“销售额>1 000 or 客户评级＝‘A’”会选出销售额大于 1 000 或客户评级为 A 的所有记录。

（4）not：表示逻辑“非”操作。它用来反转条件的真假值。例如，“not 销售额>1 000”会选择销售额不超过（即小于或等于）1 000 的记录。

任务实施

一、流程准备

（一）新建项目

在“免费数猎场_************”上右击【创建项目】，将该项目名称改为“项目二 数据质量提升：数据清洗与加工”。如果已经存在该项目，则无须再新建。

（二）创建数据工作流

在刚才创建的项目上右击【创建数据工作流】，将该工作流名称改为“任务二 实施数据筛选”。用鼠标双击该工作流，即可打开该工作流，如图 2－18 所示。

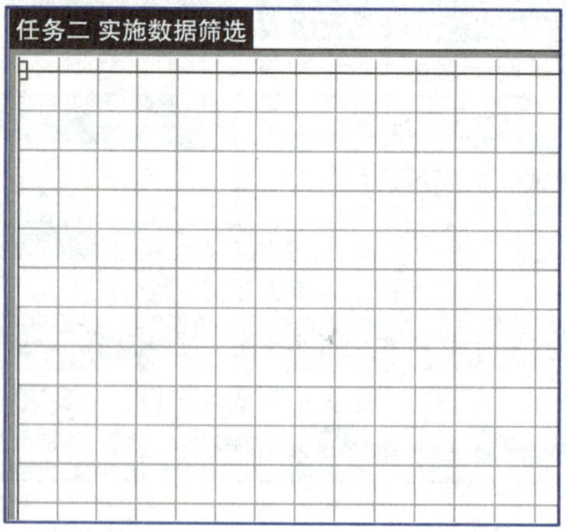

图 2－18 创建数据工作流

（三）创建课程数据库

在【工作流节点】面板中的【数据源】栏中，找到【课程数据库】节点，用鼠标将它拖曳到上面步骤打开的工作流的编辑面板中。

首先用鼠标选中【课程数据库】节点，在其【属性】面板中选择课程“大数据基础与应用（商科版）”，然后单击【连接】按钮。界面下方的【数据源】中会列出该课程的所有表。

（四）抽取表

在【数据源】列表中找到表“agricultural _ product _ price”，选中该表并单击【抽取】按钮，即可将该表抽取出来。

选中抽取的节点，在其【属性】面板中将节点名称改为“农产品价格”。选中它并移动到适当位置。至此完成数据抽取，如图 2－19 所示。

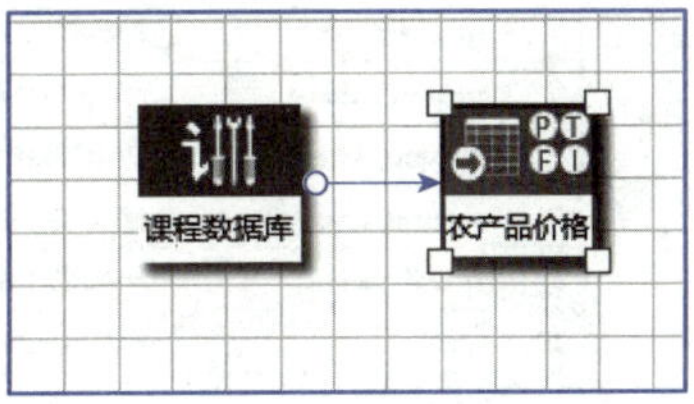

图 2－19 抽取数据

二、筛选数据

（一）筛选最高价格大于 200 元的农产品

（1）首先，新建一个【转换】节点，在其【属性】面板中将节点名称改为“筛选最高价格大于 200 元的农产品”，然后将【农产品价格】节点连线到该节点上，如图 2－20 所示。

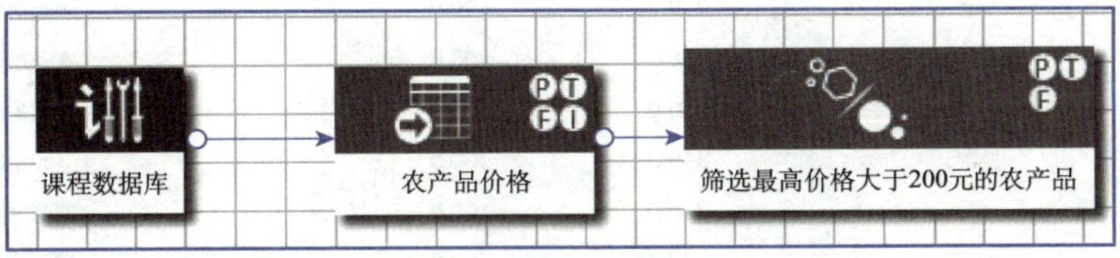

图 2－20 连接节点

筛选出“最高价格大于 200 元的农产品”需要一个比较运算符“大于”（>）。在【筛选最高价格大于 200 元的农产品】节点的【属性】面板的【筛选条件】中编写条件，这里的最高价格是数字，使用比较运算符，条件是：最高价格大于 200（highest _ price>200），如图 2－21 所示。

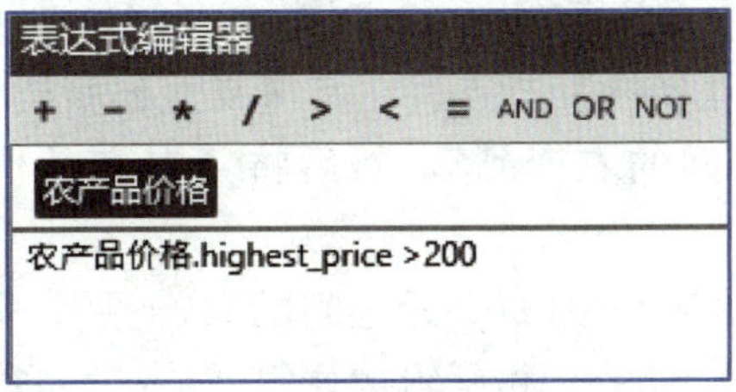

图 2－21 筛选表达式

需要注意的是，运算符都是在英文状态下输入的，而不是在中文状态下输入的。为了阅读方便，一般也会在比较运算符的前后各添加一个空格。

（2）在【筛选最高价格大于 200 元的农产品】节点的【数据转换】面板中将全部列都导出，如图 2－22 所示。

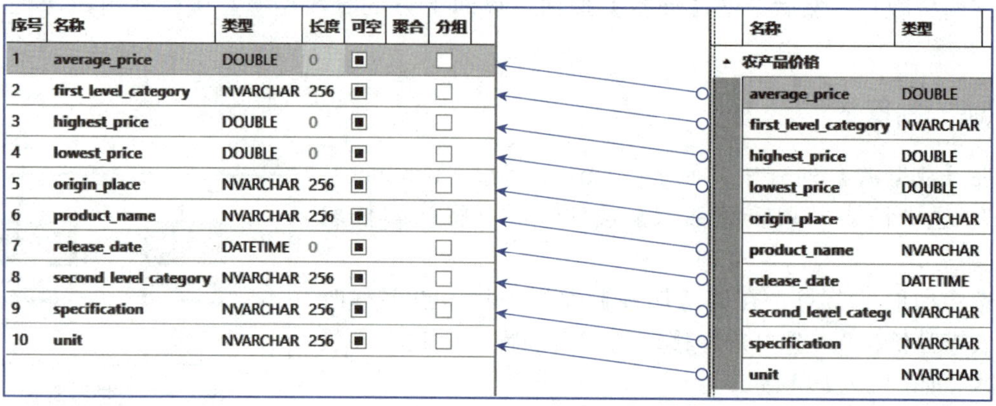

图 2－22　导出数据

（3）在【筛选最高价格大于 200 元的农产品】节点上设置查看器并运行。得到部分数据结果如图 2－23 所示。

average_price	first_level_category	highest_price	lowest_price	origin_place	product_name
315.0	水产	330.0	300.0		澳洲龙虾
205.0	水产	220.0	190.0		澳洲龙虾
315.0	水产	330.0	300.0		澳洲龙虾
205.0	水产	220.0	190.0		澳洲龙虾
315.0	水产	330.0	300.0		澳洲龙虾
205.0	水产	220.0	190.0		澳洲龙虾
315.0	水产	330.0	300.0		澳洲龙虾
205.0	水产	220.0	190.0		澳洲龙虾
315.0	水产	330.0	300.0		澳洲龙虾
205.0	水产	220.0	190.0		澳洲龙虾
315.0	水产	330.0	300.0		澳洲龙虾

图 2－23　数据预览

可以看出，筛选出的农产品符合要求，最高价格均大于 200 元。

（二）筛选最高价格在 150 元到 200 元之间的农产品

（1）首先，再新建一个【转换】节点，在其【属性】面板中将节点名称改为“筛选最高价格在 150 元到 200 元之间的农产品”，然后将【农产品价格】节点连线到这个新节点上。

要筛选出“最高价格在 150 元到 200 元之间的农产品”，需要比较运算符“大于或等于”（>＝）、“小于或等于”（<＝）和逻辑运算符“and”，即“最高价格>＝150 且最高价格<＝200”，且在筛选条件中用 and 表示，这里的 and 可以写成大写 AND。

（2）在【筛选最高价格在 150 元到 200 元之间的农产品】节点的【属性】面板的【筛选条件】中编写条件，如图 2－24 所示。

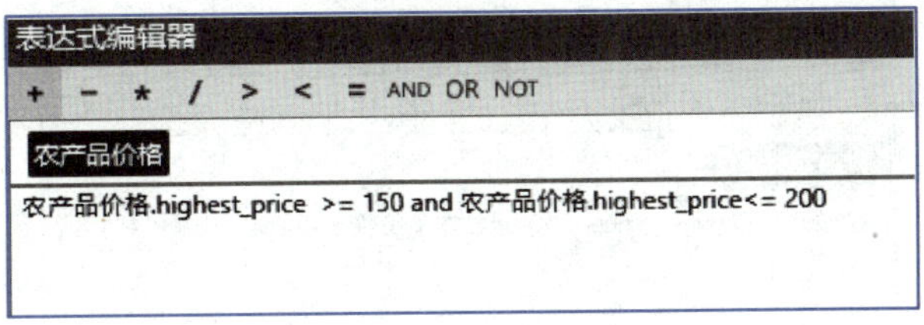

图 2-24　筛选表达式

需要注意的是，and 前后都有一个空格，点号用英文字符。

（3）在【筛选最高价格在 150 元到 200 元之间的农产品】节点的【数据转换】面板中将全部列都导出。

（4）在【筛选最高价格在 150 元到 200 元之间的农产品】节点上设置查看器并运行。得到部分数据结果如图 2-25 所示。

average_price	first_level_category	highest_price	lowest_price	origin_place	product_name
148.0	肉禽蛋	150.0	146.0		箱鸡蛋（箱）
148.0	肉禽蛋	150.0	146.0		箱鸡蛋（箱）
150.5	肉禽蛋	155.0	146.0		箱鸡蛋（箱）
187.5	水产	195.0	180.0		波士顿青龙虾
155.0	肉禽蛋	160.0	150.0		箱鸡蛋（箱）
158.0	肉禽蛋	162.0	154.0		箱鸡蛋（箱）
159.5	肉禽蛋	162.0	157.0		箱鸡蛋（箱）
159.5	肉禽蛋	162.0	157.0		箱鸡蛋（箱）
159.5	肉禽蛋	162.0	157.0		箱鸡蛋（箱）
159.5	肉禽蛋	162.0	157.0		箱鸡蛋（箱）
161.0	肉禽蛋	165.0	157.0		箱鸡蛋（箱）
164.0	肉禽蛋	168.0	160.0		箱鸡蛋（箱）

图 2-25　结果预览

可以看出，筛选出的农产品最高价格都在 150 元到 200 元之间。

（三）筛选最低价格低于 10 元或者平均价格低于 15 元的农产品

（1）新建一个【转换】节点，在其【属性】面板中将节点名称改为“筛选最低价格低于 10 元或者平均价格低于 15 元的农产品”，将【农产品价格】节点连线到这个新节点上。

要筛选出“最低价格低于 10 元或者平均价格低于 15 元的农产品”，需要一个比较运算符“小于”（<）和逻辑运算符“or”。

（2）在【筛选最低价格低于 10 元或者平均价格低于 15 元的农产品】节点的【属性】面板的【筛选条件】中编写条件，如图 2-26 所示。

需要注意的是，or 的前后都有一个空格，点号需要用英文字符。

（3）在【筛选最低价格低于 10 元或者平均价格低于 15 元的农产品】节点的【数据转换】面板中将全部列都导出。

（4）在【筛选最低价格低于 10 元或者平均价格低于 15 元的农产品】节点上设置查看器并运行。得到部分数据结果如图 2-27 所示。

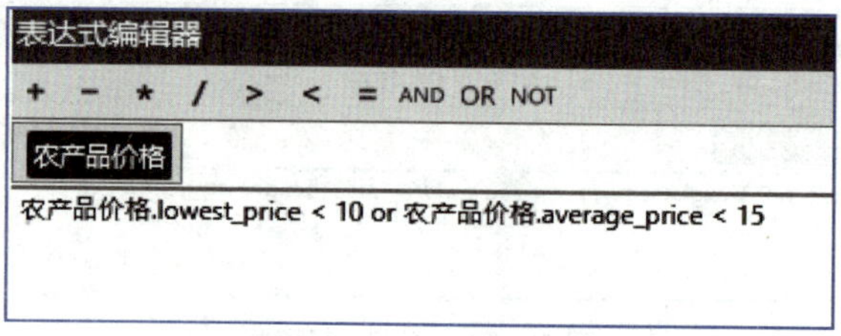

图 2-26 筛选表达式

average_price	first_level_category	highest_price	lowest_price	origin_place	product_name	release_date	second_level_category	specification	unit
11.0	肉禽蛋	12.0	10.0		肥膘肉	2020-11-18 00:00:00.0		普通	斤
14.0	肉禽蛋	14.0	14.0		猪板油	2020-11-18 00:00:00.0		普通	斤
13.5	肉禽蛋	14.0	13.0		棒骨	2020-11-18 00:00:00.0		普通	斤
11.0	肉禽蛋	12.0	10.0		纯腔骨	2020-11-18 00:00:00.0		普通	斤
13.5	肉禽蛋	14.0	13.0		后肘	2020-11-18 00:00:00.0		普通	斤
14.0	水果	15.0	13.0		台农小芒果	2020-11-17 00:00:00.0		芒果类	斤
11.0	肉禽蛋	12.0	10.0		鹅蛋	2020-11-17 00:00:00.0		普通	斤
10.5	肉禽蛋	11.0	10.0		白条净膛鹅	2020-11-17 00:00:00.0		普通	斤
10.0	肉禽蛋	10.0	10.0		白条乌鸡（净膛）	2020-11-17 00:00:00.0		普通	斤
12.0	肉禽蛋	12.0	12.0		鸡胗	2020-11-17 00:00:00.0		普通	斤
10.0	肉禽蛋	10.0	10.0		淘汰鸡（干净膛）	2020-11-17 00:00:00.0		普通	斤
10.0	肉禽蛋	10.0	10.0		羊骨头	2020-11-17 00:00:00.0		普通	斤
11.0	肉禽蛋	12.0	10.0		牛心	2020-11-17 00:00:00.0		普通	斤
11.0	肉禽蛋	12.0	10.0		肥膘肉	2020-11-17 00:00:00.0		普通	斤
14.0	肉禽蛋	14.0	14.0		猪板油	2020-11-17 00:00:00.0		普通	斤
13.5	肉禽蛋	14.0	13.0		棒骨	2020-11-17 00:00:00.0		普通	斤
11.0	肉禽蛋	12.0	10.0		纯腔骨	2020-11-17 00:00:00.0		普通	斤
13.5	肉禽蛋	14.0	13.0		后肘	2020-11-17 00:00:00.0		普通	斤
12.5	水产	13.0	12.0		青蛤	2020-11-17 00:00:00.0		活	斤
12.5	水产	13.0	12.0		大蛏子	2020-11-17 00:00:00.0		>6cm/活	斤
14.5	水产	15.0	14.0		国产带鱼	2020-11-17 00:00:00.0		200-300g/冻	斤
12.5	水产	13.0	12.0		国产带鱼	2020-11-17 00:00:00.0		100-200g/冻	斤

图 2-27 结果预览

可以看出，筛选出的都是最低价格低于 10 元或者平均价格低于 15 元的农产品。

（四）筛选最低价格不在 3 元到 5 元之间的农产品

（1）再新建一个【转换】节点，在其【属性】面板中将节点名称改为“筛选最低价不在 3 元到 5 元之间的农产品”，将【农产品价格】节点连线到这个新节点上。

要筛选出“最低价格不在 3 元到 5 元之间的农产品”，需要一个逻辑运算符“not”和比较运算符“between and”。

（2）在【筛选最低价格不在 3 元到 5 元之间的农产品】节点的【属性】面板的【筛选条件】中编写条件，如图 2-28 所示。

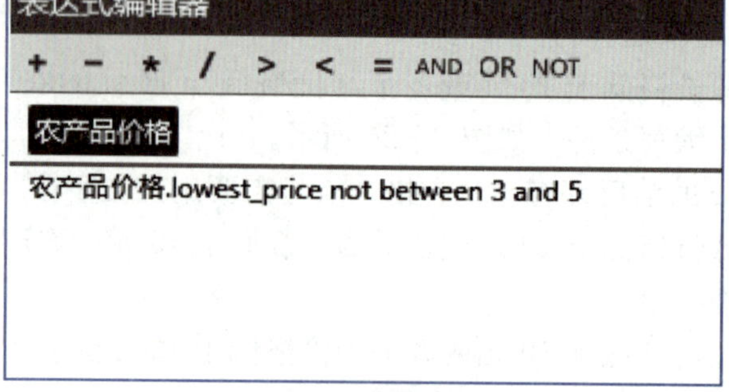

图 2-28 筛选表达式

需要注意的是，not 的前后、between 的前后、and 的前后都各有一个空格。

（3）在【筛选最低价格不在 3 元到 5 元之间的农产品】节点的【数据转换】面板中将全部列都导出。

（4）在【筛选最低价格不在 3 元到 5 元之间的农产品】节点上设置查看器并运行。得到部分数据结果如图 2 - 29 所示。

average_price	first_level_category	highest_price	lowest_price	origin_place	product_name	release_date
0.7	蔬菜	0.8	0.6		雪里蕻	2020-11-19 00:00:00.
5.4	蔬菜	5.5	5.3		紫菜苔	2020-11-19 00:00:00.
0.85	蔬菜	0.9	0.8		水萝卜	2020-11-19 00:00:00.
0.7	蔬菜	0.8	0.6		黄心菜	2020-11-19 00:00:00.
0.55	蔬菜	0.6	0.5		芥菜头	2020-11-19 00:00:00.
0.65	蔬菜	0.7	0.6		鬼子姜	2020-11-19 00:00:00.
1.2	蔬菜	1.4	1.0		佛手瓜	2020-11-19 00:00:00.
1.15	蔬菜	1.3	1.0		苤蓝	2020-11-19 00:00:00.
2.0	蔬菜	2.5	1.5		瓠子	2020-11-19 00:00:00.
2.45	蔬菜	2.6	2.3		茭白	2020-11-19 00:00:00.
1.35	蔬菜	1.4	1.3		西芹	2020-11-19 00:00:00.
2.25	蔬菜	2.5	2.0		青蒜	2020-11-19 00:00:00.
6.0	蔬菜	6.5	5.5		彩椒	2020-11-19 00:00:00.

图 2 - 29　结果预览

可以看出，筛选出的都是最低价格不在 3 元到 5 元之间的农产品。

任务评价

一、知识与技能评价（70 分）

评价项目	评价内容	分值
理解与应用	理解数据筛选的概念和目的，熟悉数据筛选常用的比较运算符和逻辑运算符	30
数据处理能力	能够使用比较运算符和逻辑运算符书写数据筛选条件，能够根据业务需要进行数据筛选	40

二、过程与体验评价（20 分）

评价项目	评价内容	分值
学习态度	对任务的态度和投入程度	10
合作与交流	与同伴的合作与交流情况	10

三、自我感受与反思（10 分）

评价项目	评价内容	分值
自我感受	对本次任务的总体感受	5
反思与改进	对自身表现和不足的反思	5

课后思考

1. 假设你是一家电商公司的数据分析师，请思考：在促销季选择直播产品时，哪些因素会被考虑到？如何使用数据筛选来实现此目的？

2. 在数据筛选时，如何平衡数据的完整性和筛选的效率？

任务三　实施数据关联

学习目标

知识目标

1. 理解数据关联的含义和目的。
2. 熟悉数据关联的两种方式——内连接、外连接，理解两者的区别。

技能目标

1. 掌握数据关联的操作方法。
2. 能够根据业务需要使用大数据分析平台进行数据关联。

素质目标

1. 培养整合多源信息的能力。
2. 培养严谨细致的工作态度和对数据的敏感度。

任务背景

有一家名为“城市鲜果批发市场”的大型批发市场，该市场是该城市及周边地区重要的小商品集散地。市场内汇集了众多批发商，他们每天需要处理大量的订单，以满足零售商和餐饮业的需求。

随着市场的扩张和业务量的增加，市场管理者发现现有的订单处理系统存在效率瓶颈。订单信息和商品信息被存储在两个独立的数据库中，这导致在进货前不方便统计每个批发订单所采购商品的信息。由于缺乏有效的数据关联机制，工作人员需要手动匹配订单和商品，这不仅耗时耗力，而且容易出错。

为了提高订单处理的效率和准确性，市场管理者需要将订单表和商品表进行数据关联，以便快速、准确地读取不同订单的商品信息。

任务目标

设计数据工作流，完成订单表和商品表的关联，以读取不同订单的商品信息。

任务准备

一、实验环境准备

需要准备的环境有：

（1）个人计算机。

（2）Win7SP1 以上系统。

（3）互联网环境。

（4）大数据分析平台。

二、数据准备

案例数据在订单表“order _ table”与商品表“goods _ info”中。

订单表“order _ table”各列的含义见表 2 - 10。

表 2 - 10 订单表

字段名	数据类型	含义
city	NVARCHAR	订单发往的城市
customer _ code	NVARCHAR	顾客编号
order _ code	NVARCHAR	订单编号
order _ date	DATETIME	下单日期
order _ quantity	INT	订单中商品数量，由于是批发，因此数量较多
product _ code	NVARCHAR	商品编号

该表的部分数据如图 2 - 30 所示。

city	customer_code	order_code	order_date	order_quantity	product_code
淮南市	S10469	D21769	2019-03-18 00:00:00.0	1762	X102
咸阳市	S19726	D25081	2019-06-20 00:00:00.0	698	X102
黔东南州	S15803	D27724	2019-08-06 00:00:00.0	872	X102
淮安市	S12270	D21781	2019-05-02 00:00:00.0	854	X102
杭州市	S20189	D24147	2019-06-22 00:00:00.0	1091	X102
泰州市	S11546	D31946	2019-07-06 00:00:00.0	97	X102
常州市	S13839	D28043	2019-09-12 00:00:00.0	1088	X102
沧州市	S18445	D23842	2019-07-08 00:00:00.0	1015	X102
北京市	S17841	D25509	2019-03-16 00:00:00.0	919	X102
达州市	S16650	D26800	2019-05-02 00:00:00.0	645	X102
泉州市	S10860	D31811	2019-05-09 00:00:00.0	798	X102
哈尔滨市	S22659	D25823	2019-02-20 00:00:00.0	560	X102
上海市	S14260	D26271	2019-03-26 00:00:00.0	905	X102
深圳市	S14775	D25899	2019-08-06 00:00:00.0	1523	X102

图 2 - 30 订单表

商品表“order _ table”各列的含义见表 2 - 11。

表 2 - 11　商品表

字段名	数据类型	含义
category	NVARCHAR	商品类别
product _ code	NVARCHAR	商品编号
product _ name	NVARCHAR	商品名称
subcategory	NVARCHAR	商品子类别
unit _ price	INT	批发价（单位：元）

该表的部分数据如图 2 - 31 所示。

catetory	product_code	product_name	subcategory	unit_price
护肤品	X009	活颜修复舒缓面膜	面膜	92
护肤品	X010	黄色经典蜂蜜补水面膜	面膜	58
护肤品	X014	温泉水咋弹冻膜	面膜	86
护肤品	X016	玫瑰黑金面膜	面膜	99
护肤品	X020	淡化黑眼圈眼霜	眼霜	100
护肤品	X021	祛眼袋眼霜	眼霜	59
护肤品	X025	抗氧化眼霜	眼霜	102
护肤品	X026	补水面霜	面霜	101
护肤品	X031	提拉紧致面霜	面霜	86
护肤品	X035	抗衰面霜	面霜	76
护肤品	X036	VE面霜	面霜	99
护肤品	X038	凡士林面霜	面霜	102
护肤品	X048	保湿爽肤水	爽肤水	61

图 2 - 31　商品表

三、工作流概览

本任务工作流首先从数据源中抽取出订单表“order _ table”和商品表“goods _ info”，然后根据这两个表的共有字段“product _ code”进行连接。整个工作流设计如图 2 - 32 所示。

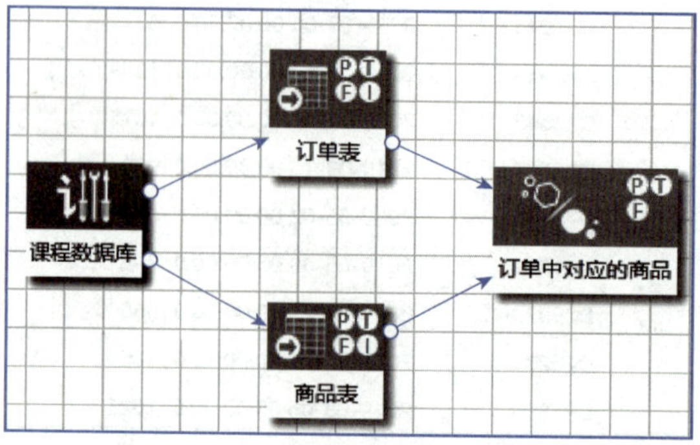

图 2 - 32　工作流概览

四、步骤分解

本任务的执行步骤见表 2－12。

表 2－12　任务步骤分解

子任务	步骤
流程准备	(1) 新建项目； (2) 创建数据工作流； (3) 创建课程数据库； (4) 抽取订单表； (5) 抽取商品表
数据关联	订单中对应的商品

知识要点

一、数据关联概述

数据关联是指根据特定的匹配条件将来自两个或多个数据表的数据进行重新组合，最后形成一个新的数据表的数据加工技术。数据关联之后，数据得以整合，便于后续进行更深入的分析和处理。这种连接操作通常发生在关系型数据表之间。在执行关联操作时，我们可以指定连接条件。例如，如果我们有两个表，一个是客户信息表，另一个是订单信息表，我们可以通过客户 ID 将这两个表关联起来，以便查询特定客户的订单记录。关联的结果是一个组合后的表，它包含所有满足连接条件的数据行，使用户能够从一个统一的数据集中提取和分析信息。

二、数据关联的方式

数据关联是根据一个或多个共同列（通常称为键或连接条件）将两个或多个表中的行结合起来。常用的数据关联方式一般有内连接和外连接，而外连接则包括左连接和右连接。内连接仅返回两个表中与连接条件相匹配的行，而外连接还会返回未匹配的行，这些行在结果集中会以 null 填充。

例如，下面分别是订单表与商品表，订单表（见表 2－13）是左表，商品表（见表 2－14）是右表，订单表中每行记录一个商品。

表 2－13　订单表

订单编号	商品编号
11	P01
11	P02
12	P01
13	P04
14	P06

表 2－14　商品表

商品编号	商品名称
P01	笔记本电脑
P02	智能手机
P03	台式电脑
P04	裙子

由于订单与商品是分开在两个表中的，因此如果要查询订单 11 中的商品名称，就需要将这两个表进行关联。关联方式是用这两个表的公共字段“商品编号”进行连接。注意：在有些情况下，关联的两个表的公共字段（属性）名称并不一定相同，但业务含义要求必须一样，如“客户编号”与“客户编码”。

（一）内连接

内连接是获取两个表的公共部分（来自两个表，能完全匹配上）的记录，两个表的非公共部分将被省略。将订单表与商品表内连接后的结果见表 2-15。

表 2-15　内连接

订单编号	商品编号	商品名称
11	P01	笔记本电脑
11	P02	智能手机
12	P01	笔记本电脑
13	P04	裙子

（二）外连接

1. 左连接

左连接是以左表（订单表）为准，右表（商品表）与之匹配，如果没有匹配上则显示空值。将订单表与商品表左连接后的结果见表 2-16。

表 2-16　左连接

订单编号	商品编号	商品名称
11	P01	笔记本电脑
11	P02	智能手机
12	P01	笔记本电脑
13	P04	裙子
14	P06	null

从结果可以看出，订单编号 14 中的商品编号是 P06，但是它不在商品表中，因此左连接结果的“商品名称”列显示 null。

2. 右连接

右连接是以右表（商品表）为准，左表（订单表）与之匹配，如果没有匹配上则显示空值。订单表与商品表右连接后的结果见表 2-17。

表 2-17　右连接

订单编号	商品编号	商品名称
11	P01	笔记本电脑
12	P01	笔记本电脑
11	P02	智能手机
null	P03	台式电脑
13	P04	裙子

从结果可以看出，商品编号 P03 不在订单表中，因此右连接结果的“订单编号”显示 null。

任务实施

一、流程准备

（一）新建项目

在“免费数猎场 _ ××××××××××××”上右击【创建项目】。将该项目名称改为“项目二　数据质量提升：数据清洗与加工”。如果已经存在该项目，则无须再新建。

（二）创建数据工作流

在刚才创建的项目上右击【创建数据工作流】，将该工作流名称改为“任务三　实施数据关联”。用鼠标双击该工作流，即可打开该工作流，如图 2 - 33 所示。

图 2 - 33　创建数据工作流

（三）创建课程数据库

在【工作流节点】面板中的【数据源】栏中，找到【课程数据库】节点，将其拖曳到上面步骤打开的工作流的编辑面板中。

用鼠标选中【课程数据库】节点，在其【属性】里面选择课程“大数据基础与应用（商科版）”，然后单击【连接】按钮。在下面的【数据源】中会列出该课程的所有表。

（四）抽取订单表

在【数据源】列表中找到表“order _ table”，选中该表并单击【抽取】按钮，将该表抽取出来。

选中抽取的节点，在其【属性】面板中将节点名称改为“订单表”。选中它并移动到适当位置。至此，完成数据抽取工作，如图 2 - 34 所示。

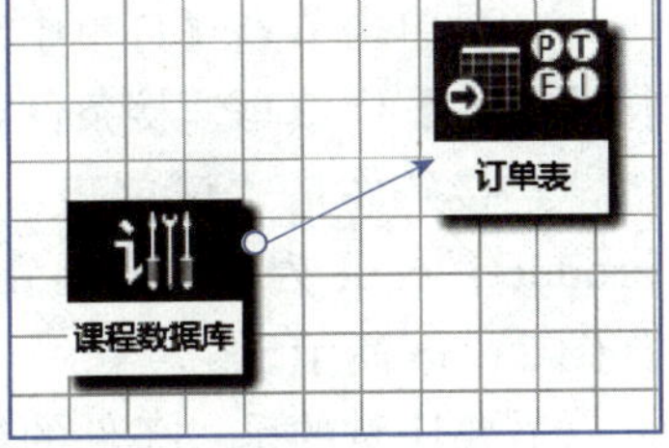

图 2 - 34　抽取订单表数据

（五）抽取商品表

在【数据源】列表中找到表“goods _ info”，选中该表并单击【抽取】按钮，将该表抽取出来。

选中抽取的节点，在其【属性】面板中将节点名称改为“商品表”。选中它并移动到适当位置，如图 2-35 所示。

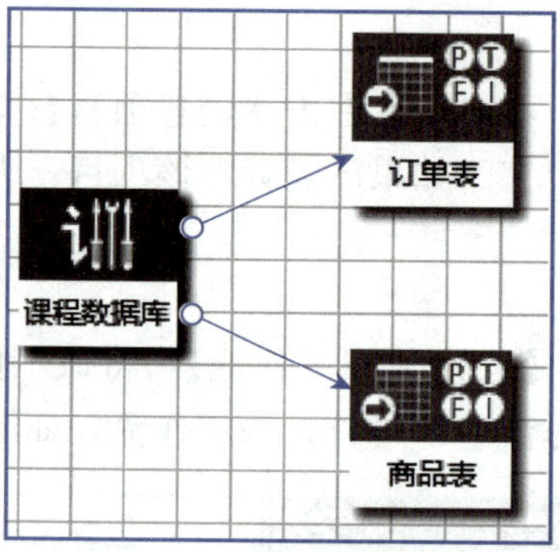

图 2-35 抽取商品表数据

二、关联订单中对应的商品

(1) 新建一个【转换】节点，在其【属性】面板中将节点名称改为“订单中对应的商品”，将【订单表】【商品表】这两个节点连线到【订单中对应的商品】节点上，如图 2-36 所示。

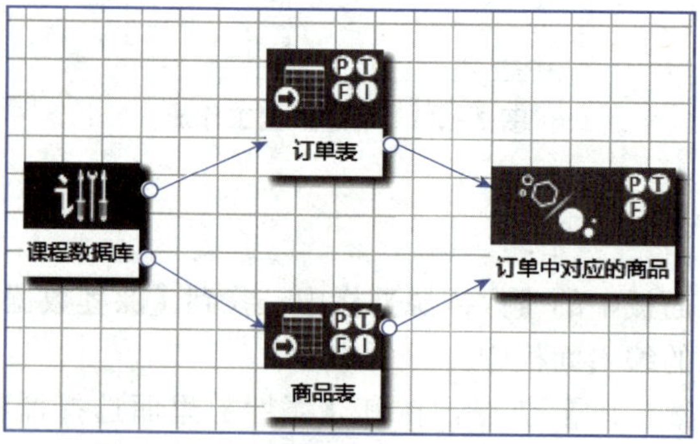

图 2-36 关联节点

(2) 单击节点【订单中对应的商品】，在右下角的【连接】面板中，在商品表的内连接【条件】中填写连接条件，如图 2-37 所示。

连接条件是“订单表 . product _ code＝商品表 . product _ code”，即通过订单表的 product _ code 列，与商品表的 product _ code 列取值相等作为匹配条件将两个表相关联，如图 2-38 所示。

需要注意的是：条件的最后不要有空格。一般也会在等号“＝”的前后各添加一个空格。这里的点号“.”、等号“＝”都要用英文字符。

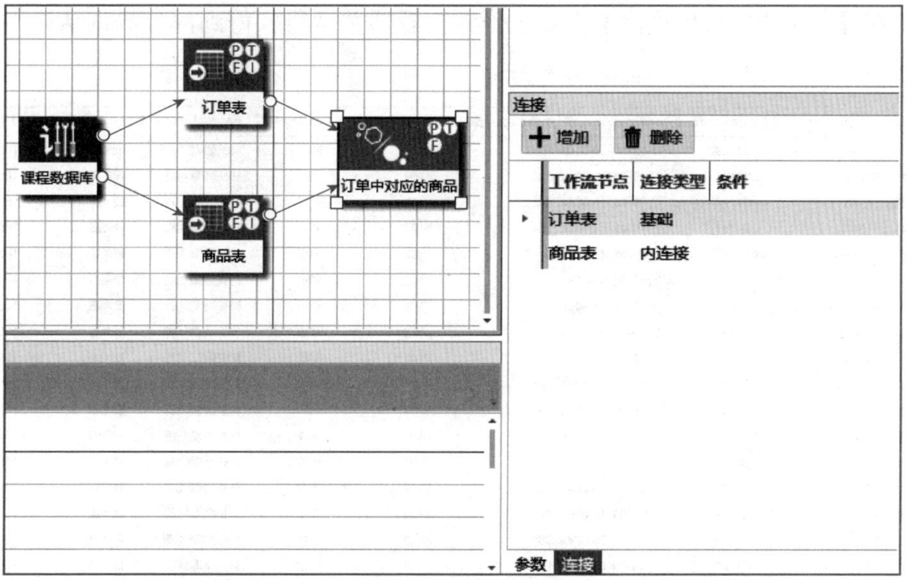

图 2－37　设定连接条件

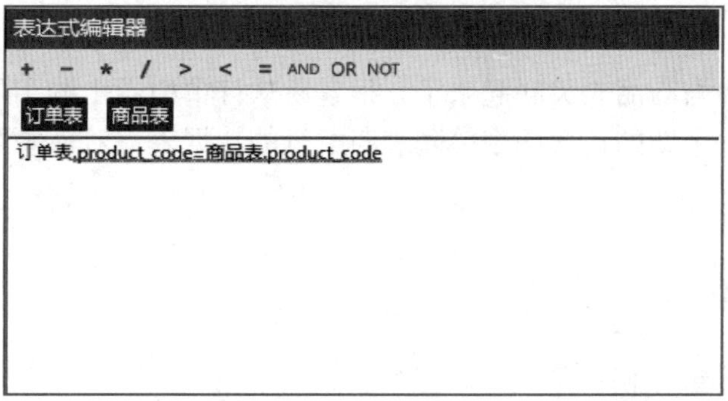

图 2－38　连接条件表达式

(3) 在【订单中对应的商品】节点的【数据转换】面板中将全部列都导出，如图 2－39 所示。

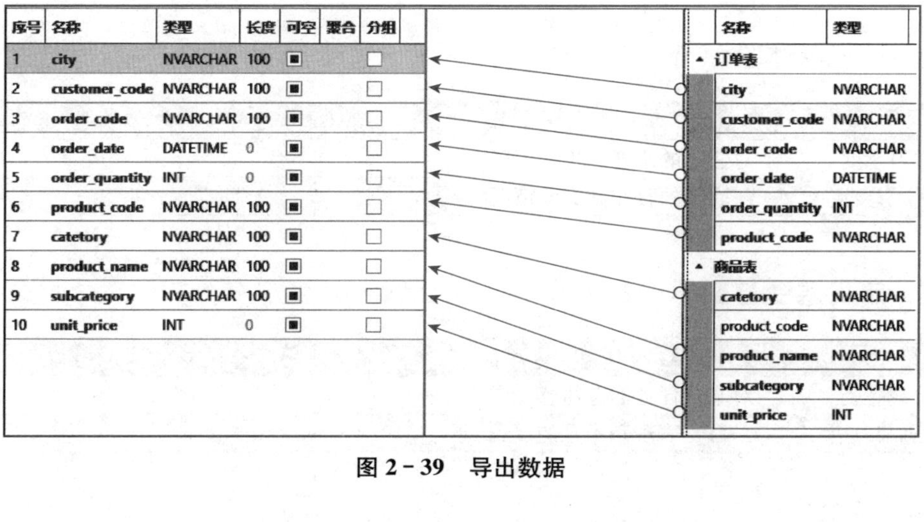

图 2－39　导出数据

（4）在【订单中对应的商品】节点上设置查看器并运行。得到部分数据结果如图 2－40 所示。

city	customer_code	order_code	order_date	order_quantity	product_code	catetory	product_name	subcategory	unit_price
淮南市	S10469	D21769	2019-03-18 00:0(	1762	X102	彩妆	纤长型睫毛膏	睫毛膏	160
咸阳市	S19726	D25081	2019-06-20 00:0(	698	X102	彩妆	纤长型睫毛膏	睫毛膏	160
黔东南州	S15803	D27724	2019-08-06 00:0(	872	X102	彩妆	纤长型睫毛膏	睫毛膏	160
淮安市	S12270	D21781	2019-05-02 00:0(	854	X102	彩妆	纤长型睫毛膏	睫毛膏	160
杭州市	S20189	D24147	2019-06-22 00:0(	1091	X102	彩妆	纤长型睫毛膏	睫毛膏	160
泰州市	S11546	D31946	2019-07-06 00:0(	97	X102	彩妆	纤长型睫毛膏	睫毛膏	160
常州市	S13839	D28043	2019-09-12 00:0(	1088	X102	彩妆	纤长型睫毛膏	睫毛膏	160
沧州市	S18445	D23842	2019-07-08 00:0(	1015	X102	彩妆	纤长型睫毛膏	睫毛膏	160
北京市	S17841	D25509	2019-03-16 00:0(	919	X102	彩妆	纤长型睫毛膏	睫毛膏	160
达州市	S16650	D26800	2019-05-02 00:0(	645	X102	彩妆	纤长型睫毛膏	睫毛膏	160
泉州市	S10860	D31811	2019-05-09 00:0(	798	X102	彩妆	纤长型睫毛膏	睫毛膏	160
哈尔滨市	S22659	D25823	2019-02-20 00:0(	560	X102	彩妆	纤长型睫毛膏	睫毛膏	160
上海市	S14260	D26271	2019-03-26 00:0(	905	X102	彩妆	纤长型睫毛膏	睫毛膏	160
深圳市	S14775	D25899	2019-08-06 00:0(	1523	X102	彩妆	纤长型睫毛膏	睫毛膏	160
黔东南州	S19759	D22939	2019-01-16 00:0(	921	X102	彩妆	纤长型睫毛膏	睫毛膏	160
南通市	S10859	D23525	2019-03-06 00:0(	990	X102	彩妆	纤长型睫毛膏	睫毛膏	160
宁波市	S13654	D24789	2019-09-05 00:0(	915	X102	彩妆	纤长型睫毛膏	睫毛膏	160
肇庆市	S11785	D26472	2019-09-23 00:0(	2016	X102	彩妆	纤长型睫毛膏	睫毛膏	160
东莞市	S21705	D27806	2019-09-08 00:0(	775	X102	彩妆	纤长型睫毛膏	睫毛膏	160

图 2－40 结果预览

这样就把订单表与商品表关联起来了，很容易从订单中看出购买的商品。两个数据表关联之后就生成了一个新的包含两个关联表匹配行的数据表。对该关联数据表开展后续数据分析将更为便利。

任务评价

一、知识与技能评价（70 分）

评价项目	评价内容	分值
理解与应用	理解数据关联的含义和目的，熟悉数据关联的两种方式	30
数据处理能力	掌握数据关联的操作方法，能够根据业务需要进行数据关联	40

二、过程与体验评价（20 分）

评价项目	评价内容	分值
学习态度	对任务的态度和投入程度	10
合作与交流	与同伴的合作和交流情况	10

三、自我感受与反思（10 分）

评价项目	评价内容	分值
自我感受	对本次任务的总体感受	5
反思与改进	对自身表现和不足的反思	5

课后思考

假设你有两个数据集，一个包含客户的购买历史，另一个包含客户的个人信息。请思考如何将这两个数据集合并，并说明合并后的数据可以用来进行什么分析。

任务四　应用函数型数据加工

学习目标

知识目标

掌握数据加工的常用函数。

技能目标

1. 掌握函数型数据加工的操作方法。
2. 能够根据业务需要在大数据分析平台上实施数据加工。

素质目标

1. 培养对业务数据的处理能力。
2. 培养发现、分析和解决问题的能力。

任务背景

有一家名为“GlobalShop”的跨境电商平台，该平台专注于将国内优质商品销售给海外消费者，面向国外销售的商品显示有商品名称、类别、价格等信息。该平台以其丰富的商品种类、有竞争力的价格和便捷的国际物流服务而受到全球买家的欢迎。

在不同国家和地区，价格的展示习惯存在差异。为了适应海外市场，GlobalShop 需要在商品详情页上按照目标市场的格式展示价格。例如，在美国，价格通常会使用千分符（英文逗号）来分隔数字，如 1 299.00 美元会显示为 1,299.00。这种格式虽然便于阅读，但由于不是数值类型，因此会影响后续的销售统计和数据分析。

为了提高后续数据处理的效率和准确性，GlobalShop 需要实施数据加工，将商品价格中的千分符移除，并将其由字符串类型转换为数值类型。

任务目标

创建数据工作流，利用函数型数据加工方法将数据表中“商品价格”的千分符移除，并将其由字符串类型转换为数值类型。

任务准备

一、实验环境准备

需要准备的环境有：

（1）个人计算机。

（2）Win7SP1 以上系统。

（3）互联网环境。

（4）大数据分析平台。

二、数据准备

案例是“某跨境电商产品数据集.csv”文件。该文件各列所代表的含义见表 2－18。

表 2－18　某跨境电商产品数据集

字段名	数据类型	含义
product_id	INT	商品编号
title	NVARCHAR	商品名称
price	NVARCHAR	商品价格（单位：美元）
category	NVARCHAR	商品类别

该表的部分数据如图 2－41 所示。

```
product_id,title,price,category
6474668,"GE - Top Control Built In Dishwasher with Sanitize Cycle and Dry Boost, 52 dBA - Black",429.99,Appliances
6347788,Google - Pixel 3a XL - 64GB (Unlocked),431.99,Cell Phones
6431992,Google - Pixel 5 5G 128GB (Unlocked),377.99,Cell Phones
9747086,Verbatim - Life Series 16x DVD+R Discs (50-Pack),23.99,TV & Home Theater
6445156,"Apple - Macbook - 12"" Display - Intel Core M3 - 8GB Memory - 256GB Flash Storage - Gold","1,299.00",C
6462653,Metra - Speaker Harness for Select 2009-2021 Hyundai Elantra Santa Fe Accent Sportage Forte Tucson - M
2937704,Metra - Radio Harness for Select 1988-2007 Audi Cayenne 80/90 - Multi,12.99,Car Electronics & GPS
5213878,Metra - Wiring Harness for Select 2001-Up Mazda - Multi,14.99,Car Electronics & GPS
6352024,Microsoft - 20 Xbox Gift Card (3-Pack),60,Gift Cards
6258038,"Microsoft - 365 Family (Up to 6 People) (12-Month Subscription) - Activation Required - Windows, Mac O
5859103,Microsoft - Surface Arc Wireless BlueTrack Ambidextrous Mouse - Black,79.99,Computers & Tablets
6448932,"Microsoft - Xbox Wireless Controller for Xbox Series X, Xbox Series S, Xbox One, Windows Devices - Pulse
4533300,Microsoft - Desktop 850 Full-size Wireless Keyboard and Mouse Bundle - Black,29.99,Computers & Tablets
6388580,Geeni - Pan and Tilt Indoor Wi-Fi Wireless Network Surveillance Camera - Black,49.99,Smart Home
6332226,"Gemini - Dual 15"" 2000W 2-Way PA Speaker - Black",329.99,Musical Instruments
6387636,Google - Geek Squad Certified Refurbished Pixel 4 with 64GB Cell Phone (Unlocked) - Oh So Orange,719.9
6451576,Google - Geek Squad Certified Refurbished Pixel 5 5G 128GB (Verizon),377.99,Cell Phones
5730704,Joy-Con (L/R) Wireless Controllers for Nintendo Switch - Neon Red/Neon Blue,79.99,Video Games
6393342,Joy for All - Companion Pet Cat - Silver With White Mitts,124.99,"Toys, Games & Collectibles"
4202076,"CorLiving - Holland TV Stand, for TVs up to 75"" - Ravenwood Black",399.99,TV & Home Theater
5656386,CorLiving - Quadra Collection 3 Shelf Floor-Standing Bookcase - Walnut,179.99,"Home, Furniture & Office"
6287030,Minecoins 1720-Coin In-Game Currency Card [Digital],9.99,Video Games
6474827,"Mind Reader - Ergonomic Lower Back Cushion, Office Chair, Posture Corrector, Memory Foam, 15.5""L x 3
6287032,Minecoins 3500-Coin In-Game Currency Card [Digital],19.99,Video Games
6445820,"Minecraft Dungeons: Howling Peaks DLC - Nintendo Switch, Nintendo Switch Lite [Digital]",5.99,Video Ga
6489459,"Minecraft Dungeons Ultimate Edition - Nintendo Switch, Nintendo Switch Lite",39.99,Video Games
6462338,Miroir - M600 Full HD Pro 1080p Projector - Black,249.99,TV & Home Theater
2206838,Metra - Speaker Harness for Select 1982-2023 Jeep Nissan Hyundai - Multi,11.99,Car Electronics & GPS
6450913,iHome - PlayPro - Rechargeable Waterproof Portable Bluetooth Speaker System with Mega Battery - Black
3674533,Gaming Console Setup with VR,149.99,Services
7694213,Zephyr - Motor 1000 CFM In-Line Blower for Range Hood - Black,849.99,Appliances
```

图 2－41　某跨境电商产品数据

三、工作流概览

本任务工作流首先从数据源中抽取出文件“某跨境电商产品数据集.csv”，然后将价格中的英文逗号“,”替换成空字符串，最后将价格从字符串类型转成数值类型。整个工作流如图 2-42 所示。

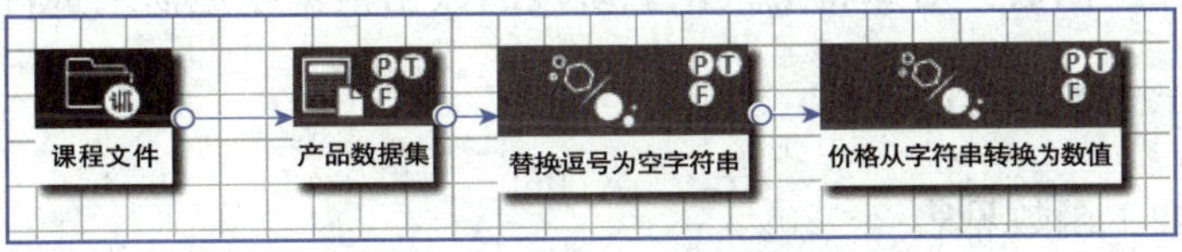

图 2-42　工作流概览

四、步骤分解

本任务的执行步骤见表 2-19。

表 2-19　任务步骤分解

子任务	步骤
流程准备	（1）新建项目； （2）创建数据工作流； （3）创建课程文件； （4）抽取“某跨境电商产品数据集.csv”文件
替换价格中的逗号为空字符串	将价格中的逗号替换成空字符串
价格从字符串转成数值	将价格从字符串转成数值

知识要点

一、函数型数据加工的定义

函数型数据加工通常是指使用转换函数对列级别的数据进行加工的技术。这些函数有不同的类型，包括数值函数、日期函数、逻辑函数等，分别用于不同数据类型的列。

函数的数学定义是 $y=f(x)$。其中，x 是待加工的输入数据，也称为入参；y 是加工后的输出数据，也称为出参；f 是函数，指加工方法或逻辑。

二、函数型数据加工的特点

（1）加工逻辑比较简单，容易理解和实现。

（2）输入和输出数据的结构及类型一般比较简单。

（3）单个函数型数据加工只能解决比较单一的数据问题，如果业务需求和业务数据结构比较复杂，则往往由多个函数型数据加工组合而成。

三、数据加工函数的分类

按照输入数据的类型，数据加工函数可以分成以下几个类别：

（1）数值函数：对数值类型的数据进行加工。
（2）文本函数：对文本类型的数据进行转换加工。
（3）日期函数：对日期类型的数据进行数据加工转换。
（4）集合函数：对集合类型的数据进行数据加工转换。
（5）逻辑函数：根据设定的逻辑判断条件取相应的值。
（6）挖掘预加工函数：对即将进入挖掘阶段的数据根据挖掘需求进行加工转换。

四、常用的数据加工函数

常用的数据加工函数见表 2-20。

表 2-20 常用的数据加工函数

函数名称	中文名称	入参	出参	功能
Replace	字符串替换	参数 1：源字符串； 参数 2：替换的新字符串； 参数 3：查找的子字符串	字符串：NVARCHAR	在源字符串中查找一个子字符串，并替换为另一个字符串
Null 值替换	空值替换	无限制	无限制	将数据中的 null 值替换为另一个值
Left	左截取	参数 1：被截取的源字符串； 参数 2：截取的长度	字符串：NVARCHAR	从一个字符串的左边截取特定长度的子字符串
Right	右截取	参数 1：被截取的源字符串； 参数 2：截取的长度	字符串：NVARCHAR	从一个字符串的右边截取特定长度的子字符串
Length	获取字符串长度	字符串：NVARCHAR	整数：INT	返回一个字符串的长度
Array Term Extract	匹配提取	参数 1：需要提取的源字符串（数据类型：NVARCHAR）； 参数 2：正则表达式	字符串数组：ARRAY	从输入字符串左侧开始搜索，提取出和正则表达式匹配的所有字符串组成的数组
Numeric To String	数值转字符串	浮点数：DOUBLE	字符串：NVARCHAR	把一个数值转换为字符串
String To Numeric	字符串转数值	字符串：NVARCHAR	浮点数：DOUBLE	把一个字符串转换为数值
Constant	常量	无	用户指定	定义一个常量，不限制数据类型
Calculation	四则运算	参数 1：浮点数（数据类型：DOUBLE）； 参数 2：浮点数（数据类型：DOUBLE）	浮点数：DECIMAL	对两个数值进行四则运算
DateDiff	日期时间差	参数 1：开始日期（数据类型：DATETIME）； 参数 2：结束日期（数据类型：DATETIME）	整数：INT	计算两个日期之间的差

续表

函数名称	中文名称	入参	出参	功能
String To Datetime	字符串转日期时间	要转换的日期：NVARCHAR	日期时间：DATETIME	把一个 YYYY-MM-DD hh：mm：ss 字符串转换为日期时间
System Datetime	系统当前日期时间	无	日期时间：DATETIME	返回一个 YYYY-MM-DD hh：mm：ss 类型的系统当前日期和时间
NumAssemble	数组组装	数值/CSN	CSN	把多个数值型或 CSN 输入组装为一个 CSN 格式的字符串，只能在数据挖掘节点中使用
Predict	模型预测	根据选择模型而定	根据选择模型而定	使用训练完成的模型给出输入数据的预测值

任务实施

一、流程准备

（一）新建项目

在“免费数猎场_************”上右击【创建项目】，将该项目名称改为“项目二 数据质量提升：数据清洗与加工”。如果已经存在该项目，则无须再新建。

（二）创建数据工作流

在刚才创建的项目上右击【创建数据工作流】，将该工作流名称改成“任务四 应用函数型数据加工”。用鼠标双击该工作流，即可打开该工作流，如图 2-43 所示。

（三）创建课程文件

在【工作流节点】面板中的【数据源】栏中，找到【课程文件】节点，用鼠标将它拖曳到工作流编辑区，如图 2-44 所示。

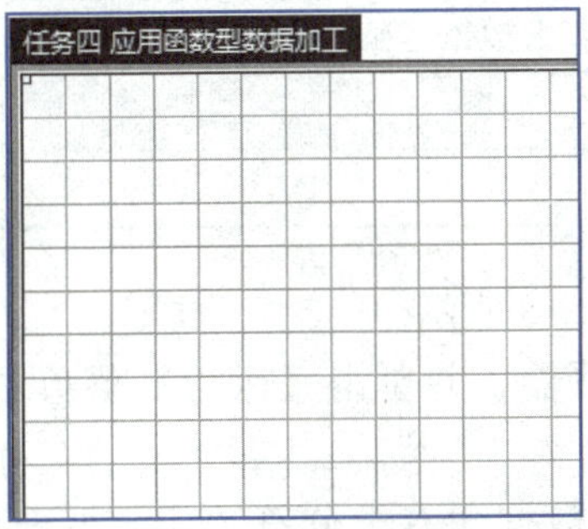

图 2-43 创建数据工作流

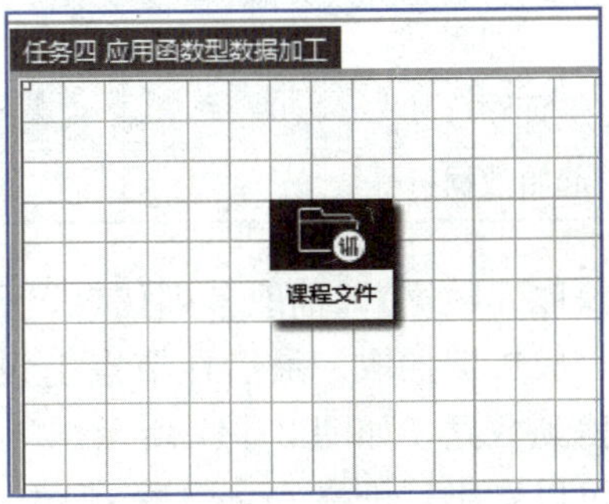

图 2-44 创建课程文件

首先在其【属性】面板中，选择课程“大数据基础与应用（商科版）”，然后单击【连接】按钮，将该课程的所有文件名称都显示出来。

（四）抽取“某跨境电商产品数据集.csv”文件

在【数据源】列表中找到文件“某跨境电商产品数据集.csv”，选中该文件并单击【抽取】按钮，将该文件抽取出来。

选中抽取的节点，在其【属性】面板中，将节点名称改为“产品数据集”，选中它并移动到适当位置。

单击其【属性】面板中的【预览】按钮，预览的数据如图 2-45 所示。

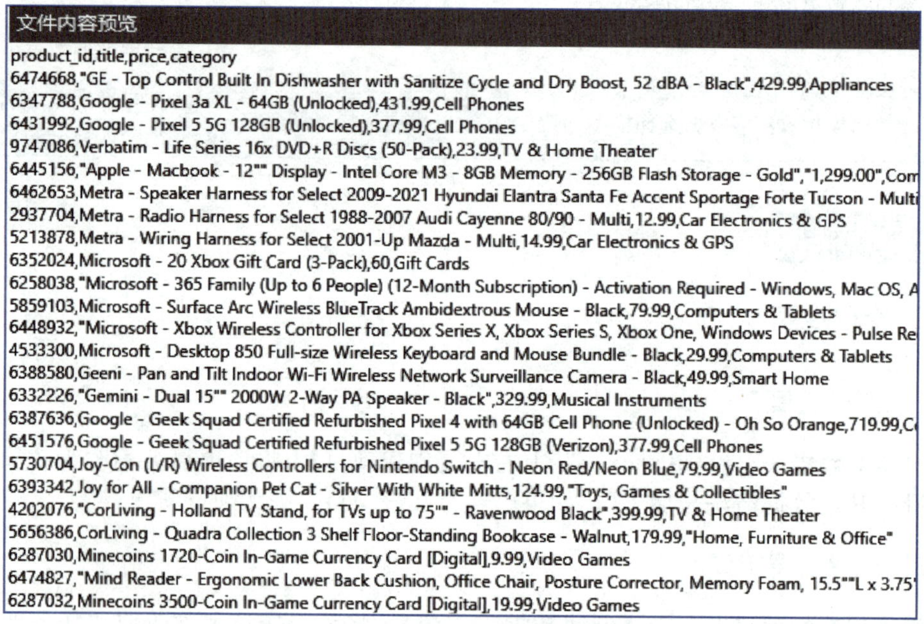
文件内容预览
product_id,title,price,category
6474668,"GE - Top Control Built In Dishwasher with Sanitize Cycle and Dry Boost, 52 dBA - Black",429.99,Appliances
6347788,Google - Pixel 3a XL - 64GB (Unlocked),431.99,Cell Phones
6431992,Google - Pixel 5 5G 128GB (Unlocked),377.99,Cell Phones
9747086,Verbatim - Life Series 16x DVD+R Discs (50-Pack),23.99,TV & Home Theater
6445156,"Apple - Macbook - 12"" Display - Intel Core M3 - 8GB Memory - 256GB Flash Storage - Gold","1,299.00",Com
6462653,Metra - Speaker Harness for Select 2009-2021 Hyundai Elantra Santa Fe Accent Sportage Forte Tucson - Multi
2937704,Metra - Radio Harness for Select 1988-2007 Audi Cayenne 80/90 - Multi,12.99,Car Electronics & GPS
5213878,Metra - Wiring Harness for Select 2001-Up Mazda - Multi,14.99,Car Electronics & GPS
6352024,Microsoft - 20 Xbox Gift Card (3-Pack),60,Gift Cards
6258038,"Microsoft - 365 Family (Up to 6 People) (12-Month Subscription) - Activation Required - Windows, Mac OS, A
5859103,Microsoft - Surface Arc Wireless BlueTrack Ambidextrous Mouse - Black,79.99,Computers & Tablets
6448932,"Microsoft - Xbox Wireless Controller for Xbox Series X, Xbox Series S, Xbox One, Windows Devices - Pulse Re
4533300,Microsoft - Desktop 850 Full-size Wireless Keyboard and Mouse Bundle - Black,29.99,Computers & Tablets
6388580,Geeni - Pan and Tilt Indoor Wi-Fi Wireless Network Surveillance Camera - Black,49.99,Smart Home
6332226,"Gemini - Dual 15"" 2000W 2-Way PA Speaker - Black",329.99,Musical Instruments
6387636,Google - Geek Squad Certified Refurbished Pixel 4 with 64GB Cell Phone (Unlocked) - Oh So Orange,719.99,C
6451576,Google - Geek Squad Certified Refurbished Pixel 5 5G 128GB (Verizon),377.99,Cell Phones
5730704,Joy-Con (L/R) Wireless Controllers for Nintendo Switch - Neon Red/Neon Blue,79.99,Video Games
6393342,Joy for All - Companion Pet Cat - Silver With White Mitts,124.99,"Toys, Games & Collectibles"
4202076,"CorLiving - Holland TV Stand, for TVs up to 75"" - Ravenwood Black",399.99,TV & Home Theater
5656386,CorLiving - Quadra Collection 3 Shelf Floor-Standing Bookcase - Walnut,179.99,"Home, Furniture & Office"
6287030,Minecoins 1720-Coin In-Game Currency Card [Digital],9.99,Video Games
6474827,"Mind Reader - Ergonomic Lower Back Cushion, Office Chair, Posture Corrector, Memory Foam, 15.5""L x 3.75
6287032,Minecoins 3500-Coin In-Game Currency Card [Digital],19.99,Video Games

图 2-45 数据预览

可以看出，第 1 行是标题，第 2 行开始是数据。因此，【属性】面板中的【标题行号】【起始数据行号】的设置见表 2-21。

表 2-21 数据源属性

属性名	值
课程	大数据基础与应用（商科版）
标题行号	1
起始数据行号	2

单击【获取元数据】，抽取各列信息，如图 2-46 所示。

至此，完成数据抽取。最后在节点上设置查看器，并单击【运行】菜单中的【调试】按钮，可以得到数据，如图 2-47 所示。

从图中可以看出，价格 price 这一列中，一些数据含有千分符“,”。下面用替换转换器将其移除。

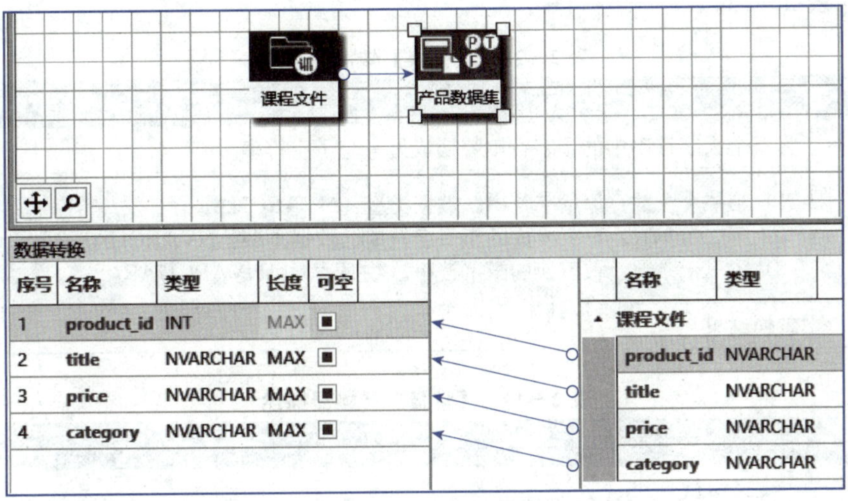

图 2－46 抽取数据

product_id	title	price	category
6474668	GE - Top Control Built In Dishwasher with Sanitize Cycle and Dry Boost, 52 dBA	429.99	Appliances
6347788	Google - Pixel 3a XL - 64GB (Unlocked)	431.99	Cell Phones
6431992	Google - Pixel 5 5G 128GB (Unlocked)	377.99	Cell Phones
9747086	Verbatim - Life Series 16x DVD+R Discs (50-Pack)	23.99	TV & Home Theater
6445156	Apple - Macbook - 12" Display - Intel Core M3 - 8GB Memory - 256GB Flash Stc	1,299.00	Computers & Tablets
6462653	Metra - Speaker Harness for Select 2009-2021 Hyundai Elantra Santa Fe Accent	13.99	Car Electronics & GPS
2937704	Metra - Radio Harness for Select 1988-2007 Audi Cayenne 80/90 - Multi	12.99	Car Electronics & GPS
5213878	Metra - Wiring Harness for Select 2001-Up Mazda - Multi	14.99	Car Electronics & GPS
6352024	Microsoft - 20 Xbox Gift Card (3-Pack)	60	Gift Cards
6258038	Microsoft - 365 Family (Up to 6 People) (12-Month Subscription) - Activation Re	99.99	Computers & Tablets
5859103	Microsoft - Surface Arc Wireless BlueTrack Ambidextrous Mouse - Black	79.99	Computers & Tablets
6448932	Microsoft - Xbox Wireless Controller for Xbox Series X, Xbox Series S, Xbox One	64.99	Video Games
4533300	Microsoft - Desktop 850 Full-size Wireless Keyboard and Mouse Bundle - Black	29.99	Computers & Tablets
6388580	Geeni - Pan and Tilt Indoor Wi-Fi Wireless Network Surveillance Camera - Black	49.99	Smart Home
6332226	Gemini - Dual 15" 2000W 2-Way PA Speaker - Black	329.99	Musical Instruments
6387636	Google - Geek Squad Certified Refurbished Pixel 4 with 64GB Cell Phone (Unloc	719.99	Cell Phones

图 2－47 结果预览

二、替换价格中的逗号为空字符串

新建一个【转换】节点，在其【属性】面板中将节点名称改为“替换逗号为空字符串”。将【产品数据集】节点连线到【替换逗号为空字符串】节点上，如图 2－48 所示。

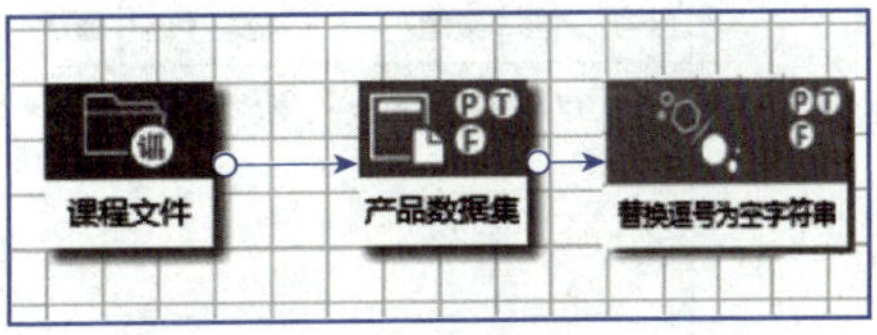

图 2－48 增加转换节点

（1）将右侧的列“price”导出。

（2）在【替换逗号为空字符串】节点的【数据转换】面板中将价格中的逗号“，”替换为空字符串。用到的转换器是一个【替换】转换器和两个【常量】转换器。它们的作用分别见

表 2 - 22 和表 2 - 23。

表 2 - 22 【替换】转换器描述

名称	替换
功能	将一个大字符串中的子字符串替换成另一个子字符串
输入	(1) 第一个参数：原始字符串。数据类型：NVARCHAR。 (2) 第二个参数：要替换成的新子字符串。数据类型：NVARCHAR。 (3) 第三个参数：被替换的子字符串。数据类型：NVARCHAR
输出	替换结果

表 2 - 23 【常量】转换器描述

名称	常量
功能	定义常量
参数	(1) 数据类型：BIGINT、INT、TINYINT、BIT、DECIMAL、FLOAT、TIME、NCHAR、NVARCHAR、CSN、BINARY、VARBINARY、DATETIME、SMALLINT、CSV、ARRAY、MAP。 (2) 值：与选择的数据类型相同。这个案例中是 NVARCHAR 类型
输出	输出的值按照所选择的数据类型输出。这个案例中是 NVARCHAR 类型

(3) 在【数据转换器】栏的【文本】中，拖曳一个【替换】转换器到转换编辑区，如图 2 - 49 所示。

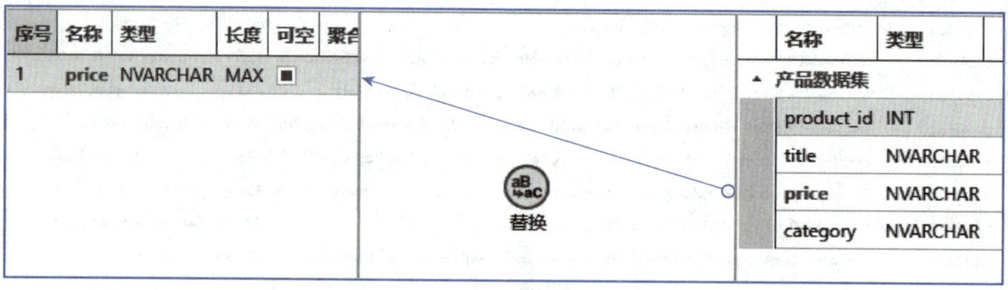

图 2 - 49 增加【替换】转换器

(4) 将右侧的列“price”连线到【替换】节点的第一个参数“在此字符串中搜索 NVARCHAR”上，如图 2 - 50 所示。

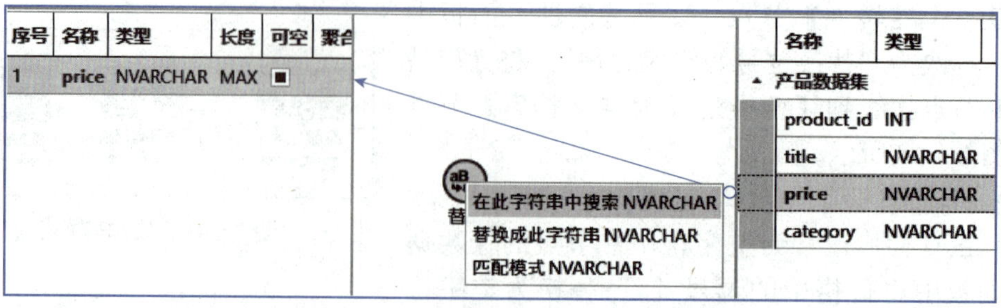

图 2 - 50 连线到“在此字符串中搜索 NVARCHAR”上

（5）从【数据转换器】栏的【数值】中拖曳两个【常量】转换器，如图 2－51 所示。

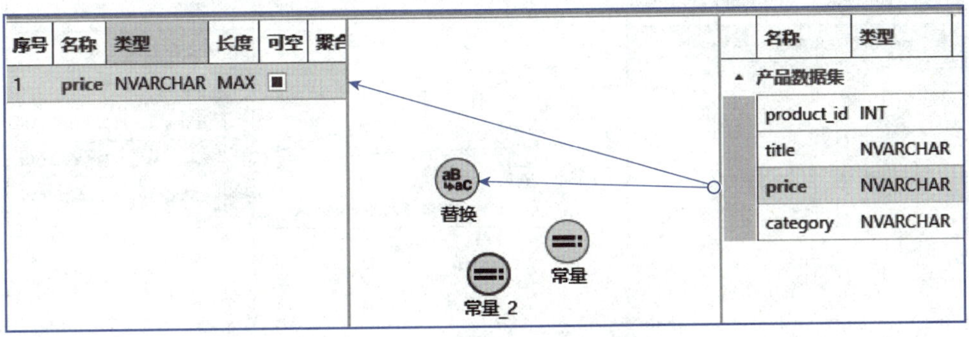

图 2－51　增加【常量】转换器

这两个常量的参数值见表 2－24 和表 2－25。

表 2－24　【常量】参数表

参数名	值
常量数据类型	NVARCHAR
值	‘’

表 2－25　【常量_2】参数表

参数名	值
常量数据类型	NVARCHAR
值	‘,’

注意：【常量】是要替换后的空字符串‘’，【常量_2】是要替换的子字符串‘,’。这两个常量的值前后都需要用英文的单引号引起来，否则会出现错误。

（6）分别将这两个常量连到【替换】转换器的第二、第三个参数上，注意顺序不要连错，如图 2－52 所示。

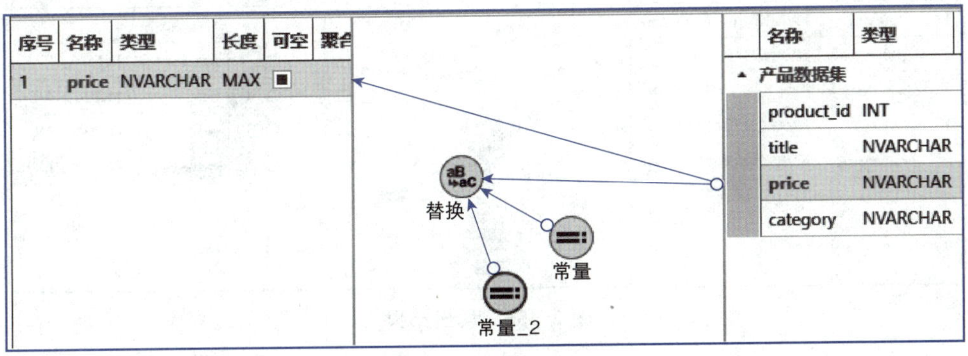

图 2－52　连接常量

（7）将【替换】转换器的结果导出：右击【替换】节点，在弹出的菜单中单击【生成新列：NVARCHAR】，如图 2－53 所示。

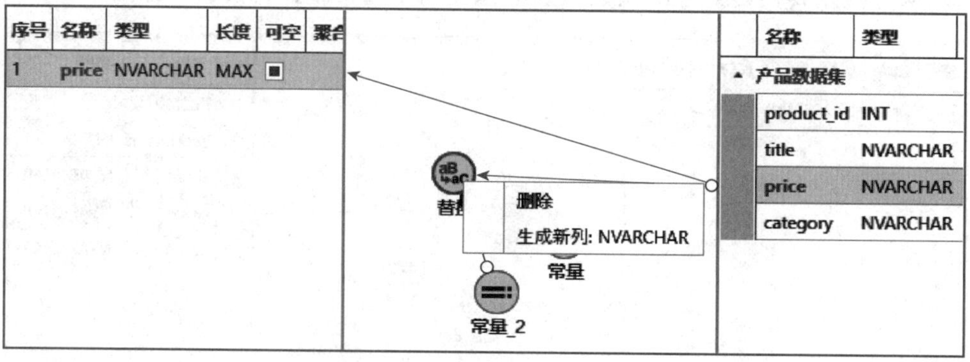

图 2-53 导出结果生成新列

生成的新列如图 2-54 所示。

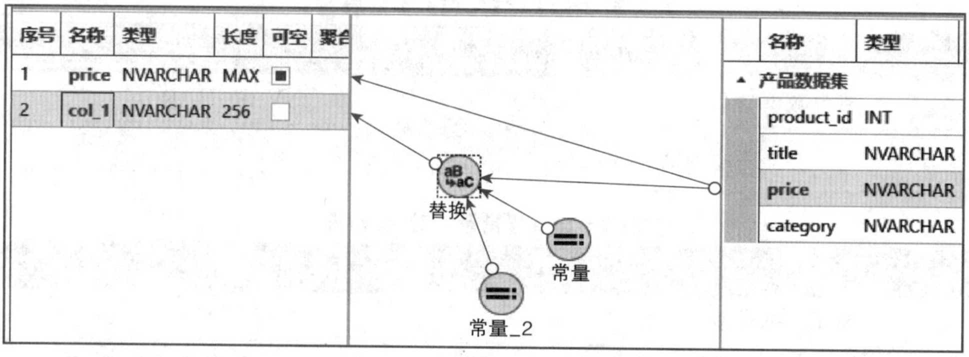

图 2-54 新列结果

可以看出，替换后的数据类型依然是字符串类型。

（8）将新列【名称】改成“price_new”。将剩下的三列“product_id”“title”“category”都从右侧拖曳到左侧导出，最终结果如图 2-55 所示。

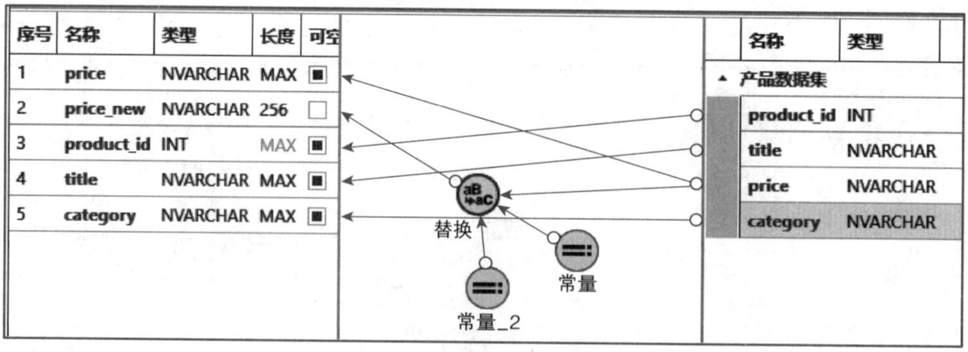

图 2-55 导出结果

（9）在【替换逗号为空字符串】节点上设置查看器，运行调试，即可看到替换逗号为空字符串的结果，如图 2-56 所示。

从图中可以看出，价格中的逗号已经替换成空字符串了。注意，替换后的价格“price_new”依然是字符串类型，下面将它转成数值类型。

price	price_new	product_id	title	category
429.99	429.99	6474668	GE - Top Control Built In Dishwasher with Sanitize Cycle ar	Appliances
431.99	431.99	6347788	Google - Pixel 3a XL - 64GB (Unlocked)	Cell Phones
377.99	377.99	6431992	Google - Pixel 5 5G 128GB (Unlocked)	Cell Phones
23.99	23.99	9747086	Verbatim - Life Series 16x DVD+R Discs (50-Pack)	TV & Home Theater
1,299.00	1299.00	6445156	Apple - Macbook - 12" Display - Intel Core M3 - 8GB Mem	Computers & Tablets
13.99	13.99	6462653	Metra - Speaker Harness for Select 2009-2021 Hyundai Ela	Car Electronics & GPS
12.99	12.99	2937704	Metra - Radio Harness for Select 1988-2007 Audi Cayenne	Car Electronics & GPS
14.99	14.99	5213878	Metra - Wiring Harness for Select 2001-Up Mazda - Multi	Car Electronics & GPS
60	60	6352024	Microsoft - 20 Xbox Gift Card (3-Pack)	Gift Cards
99.99	99.99	6258038	Microsoft - 365 Family (Up to 6 People) (12-Month Subscr	Computers & Tablets
79.99	79.99	5859103	Microsoft - Surface Arc Wireless BlueTrack Ambidextrous I	Computers & Tablets
64.99	64.99	6448932	Microsoft - Xbox Wireless Controller for Xbox Series X, Xb	Video Games
29.99	29.99	4533300	Microsoft - Desktop 850 Full-size Wireless Keyboard and I	Computers & Tablets
49.99	49.99	6388580	Geeni - Pan and Tilt Indoor Wi-Fi Wireless Network Survei	Smart Home
329.99	329.99	6332226	Gemini - Dual 15" 2000W 2-Way PA Speaker - Black	Musical Instruments
719.99	719.99	6387636	Google - Geek Squad Certified Refurbished Pixel 4 with 64	Cell Phones

图 2-56　结果预览

三、价格从字符串转成数值

再新建一个【转换】节点，在其【属性】面板中将该节点名称改为“价格从字符串转成数值”。将前面一个节点【替换逗号为空字符串】连线到【价格从字符串转成数值】节点上，如图 2-57 所示。

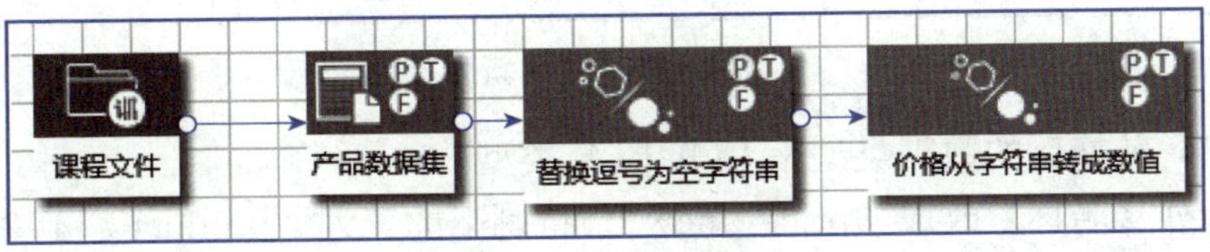

图 2-57　新建节点

（1）将右侧的列“price”导出。

（2）在【价格从字符串转成数值】节点的【数据转换】面板中将替换后的价格从字符串类型转成数值类型。用到的转换器为【字符串转数值】转换器，它的作用见表 2-26。

表 2-26　【字符串转数值】转换器描述

名称	字符串转数值
功能	将一个字符串类型转成数值类型。 注意：只有数字类型的字符串才能直接转成数值类型，否则会出现不能转成数值类型的错误
输入	参数：原始字符串。数据类型：NVARCHAR
输出	转换结果。数据类型：DOUBLE

（3）在【数据转换器】栏的【文本】中，拖曳一个【字符串转数值】转换器到转换编辑区，如图 2-58 所示。

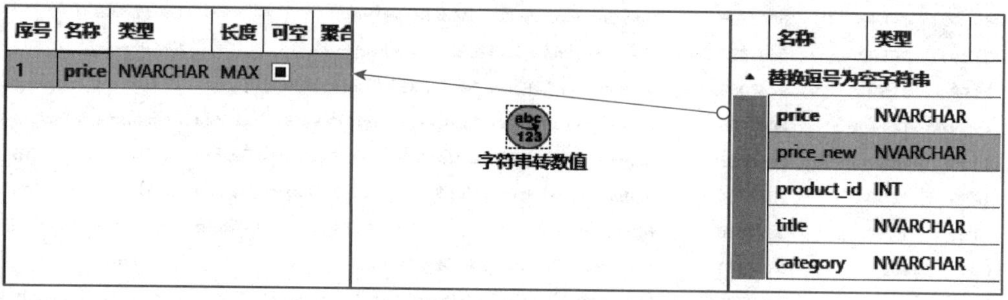

图 2-58　增加【字符串转数值】转换器

（4）将右侧的列“price _ new”连线到【字符串转数值】节点上。

（5）将【字符串转数值】转换器的结果导出，方法是：选中【字符串转数值】转换器，右击，在弹出的菜单中单击【生成新列：DOUBLE】，生成的新列如图 2-59 所示。

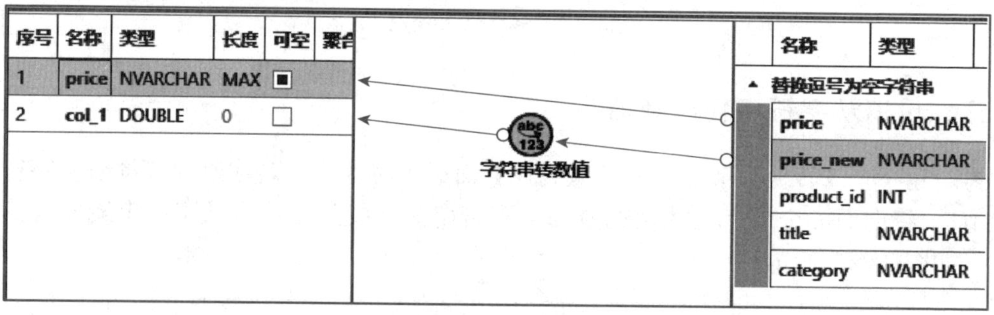

图 2-59　生成新列

可以看出，转换后的数据类型是 DOUBLE 类型。

（6）将新列【名称】改成“price _ new”。将剩下的三列“product _ id”“title”“category”都导出，最终结果如图 2-60 所示。

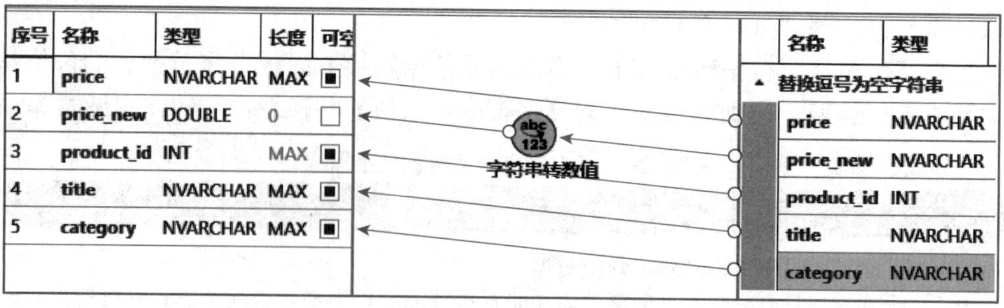

图 2-60　导出数据

（7）在【价格从字符串转成数值】节点上设置查看器，运行调试，即可看到转换结果，如图 2-61 所示。

price	price_new	product_id	title	category
429.99	429.99	6474668	GE - Top Control Built In Dishwasher with Sanitize Cycle ar	Appliances
431.99	431.99	6347788	Google - Pixel 3a XL - 64GB (Unlocked)	Cell Phones
377.99	377.99	6431992	Google - Pixel 5 5G 128GB (Unlocked)	Cell Phones
23.99	23.99	9747086	Verbatim - Life Series 16x DVD+R Discs (50-Pack)	TV & Home Theater
1,299.00	1299.00	6445156	Apple - Macbook - 12" Display - Intel Core M3 - 8GB Men	Computers & Tablets
13.99	13.99	6462653	Metra - Speaker Harness for Select 2009-2021 Hyundai Ela	Car Electronics & GPS
12.99	12.99	2937704	Metra - Radio Harness for Select 1988-2007 Audi Cayenne	Car Electronics & GPS
14.99	14.99	5213878	Metra - Wiring Harness for Select 2001-Up Mazda - Multi	Car Electronics & GPS
60	60	6352024	Microsoft - 20 Xbox Gift Card (3-Pack)	Gift Cards
99.99	99.99	6258038	Microsoft - 365 Family (Up to 6 People) (12-Month Subscr	Computers & Tablets
79.99	79.99	5859103	Microsoft - Surface Arc Wireless BlueTrack Ambidextrous I	Computers & Tablets
64.99	64.99	6448932	Microsoft - Xbox Wireless Controller for Xbox Series X, Xb	Video Games
29.99	29.99	4533300	Microsoft - Desktop 850 Full-size Wireless Keyboard and I	Computers & Tablets
49.99	49.99	6388580	Geeni - Pan and Tilt Indoor Wi-Fi Wireless Network Survei	Smart Home
329.99	329.99	6332226	Gemini - Dual 15" 2000W 2-Way PA Speaker - Black	Musical Instruments
719.99	719.99	6387636	Google - Geek Squad Certified Refurbished Pixel 4 with 64	Cell Phones

图 2-61 结果预览

转换后的价格“price_new”为 DOUBLE 类型。从显示结果看不出价格转换前后的差异，这是因为不同类型的数据在显示其取值时并不区分实际的数据类型。

任务评价

一、知识与技能评价（70 分）

评价项目	评价内容	分值
理解与应用	熟悉数据加工的常用函数及其用法	30
数据处理能力	能够根据业务需要实施函数型数据加工	40

二、过程与体验评价（20 分）

评价项目	评价内容	分值
学习态度	对任务的态度和投入程度	10
合作与交流	与同伴的合作和交流情况	10

三、自我感受与反思（10 分）

评价项目	评价内容	分值
自我感受	对本次任务的总体感受	5
反思与改进	对自身表现和不足的反思	5

课后思考

列举不同类型的数据加工函数，如数值型数据加工函数、文本型数据加工函数、日期时间型数据加工函数等，并分别说明其主要功能。

任务五　执行数据聚合

学习目标

知识目标

1. 理解数据聚合的概念和目的。
2. 掌握数据聚合的常用函数。

技能目标

1. 能够掌握数据聚合的操作方法。
2. 能够根据业务需要在大数据分析平台上实施数据聚合。

素质目标

1. 培养对业务数据处理和分析的能力。
2. 培养从大量数据中提取关键信息的能力，增强信息素养。

任务背景

上海，作为国际大都市，拥有众多著名的旅游景点，如外滩、东方明珠、南京路步行街等。为了进一步提升景区服务质量，上海市文化和旅游局计划通过数据分析来优化游客体验，通过采用数据聚合的方式，统计来自不同省份的游客数量、计算游客的平均年龄、统计每个游客参观的景点用于后续分析，以更好地了解游客需求、增强景点的市场竞争力，促进上海旅游业的可持续发展。

任务目标

创建数据工作流，使用数据聚合的方式统计来自不同省份的游客数量、计算游客的平均年龄、统计每个游客参观的景点，用于后续分析。

任务准备

一、实验环境准备

需要准备的环境有：

（1）个人计算机。

（2）Win7SP1 以上系统。

（3）互联网环境。

（4）大数据分析平台。

二、数据准备

案例是游客信息表“tourist _ information”，数据中每行都是一条游客游览一个景点的记录。该表各列所代表的含义见表 2-27。

表 2-27　游客信息表

字段名	数据类型	含义
id	INT	游客编号
user _ name	NVARCHAR	游客姓名
age	INT	游客年龄
gender	NVARCHAR	游客性别
province	NVARCHAR	游客来源省份
place	NVARCHAR	参观的景点名称
travel _ way	NVARCHAR	跟团还是自由行
date	DATETIME	参观日期

该表的部分数据如图 2-62 所示。

id	user_name	age	gender	province	place	travel_way	date
10001	刘杰	5	男	福建省	南京东路	跟团游	2021-11-02 00:00:00.0
10043	时萍	6	男	江苏省	恒丰里	跟团游	2021-08-02 00:00:00.0
10021	谢峰	12	女	江西省	复旦大学	自由行	2022-02-02 00:00:00.0
10042	张玉英	12	男	安徽省	外滩	跟团游	2021-07-02 00:00:00.0
10007	连桂花	17	女	青海省	武康路	自由行	2021-12-02 00:00:00.0
10015	张秀兰	8	女	辽宁省	中华艺术宫	跟团游	2022-02-02 00:00:00.0
10042	张玉英	12	男	安徽省	豫园	自由行	2021-10-02 00:00:00.0
10025	王磊	13	女	云南省	外白渡桥	跟团游	2021-05-02 00:00:00.0
10006	王秀芳	5	男	湖北省	复兴中路	自由行	2021-10-02 00:00:00.0
10028	刘静	15	女	广东省	淮海路	自由行	2022-01-02 00:00:00.0
10025	高淑华	15	女	北京市	南京路步行街	自由行	2022-02-02 00:00:00.0
10016	张荣	10	女	湖北省	陆家嘴	自由行	2021-08-02 00:00:00.0
10038	游淑兰	16	女	山西省	豫园	自由行	2022-01-02 00:00:00.0
10033	赵洋	17	男	河北省	徐家汇	自由行	2022-03-02 00:00:00.0
10047	陈秀荣	4	女	安徽省	田子坊	自由行	2021-02-02 00:00:00.0
10039	郭欢	12	男	福建省	东方明珠	自由行	2021-10-02 00:00:00.0
10031	聂秀英	16	男	澳门特别行政区	杜莎夫人蜡像馆	跟团游	2021-03-02 00:00:00.0
10013	胡强	10	女	陕西省	欧洲小镇	自由行	2022-02-02 00:00:00.0

图 2-62　游客信息数据

三、工作流概览

本任务工作流需要从数据源中抽取出游客信息表“tourist _ information”，统计每个省份游客数量、游客平均年龄和每个游客参观的景点。整个工作流如图 2-63 所示。

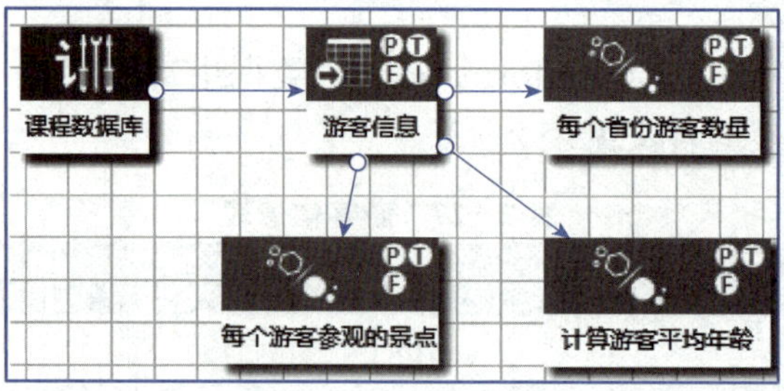

图 2-63 工作流概览

四、步骤分解

本任务的执行步骤见表 2-28。

表 2-28 任务步骤分解

子任务	步骤
流程准备	(1) 新建项目； (2) 创建数据工作流； (3) 创建课程数据库； (4) 抽取游客信息表
数据聚合	(1) 统计每个省份游客数量； (2) 计算游客的平均年龄； (3) 统计每名游客参观的景点

知识要点

一、数据聚合概述

数据聚合是指对数据集中的一个或多个列进行汇总性计算，从而得到一个汇总后的单个值的数据加工技术。数据聚合可以使用聚合函数来完成，这些聚合函数包括求和、求平均值和最大最小值、计数等，它们帮助我们从宏观的层面掌握数据的特征。

在实际应用中，聚合通常与分组结合使用，这样可以对数据集中的特定分组执行聚合计算。例如，在销售数据分析中，按照产品类别或销售区域对销售额进行分组聚合，我们可以具体了解每个产品类别或区域的销售情况。

需要注意的是，聚合操作中的空值处理方式取决于所使用的聚合函数。大多数聚合函数，如 SUM（求和）和 AVG（平均值），会忽略空值，因为它们没有实际的数值可以贡献。但某些聚合函数，如 COUNT（计数），在某些技术实现中可能会对空值进行特殊处理。例如，COUNT 函数在统计非空值的数量时通常会忽略空值，但在统计记录总数时则可能包括空值。

二、数据聚合的分类

（一）概述

常用的数据聚合方式见表 2-29。

表 2-29 常用的数据聚合方式

聚合方式名称	说明
SUM	返回组中所有值的和
AVG	返回组中所有值的平均值
MIN	返回组中的最小值
MAX	返回组中的最大值
COUNT	返回组中的记录数
字符串拼接	返回组中字符串的组合

（二）SUM 聚合

SUM 聚合返回组中所有记录被聚合的列的总和。SUM 聚合只能用于数值型列，空值将被忽略。

例如：对表 2-30 中的工资进行 SUM 聚合，得到的结果见表 2-31。

表 2-30 各部门员工工资

序号	姓名	部门	工资
1	李明	人事部	6 000
2	张伟	人事部	5 800
3	王芳	财务部	6 500
4	刘涛	财务部	5 600
5	陈静	技术部	9 000
6	赵磊	技术部	8 800
7	高峰	技术部	8 600
8	吴刚	销售部	9 500
9	徐燕	销售部	6 300
10	李月	销售部	7 600

表 2-31 各部门工资总和

部门	工资
财务部	12 100
技术部	26 400
人事部	11 800
销售部	23 400

（三）AVG 聚合

AVG 聚合返回组中所有记录被聚合的列的平均值（忽略空值）。对表 2－30 中的工资列进行 AVG 聚合，得到的结果见表 2－32。

表 2－32　各部门工资平均值

部门	平均工资
财务部	6 050
技术部	8 800
人事部	5 900
销售部	7 800

（四）MAX 聚合

MAX 聚合返回组中的最大值。对表 2－30 中的工资列进行 MAX 聚合，得到的结果见表 2－33。

表 2－33　各部门最高工资

部门	最高工资
财务部	6 500
技术部	9 000
人事部	6 000
销售部	9 500

（五）MIN 聚合

MIN 聚合返回组中所有记录被聚合的列的最小值。对表 2－30 中的工资列进行 MIN 聚合，得到的结果见表 2－34。

表 2－34　各部门最低工资

部门	最低工资
财务部	5 600
技术部	8 600
人事部	5 800
销售部	6 300

（六）COUNT 聚合

COUNT 聚合返回组中所有记录被聚合的列的记录数。对表 2－30 中的工资列进行 COUNT 聚合，得到的结果见表 2－35。

表 2-35　各部门工资计数

部门	计数
财务部	2
技术部	3
人事部	2
销售部	3

（七）字符串拼接

字符串拼接返回组中所有记录被聚合的列以逗号隔开的字符串拼接。对表 2-30 中的工资进行字符串拼接，得到的结果见表 2-36。

表 2-36　工资字符串拼接

工资	6 000，5 800，6 500，5 600，9 000，8 800，8 600，9 500，6 300，7 600

对表 2-30 中各部门的工资进行字符串拼接，得到的结果见表 2-37。

表 2-37　各部门工资字符串拼接

部门	拼接结果
人事部	6 000，5 800
财务部	6 500，5 600
技术部	9 000，8 800，8 600
销售部	9 500，6 300，7 600

三、数据聚合在不同行业中的应用

数据聚合就像是将拼图的碎片拼凑起来，让我们能从宏观的角度看到数据的全貌。想象一下，零售业的管理者可以通过将各分店的销售数据进行聚合，判断出哪些商品最受欢迎，哪些促销活动效果最好。这样，他们就能更明智地决定哪些商品要多备货，哪些价格要调整。在金融行业，数据分析师通过汇总客户的交易和信用信息，能够更准确地评估风险，制定更合理的贷款策略。在公共卫生领域，数据聚合能汇总并分析不同地区和机构的健康数据，洞察疾病的传播模式、流行趋势，以及不同地区人群健康状况的差异与共性。总之，数据聚合不仅提高了数据处理的效率，也为决策提供了强有力的支持。

任务实施

一、流程准备

（一）新建项目

在“免费数猎场_************”上右击【创建项目】，将该项目名称改为“项目二数据质量提升：数据清洗与加工”。如果已经存在该项目，则无须再新建。

（二）创建数据工作流

在刚才创建的项目上右击【创建数据工作流】，将该工作流名称改为“任务五　执行数据聚合”。用鼠标双击该工作流，即可打开该工作流，如图 2-64 所示。

图 2-64　创建数据工作流

（三）创建课程数据库

在【工作流节点】面板的【数据源】栏中，找到【课程数据库】节点，用鼠标将它拖曳到工作流编辑区。在其【属性】面板中选择课程“大数据基础与应用（商科版）”，然后单击【连接】按钮，即将该课程的所有数据表名称显示出来，如图 2-65 所示。

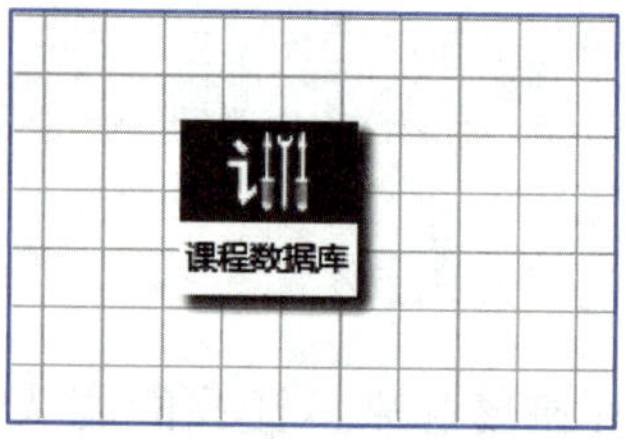

图 2-65　创建课程数据库

（四）抽取游客信息表

在【数据源】列表中找到表“tourist _ information”，选中该表并单击【抽取】按钮，即可将该表抽取出来。选中抽取的节点，在其【属性】面板中，将节点名称改为“游客信息”。选中它并移动到适当位置，如图 2-66 所示。

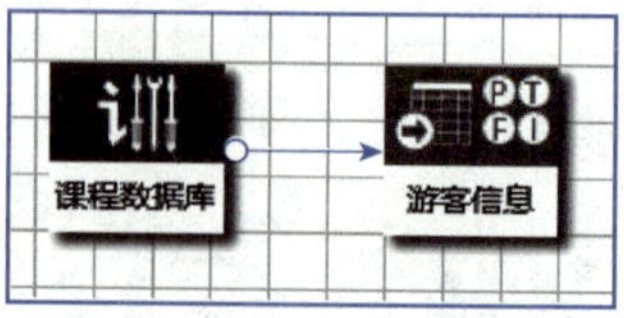

图 2-66　抽取数据

至此，完成数据抽取。在节点上设置查看器，并单击【运行】菜单中的【调试】按钮，可以查看数据，部分数据如图 2－67 所示。

age	gender	id	province	user_name
17	男	10001	山西省	方秀珍
8	男	10003	天津市	汤波
11	女	10006	西藏自治区	伍建
3	女	10009	辽宁省	钟淑华
9	女	10014	江西省	武玲
9	男	10016	陕西省	杨莉
3	女	10017	吉林省	武玉兰
13	女	10027	天津市	白磊
9	男	10030	浙江省	丁军
14	男	10034	福建省	侯娟
14	女	10036	天津市	刘桂荣
9	女	10048	新疆维吾尔自治区	鞠辉
8	女	10050	浙江省	张海燕

图 2－67　数据预览

二、数据聚合

（一）统计每个省份游客数量

（1）新建一个【转换】节点，在其【属性】面板中将节点名称改为“每个省份游客数量”。将【游客信息】节点连线到【每个省份游客数量】节点上，如图 2－68 所示。

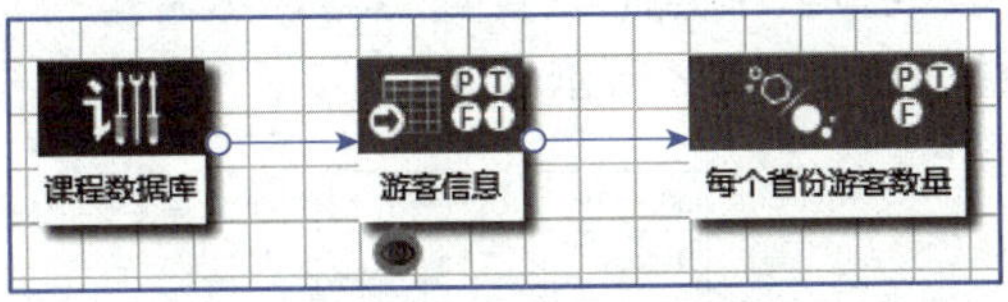

图 2－68　增加节点

（2）在【每个省份游客数量】节点的【数据转换】面板中，将右侧的列“province”导出，勾选【分组】，对省份进行分组，如图 2－69 所示。

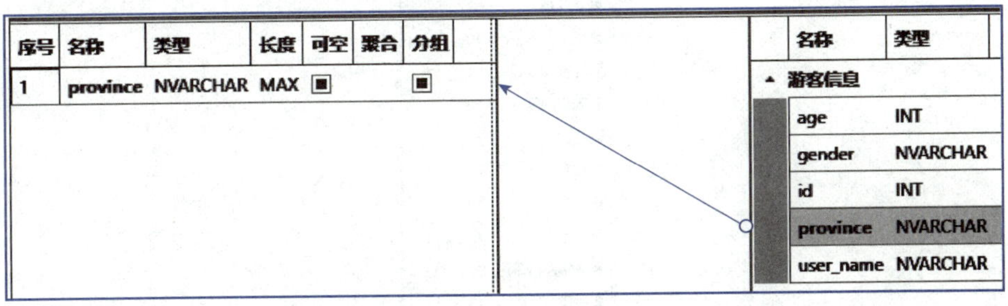

图 2－69　执行数据分组

（3）选择聚合方式为计数，方法是：用鼠标在【数据转换】面板的左侧空白处右击，在弹出的快捷菜单中单击【增加列】，在【聚合】栏下双击，选择【计数】，最后将列名称改成“count”，如图 2－70 所示。

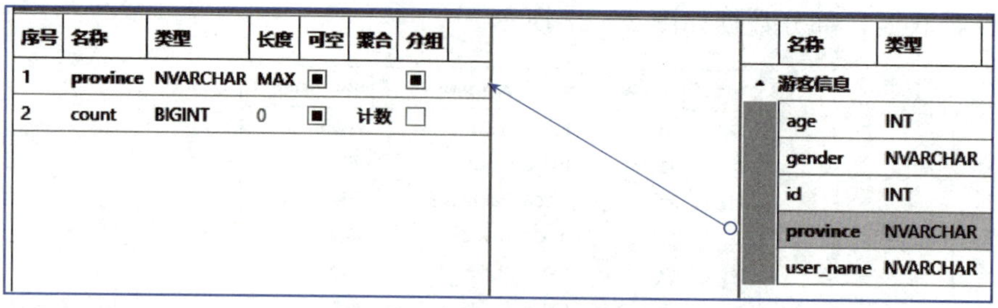

图 2－70　增加计数列

（4）将右侧的列“id”连线到左侧的列“count”上。方法是：用鼠标先选中右侧的列“id”，按住鼠标右键不松开，移动鼠标到左侧列“count”上再松开，如图 2－71 所示。通过对“province”列分组，对“id”列计数，可得到各省份的 id 条数，每个 id 代表一个人，即得到不同省份的游客数量。

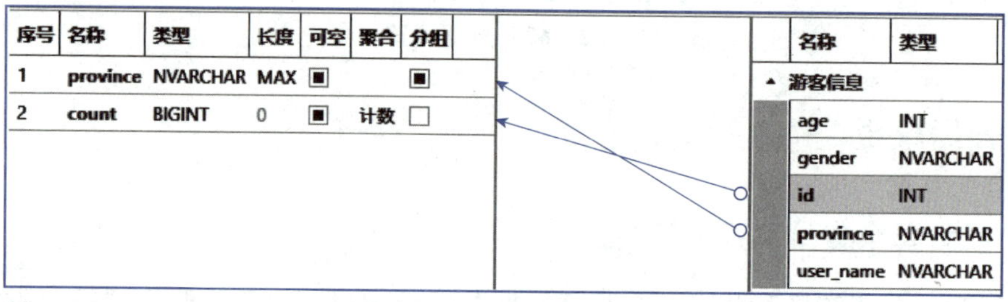

图 2－71　游客数量统计

（5）在【每个省份游客数量】节点上设置查看器，然后运行该工作流，即可得到每个省份的游客数量。部分数据如图 2－72 所示。

province	count
广东省	10
江西省	10
台湾省	7
甘肃省	8
广西壮族自治区	12
云南省	9
黑龙江省	9
北京市	10
浙江省	11
西藏自治区	10
湖北省	7
江苏省	4
四川省	11
重庆市	7
香港特别行政区	9
安徽省	13

图 2－72　结果预览

（二）计算游客的平均年龄

（1）再新建一个【转换】节点，在其【属性】面板中将节点名称改为“计算游客平均年龄”。将【游客信息】节点连线到【计算游客平均年龄】节点上，如图 2－73 所示。

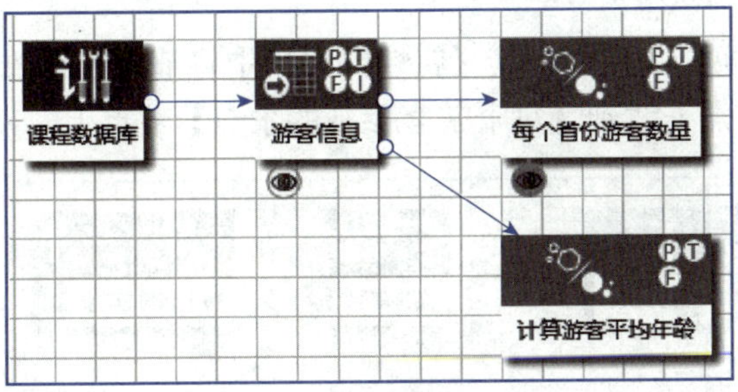

图 2－73 增加节点

计算游客平均年龄也是一个分组聚合的过程。这里需要将全部游客看成一组，然后计算年龄的平均值，此处不需要分组。

(2) 进行聚合，这里用到计算平均值，方法是：用鼠标首先在【数据转换】面板的左侧空白处右击，在弹出的快捷菜单中单击【增加列】，然后在【聚合】栏下双击，选择【平均值】，最后将列名称改成“age _ avg”，如图 2－74 所示。

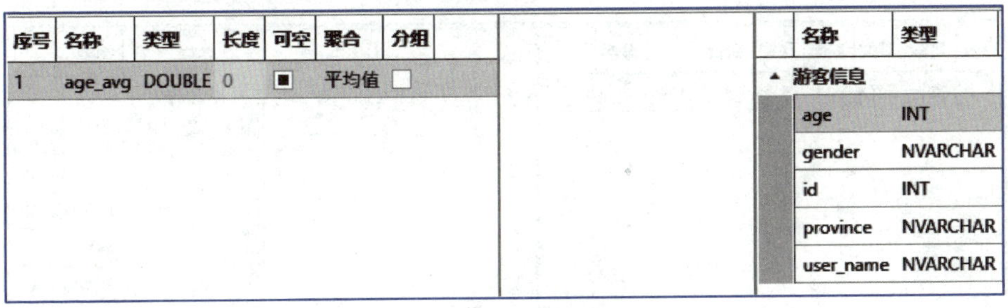

图 2－74 增加新列

(3) 将右侧的列“age”连线到左侧的列“age _ avg”上。方法是：用鼠标先选中右侧的列“age”，按住鼠标右键不松开，移动鼠标到左侧列“age _ avg”上，然后松开，如图 2－75 所示。

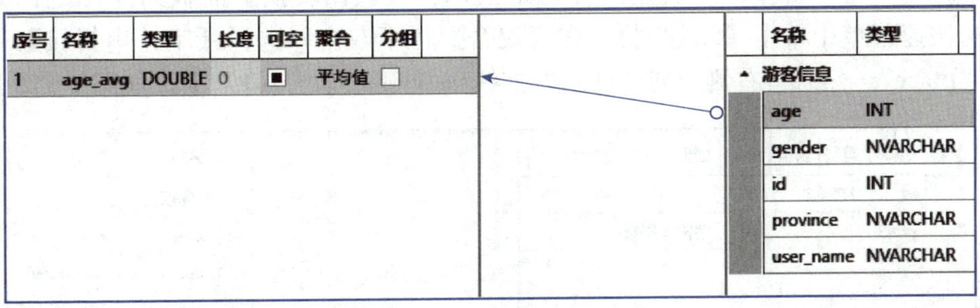

图 2－75 计算平均值

(4) 在【计算游客平均年龄】节点上设置查看器，然后运行该工作流，即可计算出游客的平均年龄，如图 2－76 所示。

可以看出，游客的平均年龄是 33.9 岁。

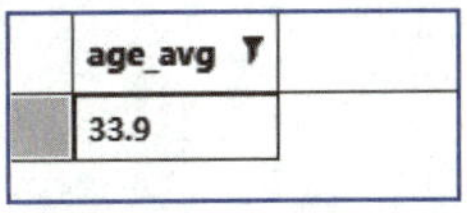

图 2－76 结果预览

（三）统计每个游客参观的景点

（1）新建一个【转换】节点，在其【属性】面板中将节点名称改为“每个游客参观的景点”。将【游客信息】节点连线到【每个游客参观的景点】节点上，如图 2-77 所示。

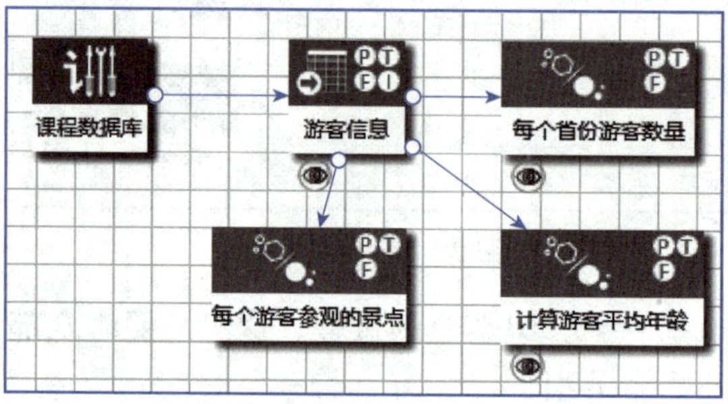

图 2-77 增加节点

（2）在【每个游客参观的景点】节点的【数据转换】面板中，将右侧的列“id”导出，并勾选【分组】，如图 2-78 所示。

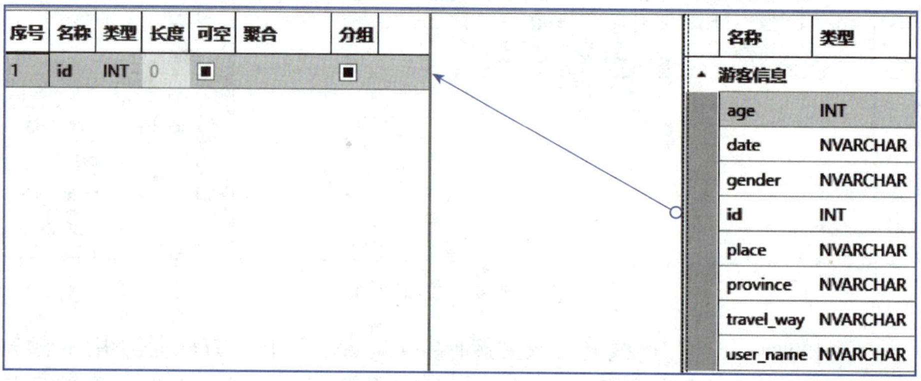

图 2-78 数据分组

（3）进行字符串拼接。方法是：首先用鼠标在【数据转换】面板的左侧空白处右击，在弹出的快捷菜单中单击【增加列】，在【聚合】栏下双击，选择【字符串拼接】，将列名称改成“place”。然后将右侧的列“place”连线到左侧的列“place”上，如图 2-79 所示。

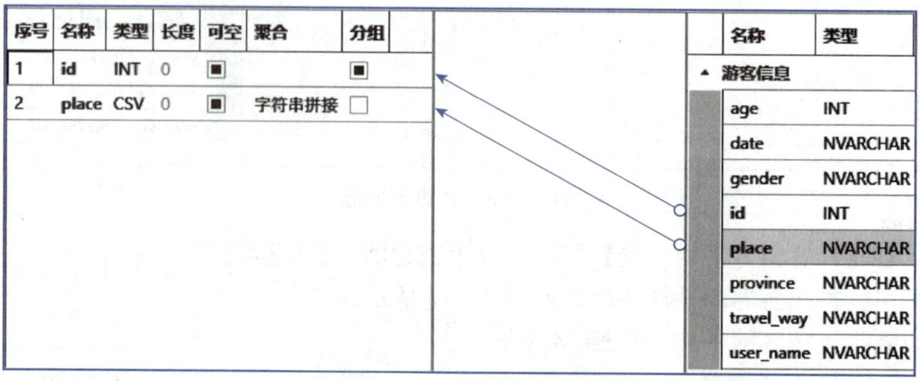

图 2-79 进行字符串拼接

（4）在【每个游客参观的景点】节点上设置查看器，运行该工作流，就会得到每个游客参观的全部景点名称。部分数据如图 2－80 所示。

id	place
10051	城隍庙,豫园,外滩,南京东路,外滩,南京东路,城隍庙,豫园,豫园,外滩,南京东路,城隍庙,城隍庙,豫园,外滩,南京东路
10001	南京东路,南京东路,城隍庙,城隍庙,豫园,豫园,东方明珠,东方明珠,中山东一路,外滩,中山东一路,陆家嘴,陆家嘴,外
10030	武康路,思南公馆,田子坊,田子坊,思南公馆,武康路,武康路,田子坊,思南公馆
10004	豫园,东方明珠,南京东路,外滩,东方明珠,南京东路,豫园,外滩,豫园,东方明珠,南京东路,南京东路,外滩,外滩,东方明
10010	武康路,湖南路,湖南路,永福路,武康路,梧桐树,五原路,永福路,梧桐树,五原路,梧桐树,武康路,梧桐树,五原路,武康路
10016	陆家嘴,陆家嘴,杜莎夫人蜡像馆,杜莎夫人蜡像馆,东方明珠,东方明珠,陆家嘴,东方明珠,杜莎夫人蜡像馆
10011	乍浦路,外白渡桥,陆家嘴,陆家嘴,乍浦路,外白渡桥,陆家嘴,乍浦路,外白渡桥
10060	田子坊,城隍庙,豫园,武康路,思南路,外滩夜市,新天地,城隍庙,思南路,豫园,新天地,外滩夜市,武康路,田子坊,武康路
10052	新天地,田子坊,中华艺术宫,田子坊,新天地,中华艺术宫,田子坊,中华艺术宫,新天地
10039	东方明珠,南京东路,外滩,城市观光车,城市观光车,东方明珠,城市观光车,外滩,城市观光车,城市观光车,南京东路,外
10045	车墩影视基地,广富林文化遗址,车墩影视基地,广富林文化遗址
10005	田子坊,新天地,淮海中路,田子坊,新天地,淮海中路,田子坊,淮海中路,新天地
10018	思南公馆,外滩,甜爱路,南京步行街,甜爱路,南京步行街,思南公馆,甜爱路,思南公馆,外滩,南京步行街,外滩,南京步
10003	田子坊,愚园路,淮海中路,田子坊,淮海中路,愚园路,田子坊,愚园路,淮海中路
10054	豫园,城隍庙,杜莎夫人蜡像馆,杜莎夫人蜡像馆,东方明珠,外滩,杜莎夫人蜡像馆,外滩,豫园,杜莎夫人蜡像馆,城隍庙
10036	山阴路,四川北路,溧阳路,海伦路,多伦路,多伦路,山阴路,四川北路,溧阳路,海伦路,溧阳路,山阴路,四川北路,山阴路
10058	人民广场,大世界,大世界,静安寺,法租界,外滩,静安寺,法租界,外滩,人民广场,大世界,静安寺,法租界,人民广场,外滩
10021	多伦多古文化街,同济大学,七宝老街,鲁迅公园,甜爱路,同济大学,鲁迅纪念馆,七宝老街,七宝老街,复旦大学,1933

图 2－80　结果预览

这样，每个游客各自参观的景点都用英文逗号“,”拼接在一起了。由于一个游客可以重复参观一个景点，因此统计结果中有重复景点。

任务评价

一、知识与技能评价（70 分）

评价项目	评价内容	分值
理解与应用	理解数据聚合的概念和目的，掌握数据聚合的常用函数	30
数据处理能力	能够根据业务需要实施数据聚合	40

二、过程与体验评价（20 分）

评价项目	评价内容	分值
学习态度	对任务的态度和投入程度	10
合作与交流	与同伴的合作和交流情况	10

三、自我感受与反思（10 分）

评价项目	评价内容	分值
自我感受	对本次任务的总体感受	5
反思与改进	对自身表现和不足的反思	5

? 课后思考

请简述数据聚合与数据筛选的区别和联系。

项目小结 >>

在项目一中，我们学习了数据的存储与汇集，为数据处理提供了基础。本项目的内容则是在存储与汇集的基础上，对数据进行进一步的加工处理。

在本项目中，我们探讨了数据处理的关键步骤。我们从识别数据质量问题开始，强调了数据清洗的重要性，以确保数据的准确性和可靠性。通过筛选数据，我们学习了如何从大量数据中提取出有价值的信息，为后续的分析与挖掘打下坚实的基础。接着，我们实施了数据关联，通过将不同来源和格式的数据集进行有效整合，数据之间的联系得以建立，为深入分析提供了可能。应用函数型数据加工方法，我们掌握了如何使用各种数据处理函数来转换和加工数据，以满足特定的分析需求。最后，数据聚合帮助我们对数据进行汇总和概括，从宏观层面掌握数据的特征。

通过本项目的学习，我们掌握了多种数据处理技术，能够更加有效地处理和分析数据。这些技术将在实际应用中发挥重要作用，帮助我们从数据中提取有价值的信息，为后续的数据分析与挖掘工作做好充分的准备。

崇德向善 >>

▼ “大数据杀熟”是一种价格歧视，该如何规制？

在出行软件上预订同一家酒店，不同账号价格不同；使用打车软件，“钻石会员”价格还高于新会员，且更难打到车……一直以来，“大数据杀熟”是广大群众期待整治的问题。2022 年，一位网友分享在某 App 上购买机票的经历：用 3 个账号，买同一趟航班同一舱位，价格最多相差 900 多元，“大数据杀熟”问题再次引发热议。

“大数据杀熟”在我国指互联网销售平台利用消费者的消费数据，就相同的产品对不同用户给出不同价格的行为。所谓“杀熟”，正是指平台获取了消费者的消费数据，进而对特定消费者的偏好、消费意愿、支付能力有了较为充分的了解，对其更加熟悉，从而得以“宰杀”之——向其收取比其他人更高的价格。从经济学的角度来看，“大数据杀熟”或者“个性化定价”也被视为一种“一级价格歧视”，也就是企业根据每一个买者对产品的购买意愿，而不是根据产品的成本不同来制定产品价格的方法。

现实生活中价格歧视比比皆是，远不止于“大数据杀熟”，例如购买当天的航班价格要远远高于购买未来同样航班的价格，因为当天急于出发的人需求更加紧急，所以具有更加强烈的购买意愿。更为典型的价格歧视例子，则是“砍价”：逛集市的时候买菜、买生活用品等，在老板出价以后，顾客会同老板“讨价还价”。砍价能力强的顾客，甚至能将价格砍至一半以下；砍价能力弱的顾客，可能砍不下价或者只能让老板做很小幅度的让利。

相比于这些传统领域的价格歧视，“大数据杀熟”让消费者厌恶的真正原因在于买卖过程中严重的信息不对称。传统零售环节中，消费者知道商家对不同的人采取不同的价格，仍然愿意继续同商家交易，符合自愿原则。而在“大数据杀熟”的交易中，几乎是销售平台对消费者信息的单方面掌握，消费者对平台信息则难有所知。此外，销售平台对个人信息的窥探程度过深，容易侵犯消费者个人隐私。

在此背景下，2022 年 8 月 1 日起施行的修订版《中华人民共和国反垄断法》承载了社会各方的期待。《中华人民共和国反垄断法》作为维护市场公平竞争的重要法律武器，对于规制“大数据杀熟”行为具有不可替代的作用。未来，随着反垄断执法的不断加强和反垄断法律体系的不断完善，“大数据杀熟”行为将受到更加严格的规制和监管。

法律的生命在于实施。依法行政是法律实施的关键环节，自觉守法是法律实施的重要条件。互联网企业既不缺乏专业知识，也不缺乏专业性人才，未来互联网企业应努力在反垄断合规方面遵循监管要求。只有法律法规“长牙”，监管打出反垄断组合拳，推动企业自律、社会共治，才能祛除“大数据杀熟”顽疾，变“杀熟”为“亲熟”，让“头回客”变“回头客”。

实训练习 >>

【习题 2-1】

利用“服饰行业笔记数据 .xlsx”中的数据，完成以下任务。

任务要求：

(1) 将当日收藏数（favorites）的缺失值替换成 0。

(2) 只抽取出“style”。

(3) 对抽取的列“style”去重，即可得到有多少个不同的行业名称。

考核要求：

(1) 满分 15 分。

(2) 只完成一个任务得 5 分。

(3) 完成全部任务得 15 分。

【习题 2-2】

利用农产品信息表“agricultural_product_price”中的数据，完成以下任务。

任务要求：

(1) 筛选出平均价格在 5 元到 10 元之间的农产品。

(2) 筛选出最低价格大于 10 元的农产品。

考核要求：

（1）满分 10 分。

（2）只完成一个任务得 5 分。

（3）完成全部任务得 10 分。

【习题 2 - 3】

某物联网实验室为了检测一些机器在内外部因素的影响下是否会出现故障，要求实验员在道路上安装一些传感器并记录当时的内外部环境因素，这些数据按照外部因素（external _ factor）、内部因素（internal _ factor）保存在课程数据库中。

外部因素（external _ factor）表的列信息见表 2 - 38。

表 2 - 38 外部因素表的列信息

列名	数据类型	含义
Machine _ ID	NVARCHAR	机器编号
AQ	INT	机器附近空气质量指数
footfall	INT	经过机器的人或物体数量

内部因素（internal _ factor）表的列信息见表 2 - 39。

表 2 - 39 内部因素表的列信息

列名	数据类型	含义
ID	NVARCHAR	机器编号
CS	INT	机器的电流
IP	INT	机器输入压力
RP	INT	机器每分钟转数
Temperature	INT	机器运行温度
tempMode	INT	机器温度模式
USS	INT	超声波数据
VOC	INT	挥发性有机化合物水平
fail	NVARCHAR	机器有无故障

任务要求：

（1）抽取这两个表。

（2）根据机器编号将这两个表内连接。

考核要求：

（1）满分 10 分。

（2）只完成一个任务得 5 分。

（3）完成全部任务得 10 分。

【习题 2 - 4】

全国各地气象部门都需要记录一些气象数据。上海各区气象站天气数据在表 shanghai _ weather 中，该文件的各列信息见表 2 - 40。

表 2-40　shanghai_weather 文件的各列信息

字段名	数据类型	字段说明
ID	INT	数据行号
air_pressure	NVARCHAR	气压
cityid	INT	城市编号
humidity	NVARCHAR	湿度（%）
station	NVARCHAR	气象站名称
temp	NVARCHAR	温度（单位:℃）
wind_direction	NVARCHAR	风向
wind_power	NVARCHAR	风力

利用该文件数据，完成以下任务：

任务要求：

（1）将温度（temp）字段中的单位（℃）替换成空字符串。

（2）将温度转换成数值类型。

考核要求：

（1）满分 10 分。

（2）只完成一个任务得 5 分。

（3）完成全部任务得 10 分。

【习题 2-5】

利用游客信息表"tourist_information"中的数据，完成以下任务。

任务要求：

（1）统计男、女游客的数量。

（2）计算每个省份游客的平均年龄。

（3）统计每个省份游客的姓名。

考核要求：

（1）满分 15 分。

（2）只完成一个任务得 5 分。

（3）完成全部任务得 15 分。

项目三

数据洞察行动：数据分析与挖掘

在当今数据驱动的商业环境中，数据分析与挖掘已成为企业获取竞争优势、优化决策和创新业务模式的“核心利器”。通过对海量数据的深度分析与挖掘，企业能够揭示隐藏在数据中的模式、趋势和关联关系，从而为战略决策提供有力支持。本项目通过系统介绍数据分析与挖掘的方法，并结合实际操作，帮助读者掌握数据预处理、相关性分析、回归、分类和关联规则等算法应用的具体步骤，提升数据洞察能力，助力企业实现数据驱动的业务增长和创新。

任务一　数据预处理：数据准备

学习目标

知识目标

1. 熟悉数据分析与挖掘的概念、应用场景及步骤。
2. 理解数据量化和离散化的定义和方法。

技能目标

1. 能够在大数据分析平台上进行数据量化操作。
2. 能够在大数据分析平台上进行数据离散化操作。

素质目标

1. 培养细致、严谨的工作态度。
2. 培养对数据的敏感度。

任务背景

某物流运输公司的业务发展稳定，但是利润一直不高，公司总经理决定针对不同等级利润的订单实行不同的运输模式，以此来节约成本，促进业务利润的提高。

小悦作为公司的数据分析师，决定使用历史订单数据训练出模型，用于对订单利润做出分级。她发现历史数据中客户等级对分级结果存在影响，但是该数据是字符串类型的，无法用于模型训练，同时利润数据是连续值，无法做出分级处理。因此，小悦需要在训练模型前对这些数据做预处理操作，以保证模型训练可以正常进行。

任务目标

将客户等级信息从字符串类型转换为数值类型，以便模型能够识别和处理。

对连续型的利润数据进行离散化，将其划分为不同的利润等级，以便于模型训练时能够对订单进行有效分级。

任务准备

一、实验环境准备

需要准备的环境有：

(1) 个人计算机。

(2) Win7SP1 以上系统。

（3）互联网环境。

（4）大数据分析平台。

二、数据准备

在公司的后台数据库中找到物流历史订单数据表“logistics _ historical _ order”，其中记录了部分历史订单数据，该表的字段信息见表 3 - 1。

表 3 - 1　物流历史订单数据表

字段名	数据类型	业务含义
branch _ office	NVARCHAR	分公司
business _ type	NVARCHAR	货品类型
cost	DOUBLE	成本
customer _ level	NVARCHAR	客户等级
date	DATE	下单日期
gross _ profit	DOUBLE	毛利润
income	DOUBLE	营收
industry	NVARCHAR	客户行业
shipping _ order _ num	NVARCHAR	运单号

该表的部分数据如图 3 - 1 所示。

date	income	cost	business_type	customer_level	gross_profit	in
2017-01-01	1503.0	1127.25	常温化工危险品	A	375.75	快
2017-02-01	2543.0	1780.1	常温普货	B	762.9	化
2017-03-01	3131.0	2348.25	常温化工品	S	782.75	食
2017-04-01	3665.0	2895.35	冷链化工品	S	769.65	家
2017-05-01	3609.0	2418.03	冷链普货	A	1190.97	快
2017-06-01	2996.0	2276.96	冷链化工危险品	D	719.04	医
2017-07-01	3316.0	2354.36	冷链化工品	D	961.64	化
2017-08-01	3291.0	2073.33	常温化工危险品	B	1217.67	化
2017-09-01	1236.0	988.8	常温化工危险品	B	247.2	其
2017-10-01	1503.0	931.86	常温化工危险品	A	571.14	快
2017-11-01	1124.0	786.8	常温化工品	D	337.2	汽
2017-12-01	1177.0	706.2	常温普货	D	470.8	服
2018-01-01	4414.0	2515.98	常温化工品	S	1898.02	家

图 3 - 1　物流历史订单数据预览

三、工作流概览

本流程从数据库中抽取出物流历史订单数据，随后在该数据的基础上分出两个分支：第一个分支用于客户分级字段数据的量化，需要使用两个节点来完成；第二个分支用于毛利润字段数据的离散化，同样需要使用两个节点来完成。整个工作流的设计如图 3 - 2 所示。

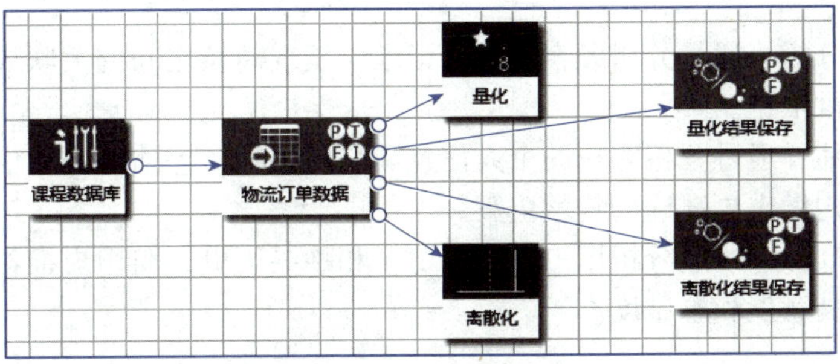

图 3-2　工作流概览

四、步骤分解

本任务的执行步骤见表 3-2。

表 3-2　任务步骤分解

子任务	步骤
流程准备	(1) 新建项目； (2) 创建数据工作流； (3) 创建课程数据库； (4) 抽取物流历史订单数据
客户等级量化	(1) 量化； (2) 量化结果保存； (3) 运行调试
毛利润离散化	(1) 离散化； (2) 离散化结果保存； (3) 运行调试

知识要点

一、数据分析与挖掘的概念

在数字化时代，海量数据已成为各行各业的宝贵资产，但仅仅拥有大量数据并不足以带来商业价值，关键在于如何从这些数据中提取有用的信息和洞察。数据分析与挖掘是实现这一目标的关键工具。数据分析是指利用技术手段，对数据进行探索和解释，以获取洞察和知识，释放数据价值的过程。数据挖掘则是从大规模数据集中通过算法搜索隐藏于其中信息的过程。数据分析和数据挖掘通常紧密相连，协同配合，旨在从大量数据中揭示隐藏的但具有潜在价值的信息和规律。通过建立预测模型，这些技术能够前瞻性地模拟未来行为，从而为企业决策提供科学依据。

二、数据分析与挖掘的应用场景

数据分析与挖掘的应用场景广泛，涵盖了多个行业和领域。以下是一些常见的应用场景：

（1）购物篮分析：通过分析顾客的购买记录，发现商品之间的关联规则，从而为企业制定促销策略提供依据。

（2）信用评估：通过分析客户的个人信息和交易记录，评估客户的信用风险，从而帮助银行和金融机构做出更准确的贷款决策。

（3）个性化推荐：通过分析用户的浏览记录和购买历史，向用户推荐个性化的产品和服务，提高用户满意度和忠诚度。

三、数据分析与挖掘的步骤

数据分析与挖掘通常是通过算法和模型来实现的。算法是用于从训练数据中提取特征并构建模型的一系列步骤。算法学习的结果就是模型。模型被训练好后，可以用于对未知的数据进行预测。学习或训练是使用历史数据通过算法来构建模型的过程。

例如：在生活中训练狗成为导盲犬的过程中，汽车、红绿灯、人行横道等场景相当于训练数据，驯犬员的训练方法相当于算法，整个训练过程相当于学习，最终训练产生的狗的大脑就是模型，该模型可以在新的场景中产生对应的反应。训练模型过程如图 3 - 3 所示。

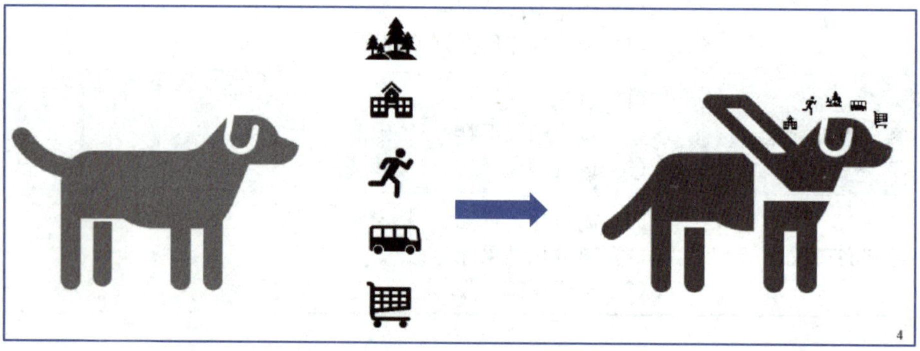

图 3 - 3　训练模型过程

从上述例子中可以看出，数据分析与挖掘的过程大致分为两个主要阶段：训练阶段和预测阶段，如图 3 - 4 所示。

在训练阶段，我们首先对历史数据进行预处理，然后使用特定的算法来训练模型。这些历史数据已经包含已知的结果或标签，这些标签可以是通过观测得到的，也可以是人为指定的。例如，在一个零售企业的销售预测系统中，历史数据可能包括产品的特征，如产品类别、价格、促销活动等，产品的实际销售量作为标签。训练数据的主要用途是帮助模型学习特征与标签之间的关系，从而构建出能够对未知数据进行预测的模型。

在预测阶段，我们对新得到的数据进行预处理，然后利用训练好的模型对这些数据进行预测，生成预测标签。这些新数据通常没有已知的标签，模型的任务是根据已学习到的特征与标签之间的关系，对这些新数据进行预测，生成预测标签。例如，在同一个零售企业的销售预测系统中，新上市的产品没有已知的销售量，模型会根据产品的特征（如产品类别、价格、促销活动等）预测这些产品的未来销售量。预测阶段的主要用途是评估模型的性能，或者在实际应用中提供决策支持。

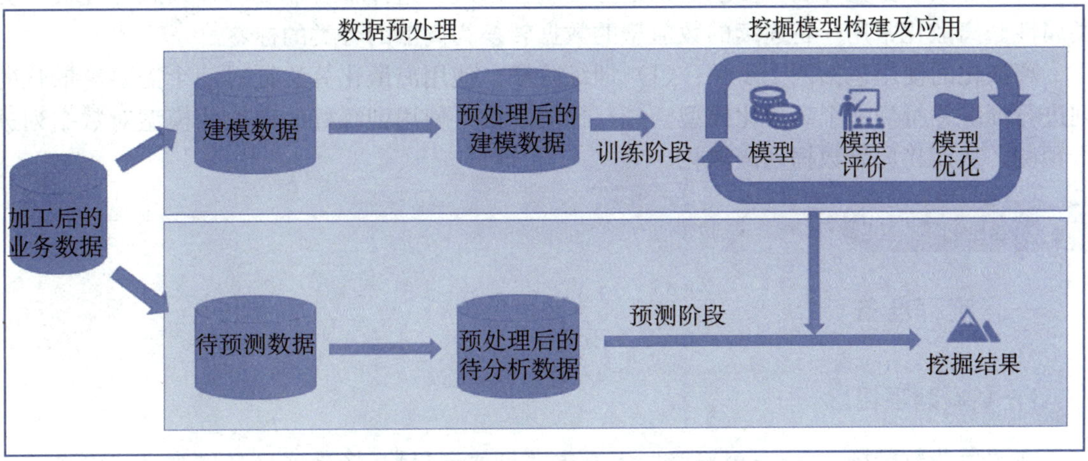

图 3-4　数据分析与挖掘的两大阶段

四、数据分析与挖掘预处理

在数据分析与挖掘的过程中，量化（Quantization）和离散化（Discretization）是两种常见的数据预处理技术。量化将非数值型数据转换为数值型，便于模型处理和分析；离散化则将连续型数值数据切分为离散段，简化模型并保留关键信息。数据挖掘预处理对于提升模型性能和可解释性具有重要作用。

（一）量化

量化是将定性数据转换为定量数据的过程。在实际应用中，许多数据是定性数据，如性别、职业、季节等，这些数据不能直接用于数值计算和模型训练。通过量化，我们可以将这些定性数据转换为数值类型，便于后续的分析和建模。

方法：常见的量化方法包括独热编码（One-Hot Encoding）、标签编码（Label Encoding）等。例如，将性别“男”“女”分别转换为数字 0 和 1，或将季节“春”“夏”“秋”“冬”分别转换为数字 1、2、3、4。

量化的使用场景有很多，当需要把字符串、日期时间类型的数据转换为数值类型作为训练数据时，就可以用量化。

量化的使用包括两个步骤：(1) 训练阶段。使用量化算法针对一个需要量化的列进行训练并得到一个量化模型。(2) 预测阶段。使用训练好的量化模型对数据列进行预测，从而将数据列从非数值型转换为数值型。

（二）离散化

离散化是将连续型数值数据切分为若干“段”的过程。连续型数据如年龄、收入等，直接用于模型训练可能存在一些问题，如数据的分布不均匀、模型过于复杂等。通过离散化，我们可以将连续型数据转换为离散型数据，简化模型并提高模型的稳定性。

常见的离散化方法包括等距离散化、等频离散化、基于聚类的离散化等。例如，将年龄分为“0～20 岁”“21～40 岁”“41～60 岁”“60 岁以上”四个区间。有些数据挖掘算法，特别是某些分类算法，要求数据是分类属性形式，这样常常需要将连续属性变换成分类属性。离散化常用于将连续的数值型的数据转换为离散的分类的标签。

离散化的使用包括两个步骤：(1) 训练阶段。使用离散化算法针对一个需要离散化的列进行训练并得到一个离散化模型。(2) 预测阶段。使用训练好的离散化模型对数据列进行预测，从而将原始数据列离散化。

任务实施

一、流程准备

(一) 新建项目

在“免费数猎场_***********”上右击【创建项目】，将该项目名称改为“项目三 数据洞察行动：数据分析与挖掘”。如果已经存在该项目，则无须再新建。

(二) 创建数据工作流

在刚才创建的项目上右击【创建数据工作流】，将该工作流名称改为“物流订单数据预处理”。双击打开这个数据工作流，得到如图 3-5 所示的界面。

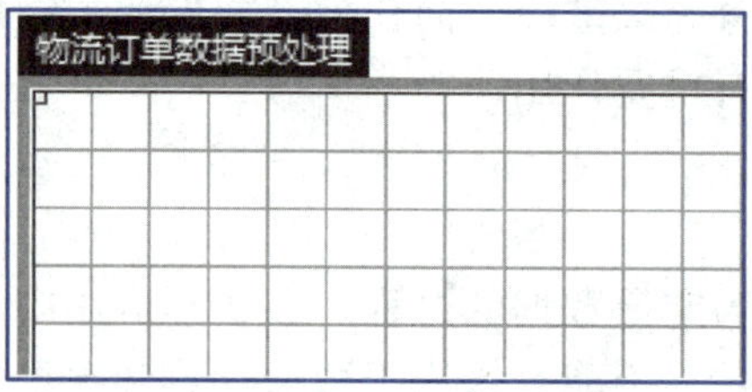

图 3-5 创建数据工作流

至此，一个空的数据工作流就被创建好了，为后续设计流程做准备。

(三) 创建课程数据库

在大数据分析平台上，定义并连接必要的数据源。在【工作流节点】面板中的【数据源】栏中，找到【课程数据库】节点，用鼠标将它拖曳到上面步骤打开的工作流的编辑面板中。用鼠标选中【课程数据库】节点，对该节点进行如表 3-3 所示的属性设置。

表 3-3 数据源属性

属性名	值
课程	大数据基础与应用（商科版）

在实际的数据分析工作中，数据源可能是 IT 部门提供的某个数据库，需要设置 IP 地址、连接账号、连接密码、数据库名称等属性，连接成功后即可进行数据表选取和汇集。课程数据库是为了方便教学而定制化的一种关系型数据库，其大部分的链接属性信息已提前预设好，不需要另外配置。实验需要的所有数据表也已经放入课程数据库中，可以

直接使用。

(四) 抽取物流历史订单数据

在【课程数据库】的【属性】面板中单击【连接】按钮，在下方的数据源面板中显示该课程下的所有数据表，选择物流订单历史数据表“logistics _ historical _ order”，单击【抽取】按钮，在编辑面板中自动生成汇集节点，选中该节点，在右侧【属性】面板中重命名为“物流订单数据”。至此，完成了数据的汇集，为后续的统计分析提供数据支撑。

二、客户等级量化

(一) 量化

将【量化】节点拖曳到编辑面板，并连线到【物流订单数据】节点。

【量化】节点用于将定性指标转换为定量指标，使用时需要设置转换后的数值区间，参数见表 3-4。

表 3-4　量化参数表

名称	类型	说明
量化区间最小值	DOUBLE	转换后的最小值，默认为 0
量化区间最大值	DOUBLE	转换后的最大值，默认为 1

【量化】节点会自动在数据转换面板中生成【训练】转换器，该转换器功能见表 3-5。

表 3-5　【训练】转换器描述

名称	训练
功能	用于量化模型
输入	用于量化的数据
输出	量化模型

根据转换器的功能描述，需要将待量化字段数据“customer _ level”连线到【训练】转换器，用于模型训练，转换逻辑如图 3-6 所示。

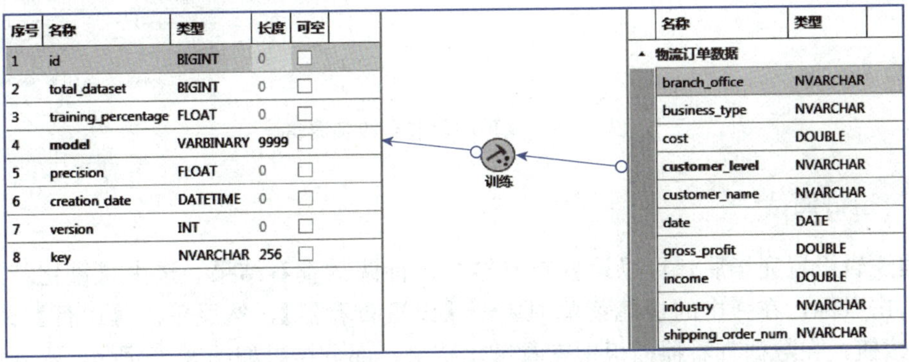

图 3-6　量化转换逻辑

【量化】节点在运行前需要“创建落地对象”，其目的是创建出量化模型生成数据的表结构，用于存储模型的各项参数，具体操作方法为右击【量化】节点，在弹出的快捷菜单中单击【创建落地对象】，如图 3-7 所示。

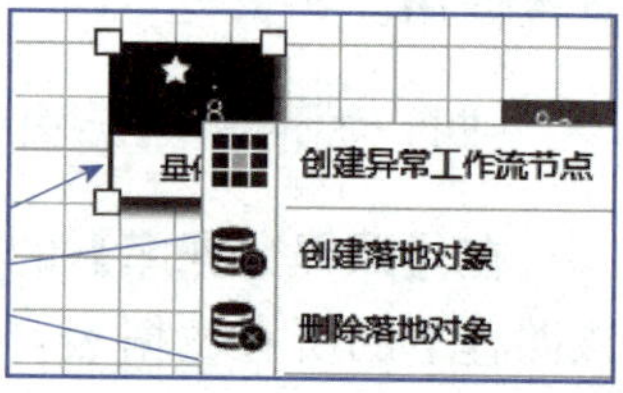

图 3-7　创建落地对象

（二）量化结果保存

新建一个【转换】节点，在其【属性】面板中将节点名称改为“量化结果保存”，并连线到【物流订单数据】节点。

【量化结果保存】节点使用创建好的量化模型对原始数据字段进行量化，执行该步骤需要使用【预测】转换器。该转换器描述见表 3-6。

表 3-6　【预测】转换器描述

名称	预测
功能	使用【量化】节点训练的模型给出输入数据的量化值
输入	待量化数据字段
输出	量化的结果
参数	选择模型

由上述转换器功能描述可知，在同一项目下，可能同时存在多个训练好的模型。【预测】转换器在使用时首先需要选择模型，其次需要提供待量化字段数据 customer _ level，最后可以将原始数据也拖曳至目标列以方便数据预览时作对比。在本实验中，务必要选择上一步骤训练好的量化模型（若选择其他模型，则可能会导致工作流运行失败）。本任务的【预测】节点转换逻辑如图 3-8 所示。

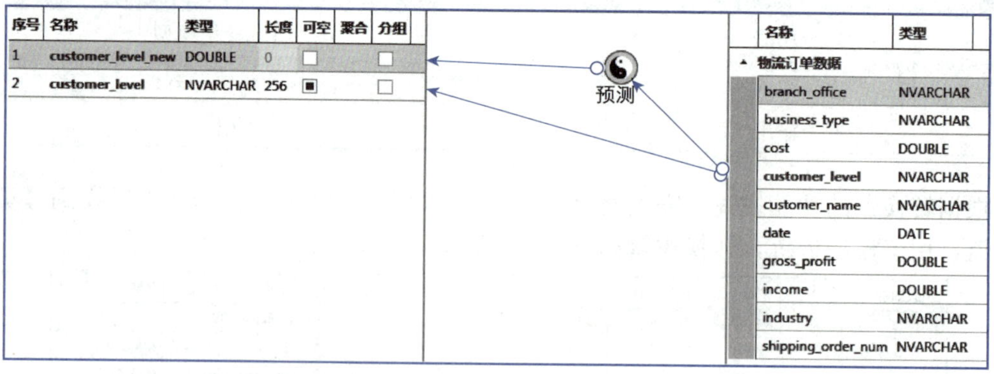

图 3-8　【预测】节点转换逻辑

（三）运行调试

流程逻辑设置完毕后，可以设置查看器并运行调试查看结果。选中【量化结果保存】节点，右击鼠标，在弹出的快捷菜单中单击【设置查看器】，然后单击【运行】菜单中的【调试】按钮，在数据查看器面板中查看量化结果。部分结果如图 3-9 所示。

customer_level_new	customer_level
0.4	A
0.6000000000000001	B
0.4	A
1.0	D
1.0	D
0.2	S
0.2	S
1.0	D
0.4	A
0.8	C
0.4	A
1.0	D
0.8	C

图 3-9　量化结果

从量化结果可以看出，客户等级字段数据已被量化为 0 到 1 区间内的小数，为后续的模型训练提供特征数据基础。

三、毛利润离散化

（一）离散化

将【离散化】节点拖曳到编辑面板，并连线到【物流订单数据】节点。

【离散化】节点用于将连续的数值型的数据转换为离散的分类的标签，使用时需要设置参数，最大离散区间数目需要根据实际的分析需求来确定。本任务可以将毛利润字段划分为低、中、高这 3 个层次，因此需要设定最大离散区间数目为 3，也就是使用 3 个不同的数值代表 3 个层次。参数含义见表 3-7。

表 3-7　离散化参数表

名称	类型	说明
最大离散区间数目	INT	连续数据的分段数

【离散化】节点会自动在数据转换面板中生成【训练】转换器。该转换器功能见表 3-8。

表 3-8　【训练】转换器描述

名称	训练
功能	用于离散化模型
输入	用于离散化的数据
输出	离散化模型

根据转换器的功能描述，需要将待量化字段数据“gross _ profit”连线到【训练】转换器，用于模型训练。转换逻辑如图 3-10 所示。

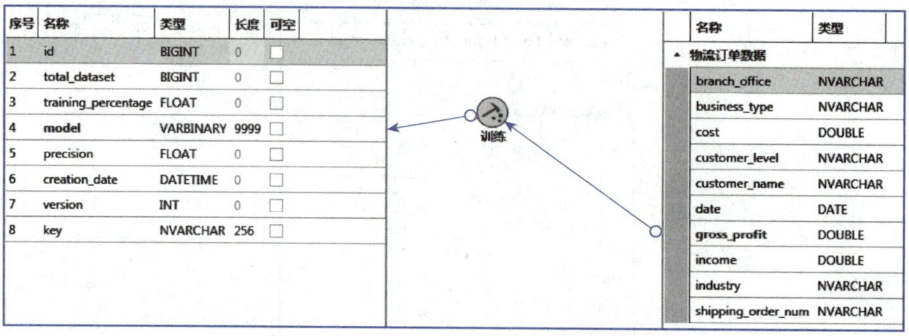

图 3－10　离散化转换逻辑

【离散化】节点需要“创建落地对象”，其目的是创建出离散化模型生成数据的表结构，用于存储模型的各项参数。具体操作方法为右击【离散化】节点，在弹出的快捷菜单中单击【创建落地对象】，如图 3－11 所示。

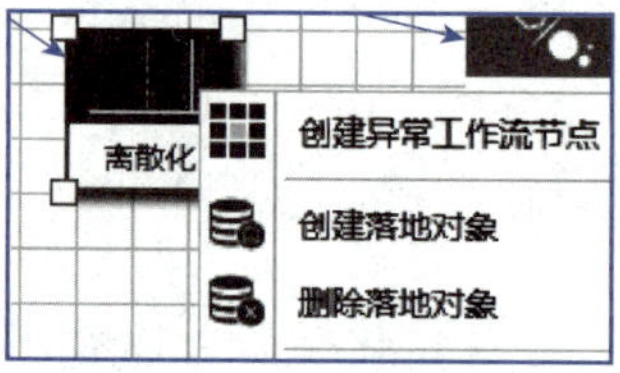

图 3－11　创建落地对象

（二）离散化结果保存

新建一个【转换】节点，在其【属性】面板中将节点名称改为“离散化结果保存”，并连线到【物流订单数据】节点。

【离散化结果保存】节点使用创建好的离散化模型对原始数据字段进行处理，执行该步骤需要使用【预测】转换器。该转换器描述见表 3－9。

表 3－9　【预测】转换器描述

名称	预测
功能	使用【离散化】节点训练的模型给出输入数据的离散化值
输入	待离散化数据字段
输出	离散化的结果
参数	选择模型

由上述转换器功能描述可知，在同一项目下，可能同时存在多个训练好的模型。【预测】转换器在使用时首先需要选择模型，其次需要提供待离散化字段数据 gross _ profit，最后可以将原始数据拖曳至目标列以方便数据预览时作对比。本任务的【预测】节点转换逻辑如图 3－12 所示。

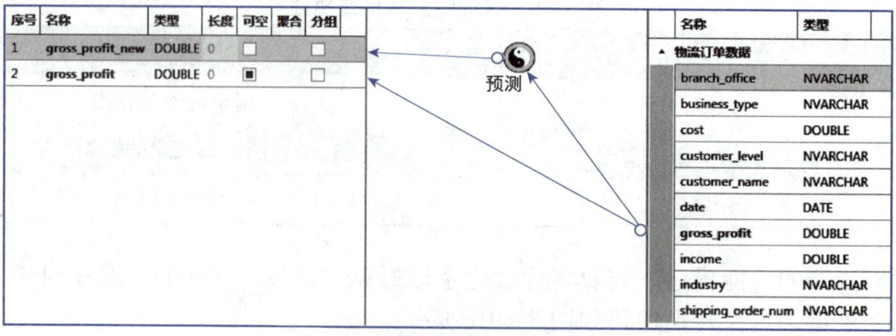

图 3－12　【预测】节点转换逻辑

（三）运行调试

流程逻辑设置完毕后，可以设置查看器并运行调试查看结果。选中【离散化结果保存】节点，右击鼠标，在弹出的快捷菜单中单击【设置查看器】，然后单击【运行】菜单中的【调试】按钮，在数据查看器面板中查看量化结果，部分结果如图 3－13 所示。

从结果中可以看出，通过离散化，毛利润数据被划分为 3 个区间，并转换成 0 到 1 之间的数字，使用这些数字来映射原始数据中多个个体，以此来提供模型训练的数据支持并提高算法的效率。

gross_profit_new	gross_profit
0.0	375.75
0.0	247.2
0.0	571.14
0.0	337.2
0.0	470.8
0.5	1526.72
0.0	612.34
0.0	819.0
0.0	244.86

图 3－13　离散化结果

任务评价

一、知识与技能评价（70 分）

评价项目	评价内容	分值
理解与应用	熟悉数据分析与挖掘的概念、应用场景及步骤，理解量化与离散化的定义和方法	20
预处理操作技能	执行量化操作的技能和准确性	25
预处理操作技能	执行离散化操作的技能和准确性	25

二、过程与体验评价（20 分）

评价项目	评价内容	分值
学习态度	对任务的态度和投入程度	10
问题解决能力	设计合理的数据预处理流程，在预处理过程中遇到问题时的解决策略和效果	10

三、自我感受与反思（10 分）

评价项目	评价内容	分值
自我感受	对本次任务的总体感受	5
反思与改进	对自身表现和不足的反思	5

? 课后思考

在实际操作中，哪些数据需要量化，哪些数据需要离散化？执行这些操作的依据是什么？

任务二　相关性分析：揭示变量之间的关系

学习目标

知识目标

1. 理解相关性分析的基本原理。
2. 理解相关性分析在数据挖掘中的应用场景。

技能目标

1. 能够在大数据分析平台上进行相关性分析，识别数据中的重要变量关系。
2. 能够基于相关性分析结果，为后续的模型构建和数据挖掘操作提供支持。

素质目标

1. 培养数据探索的严谨态度。
2. 培养细致分析能力。

任务背景

近年来，某直播带货公司面临业务增长乏力的问题。面对越来越激烈的市场竞争压力，公司不得不调整直播售卖方案以保持销售额的增长。

作为企业数据分析师的小悦，决定利用历史直播数据来训练一个预测模型，以便预测后续的销售额，从而为调整直播带货方案提供有力的决策支持。但是在训练模型前，由于数据太多，小悦也不太清楚哪些数据对销售额有影响，根据过往的经验，她觉得商品折扣对销售额影响较大，因此需要使用相关性分析来确定商品折扣是否对销售额有影响。

任务目标

通过相关性分析，确定商品折扣是否对销售额有显著影响，以决定是否将商品折扣数据纳入模型训练的特征列中。

任务准备

一、实验环境准备

需要准备的环境有：

（1）个人计算机。

（2）Win7SP1 以上系统。

（3）互联网环境。

（4）大数据分析平台。

二、数据准备

在企业的后台数据库中找到直播历史数据，汇总到数据表“final _ broadcast”中。该表的字段信息见表 3 - 10。

表 3 - 10　直播记录表

字段名	数据类型	业务含义
room _ id	NVARCHAR	直播间编号
record _ time	DATATIME	直播数据采样时间
product	NVARCHAR	正在介绍的商品
user _ num	INT	直播间人数
discount	DOUBLE	正在介绍商品的折扣
last _ minutes _ exit _ num	INT	采样时间过去一分钟离开人次
sales	DOUBLE	采样时间过去一分钟折扣前的销售额（单位：元）
record _ time	DATATIME	直播数据采样时间

该表的部分数据如图 3 - 14 所示。

discount	last_minutes_exit_num	product	record_time	room_id	sales	user_num
0.78	37	P00033	2022-01-01 19:00:00.0	R00001	1729.72	1716
0.88	26	#####P00027#####	2022-01-01 19:01:00.0	R00001	1632.3	1600
1.0	7	#####P00028#####	2022-01-01 19:02:00.0	R00001	1309.59	1481
0.68	30	P00019	2022-01-01 19:03:00.0	R00001	2084.51	1807
0.68	13	P00054	2022-01-01 19:04:00.0	R00001	2079.58	1605
0.78	7	#####P00059#####	2022-01-01 19:05:00.0	R00001	1624.7	1782
0.68	36	P00033	2022-01-01 19:06:00.0	R00001	2172.88	1839
1.0	8	#####P00011	2022-01-01 19:07:00.0	R00001	1253.84	1416
0.68	4	P00008#####	2022-01-01 19:08:00.0	R00001	2029.48	1900
0.78	10	P00006#####	2022-01-01 19:09:00.0	R00001	1583.64	1525
1.0	6	P00009#####	2022-01-01 19:10:00.0	R00001	1526.11	1576
0.88	32	#####P00010#####	2022-01-01 19:11:00.0	R00001	1580.25	1444
0.68	39	P00001	2022-01-01 19:12:00.0	R00001	2086.95	1655
0.68	23	P00020	2022-01-01 19:13:00.0	R00001	2045.11	1793
0.78	7	P00036	2022-01-01 19:14:00.0	R00001	1455.3	1359
0.88	13	#####P00009	2022-01-01 19:15:00.0	R00001	1490.5	1679

图 3 - 14　直播数据预览

三、工作流概览

本任务工作流主要包括从数据源中抽取直播记录数据表，在此数据基础上利用统计分析方法探索商品折扣与销售额的相关性。整个工作流设计如图 3 - 15 所示。

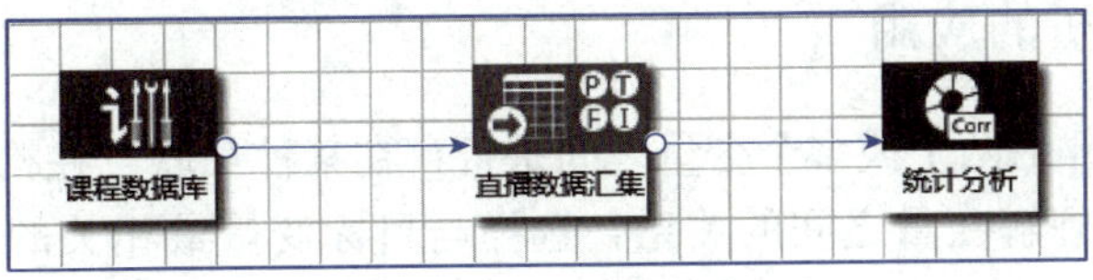

图 3 - 15　工作流概览

四、步骤分解

本任务的执行步骤见表 3-11。

表 3-11 任务步骤分解

子任务	步骤
流程准备	（1）新建项目； （2）创建数据工作流； （3）创建课程数据库； （4）汇集直播历史数据
统计相关性	（1）统计分析； （2）运行调试

知识要点

一、相关性分析概述

相关系数是衡量两个变量之间线性相关性强度的数值指标。对不同类型的变量应采用不同的相关系数，常用的相关系数主要有皮尔逊相关系数、斯皮尔曼等级相关系数等：

（1）皮尔逊相关系数：适用于数值型变量，如身高与体重之间的相关性。

（2）斯皮尔曼等级相关系数：适用于定序型变量，如环境因素（如污染等级）与居民健康问题之间的相关性。

虽然采用不同的相关系数指标，但它们的取值范围和含义都是相同的。样本相关系数 r 表示变量间线性相关的程度，其值域为 [−1，1]：取值为 0 表示不相关，取值为 [−1，0）表示负相关，取值为（0，1] 表示正相关。

正相关的含义是：自变量增长，因变量也随之增长。

负相关的含义是：自变量增长，因变量反而减少。

变量间相关性强弱判断标准见表 3-12。

表 3-12 变量间相关性强弱判断标准

$\|r\|$ 的取值范围	相关程度
0.00～0.19	极低相关
0.20～0.39	低度相关
0.40～0.69	中度相关
0.70～0.89	高度相关
0.90～1.00	极高相关

二、相关性分析的应用

相关性分析用于评估两个或多个变量之间是否存在某种关联。在构建预测模型时，相关性分析可以帮助我们理解变量之间的关系，选择与目标变量最相关的特征，以提高模型的性能。

任务实施

一、流程准备

（一）新建项目

在“免费数猎场 _ ************”上右击【创建项目】，将该项目名称改为“项目三 数据洞察行动：数据分析与挖掘”。如果已经存在该项目，则无须再新建。

（二）创建数据工作流

在刚才创建的项目上右击【创建数据工作流】，将该工作流名称改为“相关性分析”，然后双击打开这个数据工作流，得到如图 3－16 所示的界面。

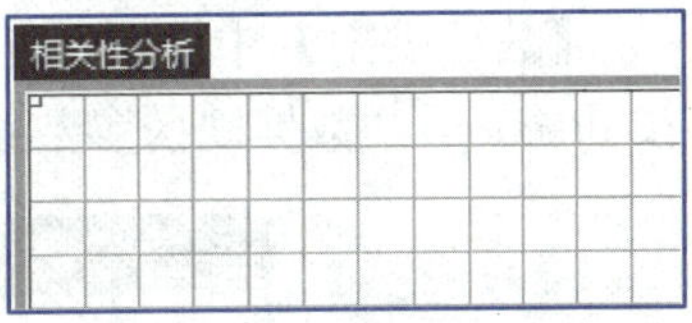

图 3－16 创建数据工作流

至此，一个空的数据工作流就被创建好了，为后续设计流程做准备。

（三）创建课程数据库

在大数据分析平台上，定义并连接必要的数据源。在【工作流节点】面板的【数据源】栏中，找到【课程数据库】节点，用鼠标将它拖曳到上面步骤打开的工作流的编辑面板中。用鼠标选中【课程数据库】节点，对该节点进行如表 3－13 所示的属性设置。

表 3－13 数据源属性

属性名	值
课程	大数据基础与应用（商科版）

（四）汇集直播历史数据

在【课程数据库】的【属性】面板中单击【连接】按钮，在下方的数据源面板中显示该课程下的所有数据表，选择直播历史数据表“final _ broadcast”，单击【抽取】按钮，在编辑面板中自动生成汇集节点，选中该节点，在右侧【属性】面板中重命名为“直播数据汇集”。至此，完成了数据的汇集，为后续的统计分析提供数据支撑。

二、统计相关性

（一）统计分析

将【统计分析】节点拖曳到编辑面板，并连线到【直播数据汇集】节点。

【统计分析】节点用于计算一些统计量，包括标准差、峰度、分位数、相关系数、单因素方差分析、移动平均、主成分分析。本任务可以使用【统计分析】节点来完成商品折扣与销售额相关性分析，使用时需要对参数进行设定，【算法名称】参数选择【相关系数】，如图 3－17 所示。

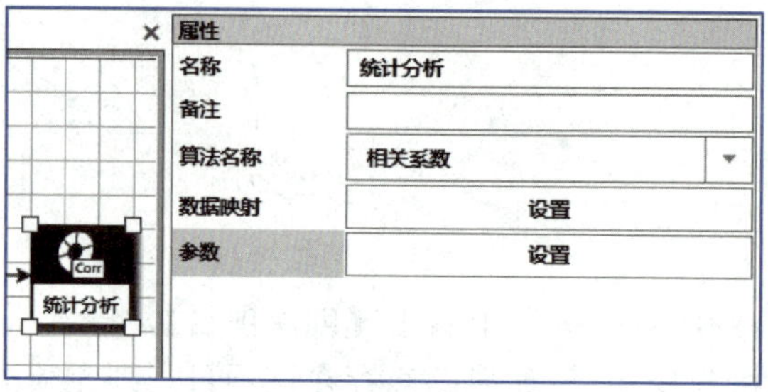

图 3－17　相关系数设置

【数据映射】中设置“相关系数入参 1”为销售额 sales，“相关系数入参 2”为商品折扣 discount。数据映射参数设置如图 3－18 所示。

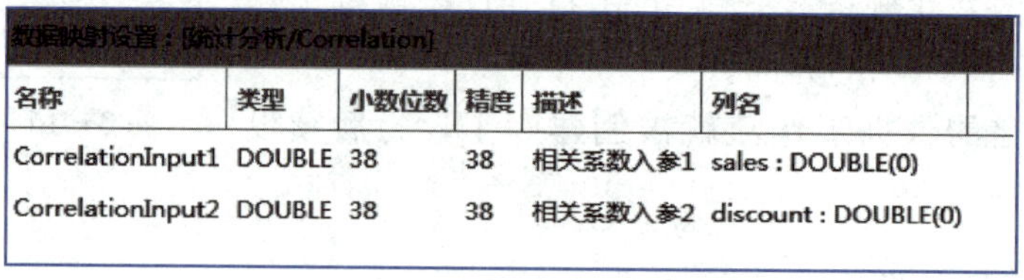

数据映射设置：[统计分析/Correlation]

名称	类型	小数位数	精度	描述	列名
CorrelationInput1	DOUBLE	38	38	相关系数入参1	sales : DOUBLE(0)
CorrelationInput2	DOUBLE	38	38	相关系数入参2	discount : DOUBLE(0)

图 3－18　数据映射参数设置

（二）运行调试

参数设置完毕后，可以设置查看器并运行调试查看结果。先选中【统计分析】节点，右击鼠标，在弹出的快捷菜单中单击【设置查看器】，然后单击【运行】菜单中的【调试】按钮，在数据查看器面板中查看相关系数结果，如图 3－19 所示。

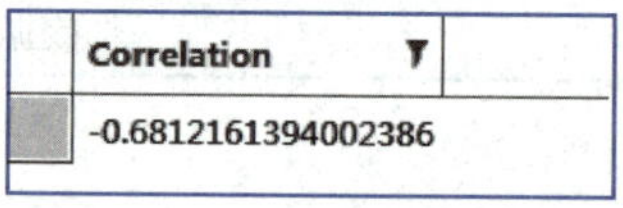

Correlation
-0.6812161394002386

图 3－19　相关系数结果

由结果可以看出，销售额与商品折扣的相关系数约是－0.681，属于中度负相关，可见并不是折扣越多越好。二者是中度相关，因此后续如果需要训练模型来预测销售额，则应将商品折扣数据作为特征值参与模型训练。

任务评价

一、知识与技能评价（70 分）

评价项目	评价内容	分值
理解与应用	理解相关性分析的原理和分析方法	25
数据分析能力	分析数据并识别与销售额相关的特征	30
结果解释能力	能够清晰解释分析结果，确定特征与销售额之间的关系	15

二、过程与体验评价（20 分）

评价项目	评价内容	分值
学习态度	对任务的态度和投入程度	10
问题解决能力	在分析过程中遇到问题时的解决策略和效果	10

三、自我感受与反思（10 分）

评价项目	评价内容	分值
自我感受	对本次任务的总体感受	5
反思与改进	对自身表现和不足的反思	5

? 课后思考

在构建预测模型的过程中，识别并选择与模型目标密切相关的变量是至关重要的。这样的变量挑选对于模型的预测能力有何影响？

任务三　回归模型构建与评估：探索潜在相关关系

学习目标

知识目标

1. 理解回归模型的基本原理。
2. 掌握回归模型评估方法。

技能目标

1. 能够在大数据平台上构建回归模型。
2. 能够在大数据平台上评估回归模型。

素质目标

1. 培养基于数据的前瞻性思维。
2. 培养基于数据的决策能力。

任务背景

随着城市化进程的加速和可持续发展理念的深入人心，公共自行车系统作为一种环保、便捷、健康的出行方式，在全球范围内得到了广泛应用。公共自行车不仅减轻了城市交通压力，还促进了市民低碳出行习惯的形成。然而，公共自行车站点的使用存在明显的时空分布不均现象，某些时段和区域可能出现供不应求或资源闲置的情况，这严重影响了用户体验和系统的运营效率。

某公共自行车运营公司也面临着同样的问题，车辆调度部门不能准确地预判到哪些区域车辆需求量大，只能凭借自己的经验去操作，这样不仅费时费力，而且往往导致车辆的使用率不高。公司希望能够预测未来一段时间内公共自行车使用量，实现公共自行车的合理调度，提高运营效率并增加业务收益。该公司的数据分析师小悦决定训练出一个模型，以便后续快速地对不同环境下公共自行车使用量做出准确预测，为车辆调度部门提供科学决策支持。

任务目标

构建用于预测不同时间公共自行车使用量的回归模型。

基于模型预测公共自行车使用量。

任务准备

一、实验环境准备

需要准备的环境有：

(1) 个人计算机。

(2) Win7SP1 以上系统。

(3) 互联网环境。

(4) 大数据分析平台。

二、数据准备

在企业 IT 部门的帮助下，从系统后台数据库中找到了 2 个城市某街道上的几处公共自行车停车桩历史数据，该数据表名称为“shared_bicycle_count_train”，包含多个字段，字段含义见表 3-14。

表 3-14　停车桩历史数据表

列名	数据类型	业务含义
id	INT	行编号，没有实际意义
city	INT	表示该行记录所发生的城市，一共 2 个城市
hour	INT	当时的时间，精确到小时，24 小时计时法
is_workday	INT	1 表示工作日，0 表示节假日或周末
temp_1	DOUBLE	当时的气温，单位为摄氏度
temp_2	DOUBLE	当时的体感温度，单位为摄氏度
weather	INT	当时的天气状况，1 为晴天，2 为多云、阴天，3 为轻度降水天气，4 为强降水天气
wind	INT	当时的风速，数值越大表示风速越大
y	INT	一小时内公共自行车被借取的数量

该表的部分数据如图 3－20 所示。

temp_1	is_workday	temp_2	hour	city	weather	y	id	wind
3.0	1	0.7	22	0	2	15	1	0
21.0	1	24.9	10	0	1	48	2	3
25.3	1	27.4	0	0	1	21	3	0
15.7	0	16.2	7	0	1	11	4	0
21.1	1	25.0	10	1	1	39	5	2
20.4	1	18.2	0	1	1	12	6	0
13.0	1	13.3	0	0	1	11	7	2
29.5	1	30.9	15	0	1	67	8	2
10.4	1	10.6	15	0	2	77	9	3
17.4	1	18.0	4	1	3	2	10	3
14.9	1	15.3	0	1	1	6	11	2
25.0	0	28.1	8	1	1	25	12	0
8.7	0	8.8	21	0	2	52	13	0
14.5	1	14.9	5	0	3	8	14	1

图 3－20　停车桩历史数据表

在气象局发布的天气预报中找到了部分停车桩未来一小时的环境数据，存储到企业数据中心的数据库中，表名为“shared _ bicycle _ count _ predict”。该数据表的字段除标签值 y 之外，其余字段的含义都是一样的，可用作预测数据。预测数据预览如图 3－21 所示。

temp_1	is_workday	temp_2	hour	city	weather	id	wind
6.3	1	4.2	20	0	1	5022	1
22.8	1	23.8	5	1	1	5044	0
15.7	1	16.2	23	1	1	5052	0
21.1	1	23.0	18	0	2	5055	1
15.8	1	16.3	21	0	3	5061	1
5.5	1	2.3	14	1	1	5062	1
4.5	1	1.3	20	0	2	5068	1
22.8	1	24.8	16	1	1	5072	2
6.6	1	6.6	19	1	2	5074	0
26.7	0	28.9	0	0	1	5076	0
10.7	0	10.9	21	1	1	5081	1
12.9	1	13.2	11	1	1	5085	1
9.2	1	9.3	3	0	2	5086	0
22.6	0	22.6	17	1	2	5088	0

图 3－21　预测数据预览

三、工作流概览

本任务工作流大致分为两个阶段：一是训练阶段，首先从数据库中抽取停车桩历史数据表 shared _ bicycle _ count _ train，然后将原始数据组装成 CSN 类型，最后利用岭回归算法训练模型；二是预测阶段，首先从数据库中抽取停车桩预测数据表 shared _ bicycle _ count _ predict，然后将原始数据组装成 CSN 类型，最后利用训练好的模型进行自行车使用量预测。整个工作流设计如图 3-22 所示。

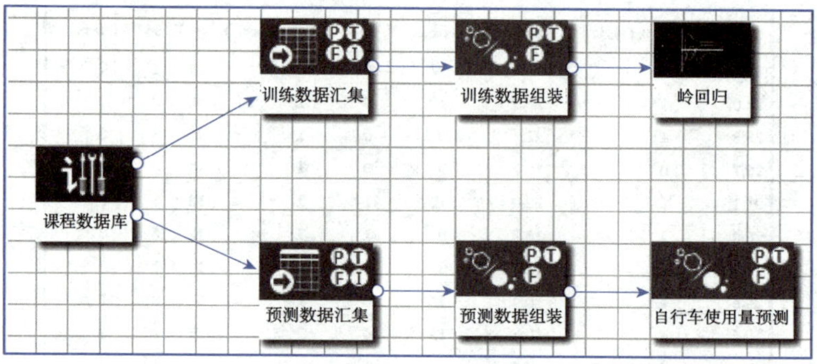

图 3-22 工作流概览

四、步骤分解

本任务的执行步骤见表 3-15。

表 3-15 任务步骤分解

子任务	步骤
流程准备	（1）新建项目； （2）创建数据工作流； （3）创建课程数据库； （4）汇集自行车使用量历史数据
训练模型	（1）训练数据组装； （2）岭回归； （3）运行调试
预测结果	（1）汇集自行车使用量预测数据； （2）预测数据组装； （3）自行车使用量预测； （4）运行调试

知识要点

一、回归分析的概念和应用

回归分析是指一种确定两种或两种以上变量间互相依赖的定量关系的统计分析方法。回归分析可划分为多种类型，包括线性回归、非线性回归、岭回归和 Lasso 回归等，每种类型均针对特定的数据模式和分析需求。

回归分析首先是根据已知的样本数据，确认自变量和因变量之间是否存在相关关系，并进一步找出能够描述这种关系的模型，再利用模型根据更多的自变量去预测对应的因变量。例如温度和冰淇淋销量之间的联系，我们可以用一个简单的公式来描述这种关系，如 $y=ax+b$，其中 y 是我们想要预测的冰淇淋销量，x 是温度，而 a 和 b 是需要找到的特定数值。在没有足够信息的情况下，我们可以通过观察过去的数据（如去年每天的温度和冰淇淋销量），找到这些数值，从而构建一个模型来预测未来的冰淇淋销量。

二、回归分析的实施步骤

回归分析的一般步骤如下：

（一）确定回归分析中的自变量和因变量

回归分析用于分析一个事物如何随其他事物的变化而变化，所以回归分析的第一步是确定哪个事物是要被解释的，即被解释变量（记为因变量 y），哪些事物是用于解释其他变量的，即解释变量（记为自变量 x）。

（二）确定回归模型

根据函数的拟合方式来确定合适的回归模型。

（三）建立回归方程（训练模型）

根据收集的样本数据及上一步确定的回归模型，在一定的统计拟合准则下估计出模型中的各个参数，得到估计的回归方程。

（四）模型评估

检验回归方程是否真实地反映了事物总体间的统计关系及回归方程拟合优度，以判断模型能否用于预测。

（五）利用回归方程进行预测（预测模型）

建立回归方程的一个主要目的是使用该方程来预测新数据中未知的因变量值 y。

三、回归模型的评估

在大数据分析平台上，回归模型的评价指标有三个：均方根误差（Root Mean Squared Error，RMSE）、平均绝对误差（Mean Absolute Error，MAE）和决定系数（R-squared，R^2）。这些指标提供了模型预测准确性和拟合优度的不同视角。RMSE 反映了预测误差的标准偏差，值越接近于 0，表明模型的预测误差越小，模型的拟合效果越好。MAE 反映实际预测误差的大小，用于评价真实值与拟合值的偏离程度，MAE 值越接近于 0，说明模型拟合越好，模型预测准确率越高。R^2 值是衡量回归模型拟合优度的统计量，表示回归模型对观测值的拟合程度，代表了模型中因变量可由自变量解释的百分比。R^2 值的取值范围在 0 到 1 之间，值越大，说明回归模型对观测值的拟合程度越好。

RMSE、MAE 和 R^2 共同构成了评估回归模型性能的指标。在实际应用中，我们应综合考虑这些指标，以做出更加客观和准确的模型评估。

四、回归分析——岭回归

岭回归是回归分析中一种有监督的回归分析方法，它的特别之处在于能够处理一些棘

知识拓展

算法的分类

手的情况，特别是处理高维数据或当输入特征之间存在多重共线性（高相关性）时，能够提供更加稳定和可靠的估计。例如，当有很多相互关联的因素（如不同的天气因素可能同时影响冰淇淋销量）时，普通的预测方法易受这些干扰因素影响，而岭回归通过一种称为“正则化”的技术，有效地处理了多重共线性问题，提高了模型的稳定性和预测的准确性。在金融领域，由于金融市场的数据往往非常复杂，并且很多因素都相互关联，因此分析师通常使用岭回归算法，即使在面对复杂多变的数据时也能获得准确的预测结果。

任务实施

一、流程准备

（一）新建项目

在“免费数猎场 _ ************”上右击【创建项目】，将该项目名称改为“项目三 数据洞察行动：数据分析与挖掘”。如果已经存在该项目，则无须再新建。

（二）创建数据工作流

在刚才创建的项目上右击【创建数据工作流】，将该工作流名称改为“预测公共自行车使用量”。双击打开这个数据工作流，如图 3－23 所示。

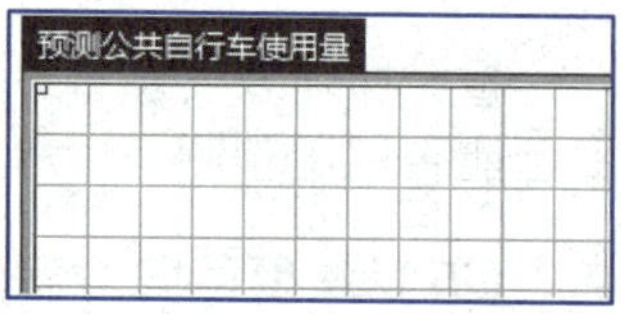

图 3－23　创建数据工作流

至此，一个空的数据工作流就被创建好了，为后续设计流程做准备。

（三）创建课程数据库

在大数据分析平台上，定义并连接必要的数据源。在【工作流节点】面板中的【数据源】栏中，找到【课程数据库】节点，用鼠标将它拖曳到上面步骤打开的工作流的编辑面板中。用鼠标选中【课程数据库】节点，对该节点进行如表 3－16 所示的属性设置。

表 3－16　数据源属性

属性名	值
课程	大数据基础与应用（商科版）

（四）汇集公共自行车使用量历史数据

在【课程数据库】的【属性】面板中单击【连接】按钮，在下方的数据源面板中显示该课程下的所有数据表，选择公共自行车使用量历史记录表 shared _ bicycle _ count _ train，单击【抽取】按钮，在编辑面板中自动生成汇集节点，选中该节点，在右侧【属性】面板中重命名为“训练数据汇集”。至此，完成了数据的汇集，为后续的模型训练提供数据支撑。

二、训练模型

（一）训练数据组装

新建一个【转换】节点，在其【属性】面板中将该节点名称改为“训练数据组装”，并连线到【训练数据汇集】节点。

本节点组装训练数据，岭回归算法要求训练模型的数据类型是 CSN 类型，即将所有对标签值（即因变量 y）有影响的字段数据（自变量 x_1、x_2、x_3 等）组装起来，为后面的训练模型做好数据准备。这里组装数据需要使用【数值组装】转换器，该转换器的描述参考表 3-17。

表 3-17 【数值组装】转换器描述

名称	数值组装
功能	将字段数据组装为 CSN 类型数据
输入	数字类型字段数据
输出	CSN 类型数据

算法利用 CSN 类型数据进行模型训练时，要求第一个组装的必须是标签字段（即因变量 y），也就是在预测阶段需要进行预测的字段数据。本任务需要预测的是“一个小时公共自行车使用量”，因此“y”字段需要第一个连接【数值组装】转换器，连接方式是右击“y”字段长按拖曳至【数值组装】转换器。这里行编号“id”字段数据对标签没有影响，所以不需要进行数值组装。其余字段按照顺序组装即可。本节点转换逻辑如图 3-24 所示。

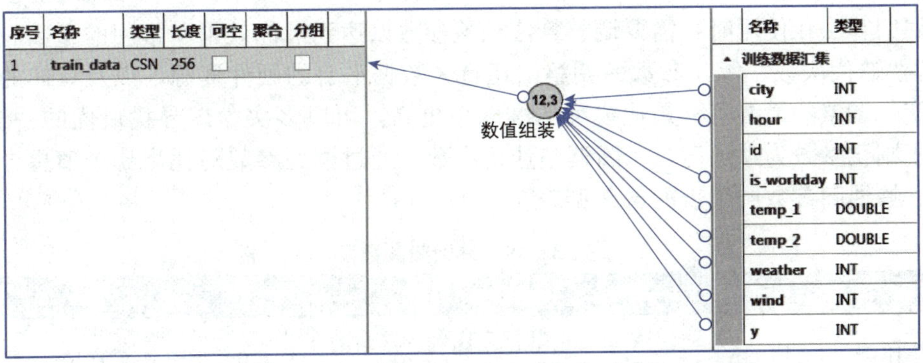

图 3-24 公共自行车使用量历史数据组装转换逻辑

（二）岭回归

【岭回归】节点在使用时，需要将该节点拖曳至编辑面板，并将需要建模的数据所处节点与之相连，如图 3-25 所示。

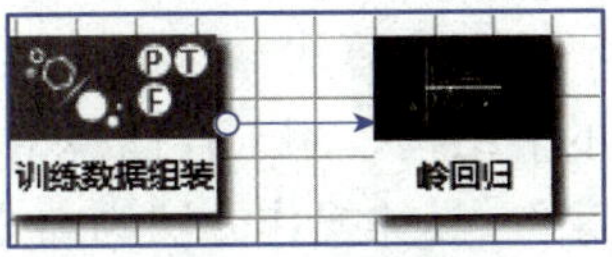

图 3-25 【岭回归】节点

【岭回归】节点会自动在数据转换面板中生成【训练】转换器，该转换器功能见表 3-18。

表 3-18 【训练】转换器描述

名称	训练
功能	用于训练岭回归模型
输入	用于训练的 CSN 类型数据
输出	岭回归模型

根据转换器的功能描述，需要将上个节点中组装好的特征字段数据 train _ data 连线到【训练】转换器，用于模型训练。岭回归转换逻辑如图 3-26 所示。

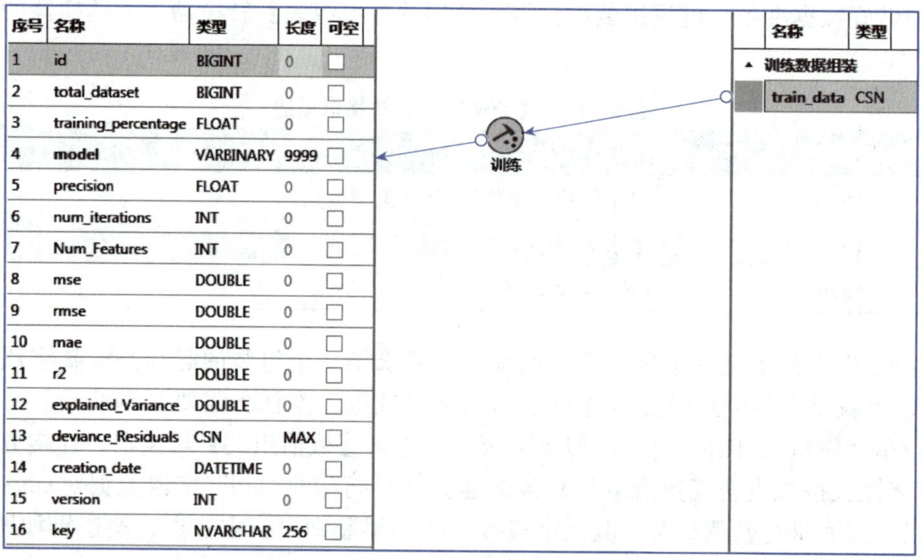

图 3-26 岭回归转换逻辑

岭回归算法在使用时，需要调整算法相关参数以达到最优效果。常用的参数有“训练集比例”“迭代次数”等，参数的调整由运行大数据平台的硬件资源，以及具体的业务需求来决定，调整的最终目标是让模型的准确率更高，可以多次尝试寻找最优的一组参数。例如：正则化参数为默认值，不断调整迭代次数，通过模型参数对比出哪个值更合适，以此类推。岭回归参数所代表的含义见表 3-19。

表 3-19 岭回归参数表

名称	类型	说明	取值
训练集比例	FLOAT	用来训练的数据集比例，其余的数据用来测试	大于 0，小于或等于 100，默认为 70
迭代次数	INT	迭代求解的次数	大于或等于 1，默认为 10
正则化参数	DOUBLE	目标函数中正则化项的系数	大于或等于 0，默认为 0

每个算法节点都需要“创建落地对象”，其目的是可以创建出算法训练模型生成数据的表结构，用于存储模型的各项参数。本任务中的【岭回归】节点同样需要“创建落地对象”。具体操作方法为右击【岭回归】节点，在弹出的快捷菜单中单击“创建落地对象”，如图 3-27 所示。

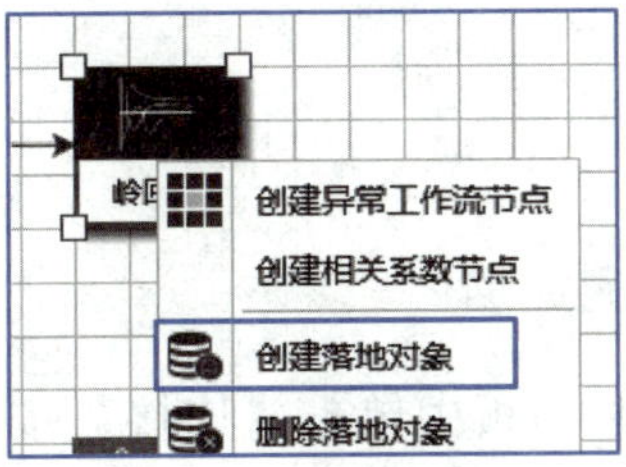

图 3-27　创建落地对象

（三）运行调试

训练阶段设计完毕后，可以通过运行调试来查看模型输出结果。首先选中【岭回归】节点，右击鼠标，在弹出的快捷菜单中单击【设置查看器】，然后单击【运行】菜单中的【调试】按钮，在数据查看器面板中查看模型结果，部分结果如图 3-28 所示。

id	total_dataset	training_percentage	model	precision	num_iterations	Num_Features	mse	rmse	mae	r2	e
1	7956	0.7	[binary(4924)]	1.0	1	7	1504.5312445651357	38.78828746625888	29.32090183349244	0.3356239755235778	7

图 3-28　岭回归模型结果①

对于训练出的岭回归模型，R^2 参数是评估模型拟合程度最重要的指标，值越高代表拟合得越好；RMSE 和 MAE 也是评估模型的指标，二者的值均越小越好。该模型的各结果字段说明见表 3-20。

表 3-20　岭回归模型各结果字段说明

英文名	中文名	类型	说明
id	模型的编号	BIGINT	—
total _ dataset	数据量	BIGINT	有效数据条数。去掉 null 值
model	模型	VARBIANRY	训练生成的模型，在数据库中以二进制格式保存
precision	模型测试准确率	DOUBLE	测试的准确率
num _ iterations	迭代次数	INT	模型训练的迭代次数
Num _ Features	特征数量（也称为属性数量）	INT	训练数据中的特征数量
mse	均方误差	DOUBLE	—
rmse	均方根误差	DOUBLE	—
mae	平均绝对误差	DOUBLE	—
r2	r2 值	DOUBLE	r2 代表决定系数 R^2，$R^2=1-$（SSres/SStot），其中 SSres 是残差平方和，SStot 是总平方和
version	模型版本	INT	对于该模型版本，只有在【属性】面板中选中保留历史模型时该值才会自增 1
key	分组 Key	STRING	用于分组建模

① 模型训练结果在不同运行期间可能存在波动，具体原因详见本书第 132 页二维码文件《大数据平台使用指引：模型波动说明与数据查看导出》。

三、预测结果

（一）汇集自行车使用量预测数据

知识拓展

大数据平台使用指引：模型波动说明与数据查看导出

在【课程数据库】的【属性】面板中单击【连接】按钮，在下方的数据源面板中显示该课程下的所有数据表，选择停车点环境数据表“shared _ bicycle _ count _ predict”，单击【抽取】按钮，在编辑面板中自动生成汇集节点，选中该节点，在右侧【属性】面板中重命名为“预测数据汇集”。至此，预测数据的汇集就完成了，为后续使用模型预测结果提供数据支撑。

（二）预测数据组装

新建一个【转换】节点，在其【属性】面板中将该节点名称改为“预测数据组装”，并连线到【预测数据汇集】节点。

本节点组装预测数据，使用训练好的模型来预测结果时同样需要将特征字段数据组装为 CSN 类型的数据。由于预测数据是没有标签值的，因此这里的数值组装操作不需要组装标签字段，其余字段按照训练数据组装的顺序来组装。这里需要特别注意的是，如果训练与预测的数值组装顺序不一致，则会导致无法得到预测结果或者预测结果出现严重错误。

预测数据的组装同样使用【数值组装】转换器，将所有特征字段按照顺序连线到该转换器，并将结果保存起来，最后从节点源列中挑选需要展示的字段并拖曳入目标列。本任务建议将所有字段拖曳到左侧目标列，作为区分预测结果所属环境的标识。转换逻辑如图 3 - 29 所示。

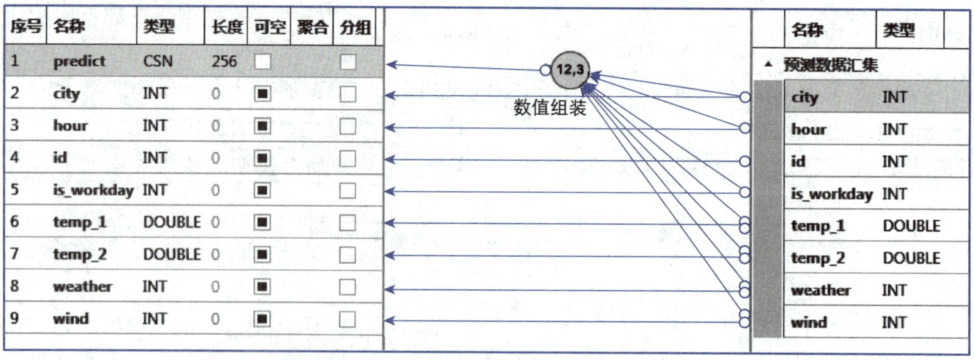

图 3 - 29　预测数据组装转换逻辑

（三）自行车使用量预测

新建一个【转换】节点，在其【属性】面板中将该节点名称改为“自行车使用量预测”，并连线到【预测数据组装】节点。

本节点利用训练好的岭回归模型对组装好的特征数据做标签值的预测，该操作需要使用【预测】转换器。【预测】转换器描述见表 3 - 21。

表 3-21 【预测】转换器描述

名称	预测
功能	使用算法节点训练的模型给出输入数据的预测值
输入	CSN 类型数据
输出	预测的结果，数据类型与训练数据中的标签值类型一致
参数	选择模型

由上述转换器的功能描述可知，在同一项目下，可能同时存在多个训练好的模型。【预测】转换器在使用时首先需要选择模型，方法是：先单击【预测】转换器，在右下角【参数】窗口的【模型】栏中选择刚才训练好的岭回归模型，然后将组装好的 CSN 类型数据 predict 字段连线到【预测】转换器，右击【预测】转换器并单击生成新列，生成的结果与训练数据的标签值类型一致。本任务的【预测】节点转换逻辑如图 3-30 所示。

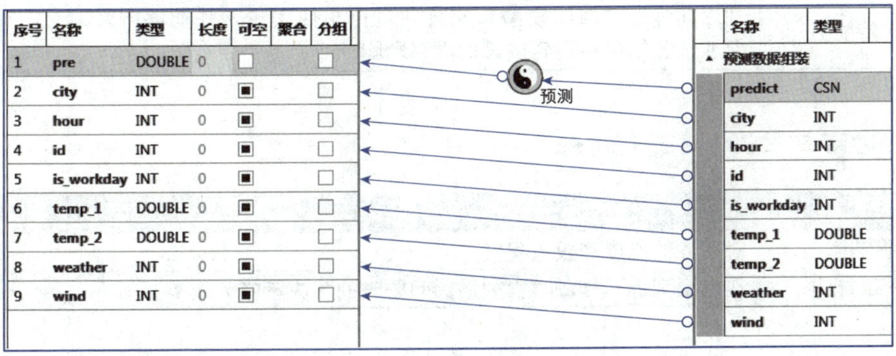

图 3-30 【预测】节点转换逻辑

（四）运行调试

流程设计完毕后，运行调试整个流程，查看运行结果。选中【自行车使用量预测】节点，右击鼠标，在弹出的快捷菜单中单击【设置查看器】，给该节点设置查看器预览结果，单击【运行】菜单中的【调试】按钮，开始运行该工作流。在数据查看器面板看到部分结果的展示如图 3-31 所示。

pre	city	hour	id	is_workday	temp_1	temp_2	weather	wind
64.65027910480059	0	20	5022	1	6.3	4.2	1	1
78.7737132456738	0	18	5055	1	21.1	23.0	2	1
68.18466686605831	0	21	5061	1	15.8	16.3	3	1
52.70448241762879	0	20	5068	1	4.5	1.3	2	1
48.111253586025114	0	0	5076	0	26.7	28.9	1	0
18.405843563101257	0	3	5086	1	9.2	9.3	2	0
77.1756094534084	0	12	5092	0	21.1	25.0	1	2
40.75707616558615	0	1	5093	1	20.7	21.6	1	0
36.69530098584143	0	3	5094	1	15.6	16.1	2	2
90.53693962228033	0	22	5126	0	18.6	19.3	1	1
20.938083098584933	0	4	5152	1	3.6	0.3	1	1
38.27925695296212	0	12	5174	1	5.6	1.4	2	2
46.67184509176134	0	7	5177	1	15.6	16.1	1	0

图 3-31 自行车使用量预测结果

由结果可知，左侧的 pre 字段预测的是该停车点未来一小时的使用量，调度部门的工作人员可以根据这一结果实时调整自行车的调度，合理调配自行车资源，减少站点间的不平衡现象，确保用户需求得到满足。维保部门也可以合理调配自行车资源，减少站点间的不平衡现象，确保用户需求得到满足。这一系列操作可以进一步提升客户体验，促进业务收益最大化。

任务评价

一、知识与技能评价（70 分）

评价项目	评价内容	分值
理解与应用	理解回归分析的原理和评估方法	25
模型构建能力	从公共自行车使用量历史数据中提取关键特征，并构建岭回归模型	30
决策支持能力	利用训练好的回归模型预测公共自行车使用量，并能够解释模型预测结果对运营决策的潜在影响	15

二、过程与体验评价（20 分）

评价项目	评价内容	分值
学习态度	对任务的态度和投入程度	10
问题解决能力	在模型训练和预测过程中遇到问题时的解决策略和效果	10

三、自我感受与反思（10 分）

评价项目	评价内容	分值
自我感受	对本次任务的总体感受	5
反思与改进	对自身表现和不足的反思	5

课后思考

请思考在哪些情况下使用线性回归模型来预测数据可能不是最佳选择，并解释原因。

任务四　分类算法应用：数据驱动的分类决策

学习目标

知识目标

1. 理解分类算法的基本原理。
2. 掌握分类算法模型评估方法。

技能目标

1. 能够在大数据分析平台上实施分类算法。
2. 能够应用分类算法优化业务策略。

素质目标

1. 培养数据驱动思维。
2. 培养数据决策能力。

任务背景

员工是否准备离职是困扰用人单位的一个问题，能够及时分析出有离职倾向的员工关系到单位业务的开展及新人员的招聘。某公司每个季度都会对每个员工进行问卷调查，内容包括工作环境满意度、工作满意度、员工关系满意度等，一方面是为了改善工作环境，另一方面是为了员工的身心健康。如果员工有不满意的地方，公司会及时地调整或对员工进行心理辅导。

小悦作为该公司人力资源部门的数据分析师，决定利用员工的历史档案数据训练模型，方便后续预测在职员工近期是否会离职，为人力资源部门提供预警机制。

任务目标

利用员工历史数据，构建一个精确的分类模型，以预测员工的离职倾向。

使用训练好的分类模型对在职员工的离职风险进行评估。

任务准备

一、实验环境准备

需要准备的环境有：

（1）个人计算机。

（2）Win7SP1 以上系统。

（3）互联网环境。

（4）大数据分析平台。

二、数据准备

在企业内部的信息系统中查找到所有离职与在职的员工记录数据，在信息系统维护人员的帮助下，该历史记录数据被导出为数据表，表名为“employee _ history _ information”。该表存储的字段信息见表 3-22。

表 3-22　员工历史记录表

字段名	数据类型	字段说明
Age	INT	员工年龄

续表

字段名	数据类型	字段说明
Attrition	INT	标签。是否离职，共两个值：0 表示没有离职，1 表示离职
Department	NVARCHAR	所属部门
Education	NVARCHAR	教育程度
EmployeeID	INT	员工编号
EnvironmentSatisfaction	NVARCHAR	工作环境满意度
JobInvolvement	INT	工作投入度。1 是“低”，2 是“中”，3 是“高”，4 是“非常高”
JobSatisfaction	INT	工作满意度。1 是“低”，2 是“中”，3 是“高”，4 是“非常高”
leave_days	BIGINT	请假天数
MonthlyIncome	INT	月收入
WorkLifeBalance	NVARCHAR	工作生活平衡度。1 是“差”，2 是“中”，3 是“好”，4 是“较好”
work_time_avg	DOUBLE	平均工作时长
YearsAtCompany	INT	本公司服务年限

该表的部分数据如图 3－32 所示。

Age	Attrition	Department	Education	EmployeeID	Environm	JobInvo	JobSatisfaction	leave_days	MonthlyIncome	WorkLifeBalance	work_
23	0	研发部	学士	259	低	3	1	4	76370	最好	419.38
26	0	研发部	学士	512	低	2	3	4	139640	较好	466.27
26	1	销售部	学士	1595	高	3	1	5	75100	较好	421.05
24	0	销售部	硕士	2054	非常高	3	2	7	25760	较好	469.53
26	1	销售部	学士	206	高	1	4	5	24260	差	524.52
18	1	研发部	博士	896	中	2	4	3	24790	最好	497.42
27	0	研发部	学士	297	非常高	3	1	5	29560	差	447.11
24	0	研发部	大学以下	768	非常高	3	3	4	43350	较好	569.05
28	0	研发部	学士	1485	非常高	3	4	5	25920	好	372.29
24	0	销售部	学士	1683	非常高	2	4	5	29350	较好	352.58
23	1	销售部	学士	1798	高	2	1	3	45590	较好	482.52
20	1	研发部	学士	1902	低	3	1	4	27070	较好	364.16
27	0	研发部	学士	2183	高	3	1	3	48510	较好	431.57
18	0	研发部	硕士	715	非常高	3	4	3	27200	最好	470.47
26	0	研发部	硕士	218	低	3	2	4	119940	最好	439.61
27	0	研发部	大学以下	280	非常高	2	1	3	43250	好	450.89

图 3－32　员工历史记录数据预览

同时，人力资源部门提供了新一期的在职员工信息数据，用于使用模型预测员工近期是否会离职，表名为“employee_new_information”。该表与上表唯一的不同是少了标签列“Attrition”，其他列名及含义全都相同，部分数据如图 3－33 所示。

BusinessTravel	Department	Education	EmployeeID	EnvironmentSatisfaction	JobInvolvement	JobSatisfaction	leave_days	MonthlyIncome	WorkLifeBalance
2	研发部	学士	2443	中	2	1	4	14160	最好
2	销售部	大学以下	2821	低	2	3	6	30690	较好
2	研发部	学士	3213	高	2	1	8	132450	较好
2	销售部	硕士	3704	低	2	1	6	198590	较好
3	研发部	大学以下	3220	非常高	2	1	11	43250	好
2	研发部	学士	4239	高	3	1	7	64390	较好
2	研发部	硕士	3028	高	2	4	6	53990	好
2	研发部	学士	3105	低	3	4	7	76440	最好
2	研发部	大学以下	2238	非常高	3	3	4	43350	较好
2	销售部	学士	2874	非常高	3	2	4	39860	好
2	销售部	大学以下	4291	低	2	3	10	30690	较好
3	销售部	大学以下	2387	非常高	2	3	8	139730	较好
2	研发部	学士	2563	低	2	3	9	51710	好
2	销售部	高职	2580	中	3	2	5	135770	好
2	销售部	硕士	2811	高	3	4	10	46630	较好
2	销售部	高职	3179	高	1	3	5	87260	较好
3	研发部	硕士	3657	非常高	4	4	5	46470	较好

图 3-33　预测数据预览

三、工作流概览

本任务工作流首先连接课程数据库，然后分为两个分支：第一个分支用于训练模型，抽取出员工历史记录表 employee_history_information，将原始数据组装成 CSN 类型，然后利用决策树分类算法训练模型；第二个分支用于预测结果，抽取员工预测数据表 employee_new_information，将原始数据组装成 CSN 类型，利用训练好的模型进行离职预测。整个工作流设计如图 3-34 所示。

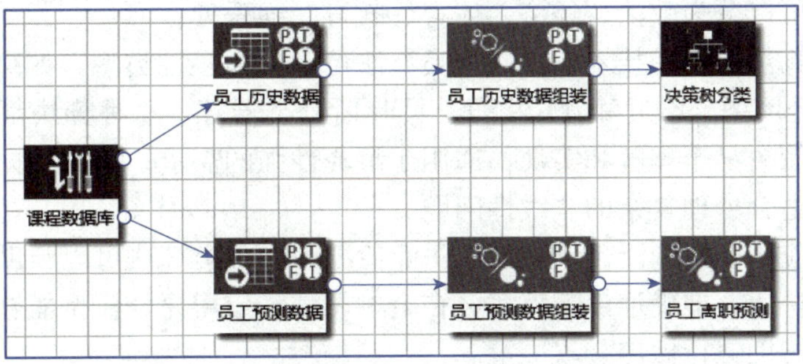

图 3-34　工作流概览

四、步骤分解

本任务的执行步骤见表 3-23。

表 3-23　任务步骤分解

子任务	步骤
流程准备	（1）新建项目； （2）创建数据工作流； （3）创建课程数据库； （4）汇集员工历史数据
训练模型	（1）员工历史数据组装； （2）决策树分类； （3）运行调试

续表

子任务	步骤
预测结果	（1）汇集员工预测数据； （2）员工预测数据组装； （3）员工离职预测； （4）运行调试

知识要点

一、分类算法的概念和应用

分类是将一个未知样本分到几个预先已知类的过程。例如，在路上看到一个人，我们会自动地把他分为男人或女人、老人或孩子，甚至通过他的样貌就去判断这个人的品行，这就是一个分类的过程。

分类算法是数据挖掘和机器学习领域中的一个重要分支，属于监督学习的范畴。分类算法的核心在于从训练数据中提取特征，并根据这些特征构建一个能够预测新数据类别的模型，从而能够将新的、未知的数据项映射到预先定义的类别中去。根据标签的数量，分类可以分为二分类和多分类。例如：垃圾邮件分类是二分类，可以分为是、否；新闻文本分类是多分类，可以分为政治、经济、体育、教育、娱乐等。

根据不同的算法原理和技术实现，分类算法可以分为多种类型，如决策树、支持向量机（SVM）、神经网络、K 近邻（KNN）、贝叶斯分类器等。每种算法都有其特点和适用场景。例如，决策树易于理解和实现，适用于解释性强的需求；而支持向量机则在高维空间中表现出色，适合处理复杂的非线性问题。

分类算法的应用非常广泛。例如，在医疗诊断中，分类算法可以帮助医生根据病人的症状和检查结果快速、准确地诊断疾病；在金融领域，信用评分模型能够预测借款人违约的可能性，从而帮助银行做出贷款决策。

二、分类算法的实施步骤

（一）确定分类算法的目标变量和特征变量

分类算法用于将数据项划分到预定义的类别中，首先确定哪个变量是需要被分类的，即目标变量（记为 y），以及哪些变量是用来进行分类的，即特征变量（记为 x）。

（二）选择分类模型

根据数据的特性和分类问题的需求来选择合适的分类模型，如决策树、朴素贝叶斯、支持向量机等。

（三）训练分类模型，建立分类规则（训练模型）

利用收集到的训练数据集和选定的分类模型，在一定的算法优化准则（如最小化误差、最大化信息增益等）下估计模型参数，训练出分类规则。

（四）模型评估

通过测试数据集来验证分类模型的性能，使用准确率、召回率、精确率、F1 分数等指标来评估模型的预测能力和泛化能力，判断模型是否适合用于实际分类任务。

（五）利用分类模型进行预测（预测模型）

分类模型建立后，可以应用于新的数据项，根据模型的分类规则预测这些数据项的目标变量类别。

三、分类算法的评估

在机器学习中，分类算法的性能评估是至关重要的。以下是一些常用的评估指标：

（一）准确率

准确率（Accuracy）是最直观的评估标准之一，它通过将所有正确分类的样本数量除以总样本数来计算得出。然而，准确率容易受到类别分布不平衡的影响。因此在类别分布不均的情况下，准确率可能不足以全面评估分类器的性能。在这种情况下，其他指标如精确率、召回率或 F1 分数需要被考虑来更全面地评估分类器的性能。

（二）F1 分数

F1 分数是精确率和召回率的调和平均数，特别适用于需要平衡这两个指标的应用场景。

（三）Matthews 相关系数（MCC）

MCC 是一个针对二分类问题的指标。MCC 的优点在于它能够很好地处理类别不平衡的问题，并且在类别比例极端不平衡的情况下仍然能够提供可靠的评估结果。

（四）混淆矩阵

混淆矩阵虽然不是直接的性能评估指标，但它提供了一个全面的视角来观察分类器在各类别上的表现。混淆矩阵通过展示真正例、假正例、真负例和假负例的数量，帮助我们理解模型在不同类别上的表现，尤其是对于不平衡数据集，它可以帮助我们识别哪些类别被错误分类的情况更为严重。

四、分类算法——决策树

决策树分类是一种有监督的分类算法。分类是算法通过学习与训练已有的数据来预测新数据的类别，这些类别是事先指定的。

决策树分类通过构建树形结构来进行分类。每个内部节点表示一个属性的测试，每个分支代表一个测试输出，每个叶子节点代表一种类别。工作原理是从根节点开始，通过测试待分类项的特征属性，按照其值选择输出分支，直到叶子节点，叶子节点的类别作为决策结果。

以一个简单的例子来说明决策树的工作原理：假设我们有一个数据集，包含西瓜的数据，我们需要判断这个西瓜是好瓜还是坏瓜。我们可以根据西瓜的某些特征来进行分类，比如“纹理”“敲声”等。决策树算法会通过递归地选择最佳特征进行分裂，直到满足停止条件，最终生成一棵树形结构的分类器。

在决策树的构建过程中，首先会选择一个最优特征（如“纹理”），根据这个特征的不同取值（如“清晰”“稍糊”“模糊”等），将数据集分裂成多个子集。然后对每个子集递归地执行上述步骤，直到达到停止条件，比如子集中的样本数小于某个阈值、所有样本属于同一类别、没有更多特征可用等。最后，通过剪枝处理，删除一些不必要的子树或节点，使决策树更加简洁，避免过拟合。通过这个过程，决策树能够根据输入的特征属性（如西瓜的色泽、纹理等），预测西瓜的类别（好瓜或坏瓜）。西瓜好坏决策树如图 3 - 35 所示。

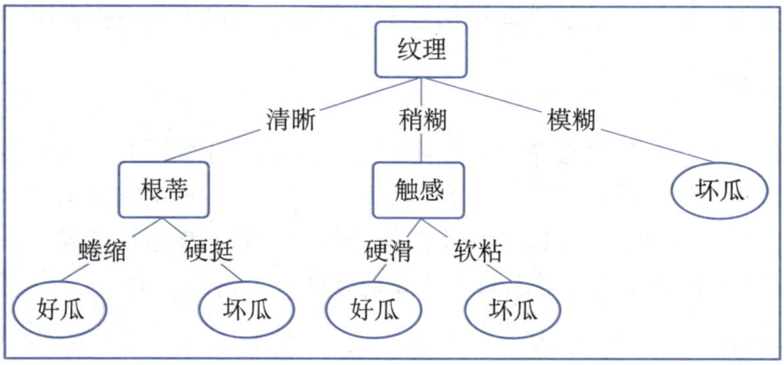

图 3 - 35　西瓜好坏决策树

分类模型的评估一般可以通过混淆矩阵来做，这里以二分类为例，0 表示负类（Negative），1 表示正类（Positive），矩阵可以表示为表 3 - 24。

表 3 - 24　混淆矩阵

预测类别	真实类别	
	类别 0（Negative）	类别 1（Positive）
类别 0（Negative）	TN（True Negative）	FN（False Negative）
类别 1（Positive）	FP（False Positive）	TP（True Positive）

矩阵列出后可以使用准确率来判断分类模型是否稳定可用，准确率（Accuracy）＝(TP＋TN)/(TP＋TN＋FP＋FN)，也就是正类、负类预测对的比例，准确率越高说明模型越稳定。

例如：分类模型用于西瓜好坏分类的混淆矩阵结果见表 3 - 25。

表 3 - 25　西瓜好坏分类的混淆矩阵

预测类别	真实类别	
	好	坏
好	10	3
坏	8	45

该模型的准确率为：(45+10)/(45+10+8+3)≈0.83。

决策树算法具有明显的优势：它的构建过程透明，易于理解和解释；运算效率高，处理数据量小，便于转化为决策规则；通常能提供较高的分类准确度，并能明确指出关键字段。然而，它在处理连续变量时需要先进行离散化，且在面对众多类别的样本时，分类错误率可能上升。

任务实施

一、流程准备

（一）新建项目

在“免费数猎场_************”上右击【创建项目】，将该项目名称改为“项目三　数据洞察行动：数据分析与挖掘”。如果已经存在该项目，则无须再新建。

（二）创建数据工作流

在刚才创建的项目上右击【创建数据工作流】，将该工作流名称改为“员工离职预测”，双击打开这个数据工作流，如图 3-36 所示的界面。

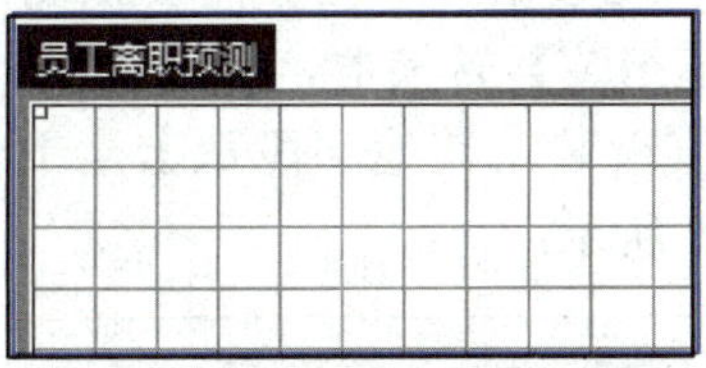

图 3-36　创建数据工作流

至此，一个空的数据工作流就被创建好了，为后续设计流程做准备。

（三）创建课程数据库

在大数据分析平台上，定义并连接必要的数据源。在【工作流节点】面板中的【数据源】栏中，找到【课程数据库】节点，用鼠标将它拖曳到上面步骤打开的工作流的编辑面板中。用鼠标选中【课程数据库】节点，对该节点进行如表 3-26 所示的属性设置。

表 3-26　数据源属性

属性名	值
课程	大数据基础与应用（商科版）

（四）汇集员工历史数据

在【课程数据库】的【属性】面板中单击【连接】按钮，在下方的数据源面板中显示该课程下的所有数据表，选择员工历史记录表 employee_history_information，单击【抽取】按钮，在编辑面板中自动生成汇集节点，选中该节点，在右侧【属性】面板中重命名为“员工历史数据”。至此，完成了数据的汇集，为后续的模型训练提供数据支撑。

二、训练模型

（一）员工历史数据组装

新建一个【转换】节点，在其【属性】面板里将该节点名称修改为“员工历史数据组装”，并连线到【员工历史数据】节点。

本节点组装训练数据，决策树分类算法要求训练模型的数据类型是 CSN 类型，也就是把所有对标签值有影响的字段数据组装起来，为后面的训练模型做数据准备。这里组装数据需要使用【数值组装】转换器，该转换器的描述参考表 3-27。

表 3-27　【数值组装】转换器描述

名称	数值组装
功能	将字段数据组装为 CSN 类型数据
输入	数字类型字段数据
输出	CSN 类型数据

算法利用 CSN 类型数据进行模型训练时，要求第一个组装的必须是标签字段，也就是在预测阶段需要进行预测的字段数据，本任务需要预测的是“是否离职”，因此 Attrition 字段需要首先连接至【数值组装】转换器，另外，“EmployeeID”等字段对“是否离职”没有影响，不需要进行数值组装，其他字段从上至下依次连接至【数值组装】转换器。本节点转换逻辑如图 3-37 所示。

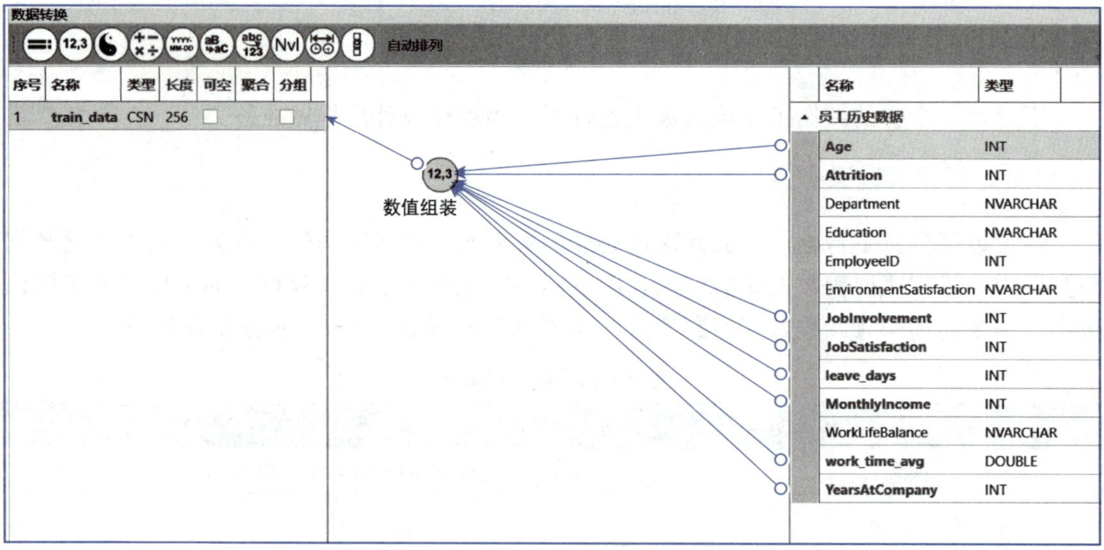

图 3-37　员工历史数据组装转换逻辑

（二）决策树分类

【决策树分类】节点在使用时，需要将该节点拖曳至编辑面板，并将需要建模的数据所在节点与之连线，如图 3-38 所示。

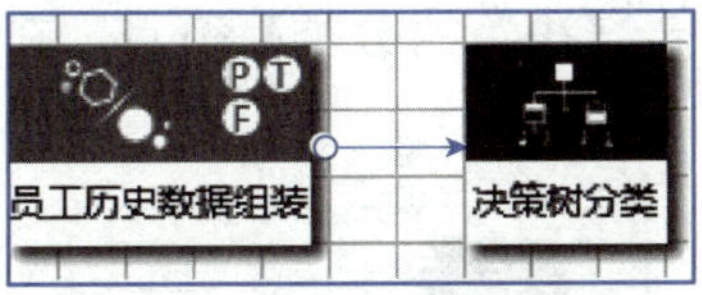

图 3-38 【决策树分类】节点

【决策树分类】节点会自动在数据转换面板中生成【训练】转换器。该转换器功能见表 3-28。

表 3-28 【训练】转换器描述

名称	训练
功能	用于训练决策树分类模型
输入	用于训练的 CSN 类型数据
输出	决策树分类模型

根据转换器的功能描述，需要将上个节点中组装好的特征字段数据 train_data 连线到【训练】转换器，用于模型训练。转换逻辑如图 3-39 所示。

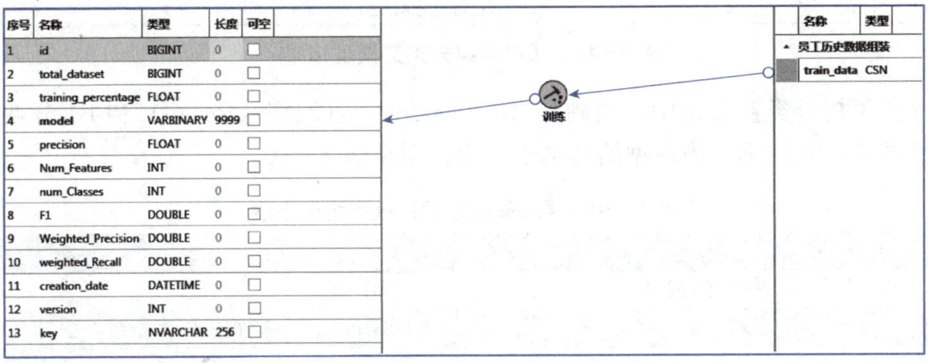

图 3-39 决策树分类转换逻辑

决策树分类算法在使用时，需要调整算法相关参数以达到最优效果。常用的参数有“训练集比例”“分类阈值”等。参数的调整需要根据业务需求来决定，调整的最终目标是让模型的准确率更高，可以多次尝试寻找最优的一组参数。当前任务可以将分类阈值参数调整为‘0.5，0.8’，选中【决策树分类】节点，在【属性】面板中勾选显示高级选项进行分类阈值参数修改，注意分类阈值参数数据类型为 CSN 类型，因此需要使用英文单引号将参数引起来。参数所代表的含义见表 3-29。

表 3-29 【决策树分类】参数

名称	类型	说明	取值
训练集比例	FLOAT	用来训练的数据集比例，其余数据用来测试	大于 0，小于或等于 100，默认为 70
分类阈值	CSN	调整分类结果	元素个数要等于类别标签的数量，全部大于或等于 0 且最多只能有一个 0

每个算法节点都需要“创建落地对象”，其目的是可以创建出算法训练模型，生成数

据的表结构，用于存储模型的各项参数。本任务中的【决策树分类】节点同样需要“创建落地对象”，具体操作方法为右击【决策树分类】节点，在弹出的快捷菜单中单击【创建落地对象】，如图 3－40 所示。

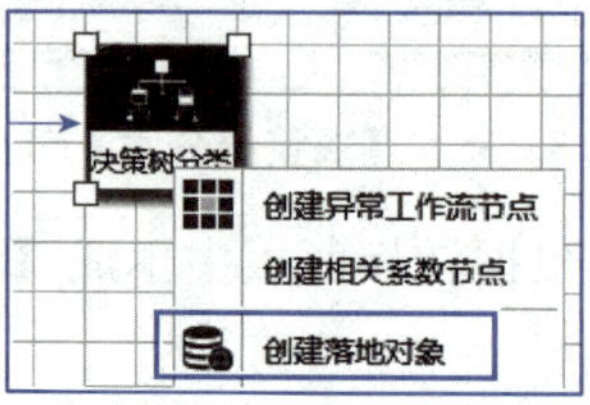

图 3－40 创建落地对象

（三）运行调试

【决策树分类】模型参数设置完毕后，可以运行调试来查看模型输出结果。选中【决策树分类】节点，右击鼠标，在弹出的快捷菜单中单击【设置查看器】，然后单击【运行】菜单中的【调试】按钮，在【数据查看器】面板中查看模型结果，部分结果如图 3－41 所示。

id	total_dataset	training_percentage	model	precision	Num_Features	num_Classes	F1
1	2187	0.7	[binary(10359)]	0.842357	7	2	0.786

图 3－41 【决策树分类】模型结果①

在【决策树分类】模型中，精确率（Precision）、召回率（Recall）和 F1 分数都是评估模型性能的重要指标。该模型的各结果字段说明见表 3－30。

表 3－30 【决策树分类】模型结果字段

英文名	中文名	类型	说明
id	模型的编号	BIGINT	
total _ dataset	数据量	BIGINT	有效数据库条数。去掉 null 值
model	模型	VARBIANRY	训练生成的模型，在数据库中以二进制格式保存
precision	模型测试精确率	DOUBLE	测试的精确率
Num _ Features	特征数量，也称为属性数量	INT	训练数据中特征数量
num _ Classes	类别数量	INT	类别去重后的数量
F1	模型的 F1 加权平均值	DOUBLE	各个类的 F1 值的加权平均值
Weighted _ Precision	加权平均精度	DOUBLE	各个类的精度加权平均值
weighted _ Recall	加权平均召回率	DOUBLE	各个类的召回率加权平均值
creation _ date	模型创建时间	DATETIME	该模型保存时间
version	模型版本	INT	对于该模型版本，只有在【属性】面板中选中保留历史模型时该值才会自增 1
key	分组 key	STRING	用于分组建模

① 模型训练结果在不同运行期间可能存在波动，具体原因详见本书第 132 页二维码文件《大数据平台使用指引：模型波动说明与数据查看导出》。

三、预测结果

（一）汇集员工预测数据

在【课程数据库】的【属性】面板中单击【连接】按钮，在下方的数据源面板中显示该课程下的所有数据表，选择在职员工记录表 employee _ new _ information，单击【抽取】按钮，在编辑面板中自动生成汇集节点，选中该节点，在右侧【属性】面板中重命名为“员工预测数据”。至此，完成了预测数据的汇集，为后续使用模型预测结果提供数据支撑。

预测数据与训练数据最大的区别是只有特征值而没有标签值。在本案例中，预测数据可能来自企业的问卷调查，调查的内容是该员工是否有离职倾向的影响因素，也就是特征值。实际的业务实施过程中，也同样使用这种模式来做数据分析工作。

（二）员工预测数据组装

新建一个【转换】节点，在其【属性】面板中将该节点名称改为“员工预测数据组装”，并连线到【员工预测数据】节点。

本节点组装预测数据，使用训练好的模型来预测结果时同样需要将特征字段数据组装为 CSN 类型的数据。由于预测数据是没有标签值的，因此这里的数值组装操作不需要组装标签字段，其余字段按照训练数据组装的顺序来组装。这里需要特别注意的是，如果训练与预测的数值组装顺序不一致，则会导致无法预测结果或者预测结果出现严重错误。

预测数据的组装同样使用【数值组装】转换器，将所有特征字段按照顺序连线到该转换器，最后从节点源列中挑选需要展示的字段拖曳入目标列，本任务可以考虑将工号 EmployeeID 字段拖曳至左侧目标列，作为区分预测结果的标识。转换逻辑如图 3－42 所示。

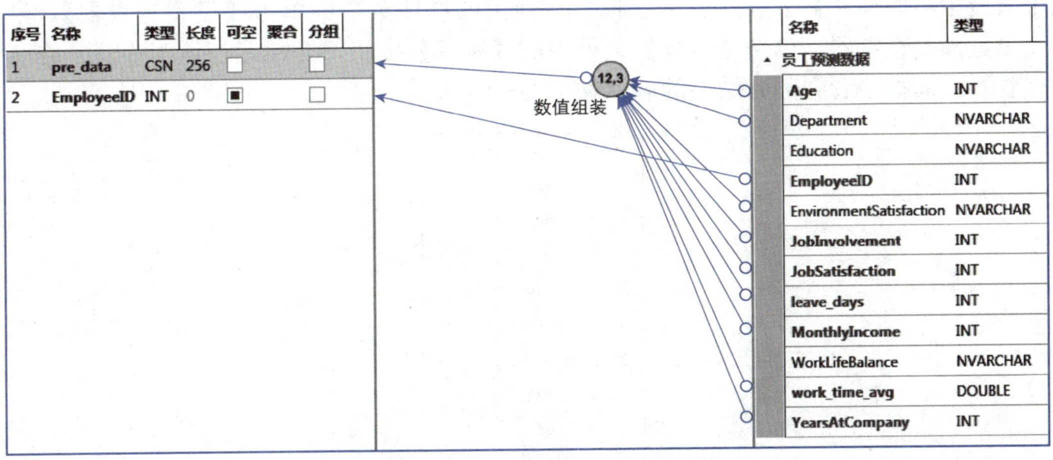

图 3－42　员工预测数据组装转换逻辑

（三）员工离职预测

新建一个【转换】节点，在其【属性】面板中将该节点名称改为“员工离职预测”，并连线到【员工预测数据组装】节点。

本节点利用训练好的决策树分类模型对组装好的特征数据做标签值的预测，该操作需要使用【预测】转换器。【预测】转换器描述见表 3 - 31。

表 3 - 31　【预测】转换器描述

名称	预测
功能	使用算法节点训练的模型给出输入数据的预测值
输入	CSN 类型数据
输出	预测的结果，数据类型与训练数据中的标签值类型一致
参数	选择模型

由上述转换器功能描述可知，在同一项目下，可能同时存在多个训练好的模型。【预测】转换器在使用时需要先单击【预测】节点，在右下角【参数】窗口的【模型】栏，选择刚才训练好的决策树分类模型，然后将“pre _ data”字段连线到【预测】转换器，右击【预测】转换器并单击生成新列，命名为“pre”，生成的结果与训练数据的标签值类型一致。本任务的【预测】节点转换逻辑如图 3 - 43 所示。

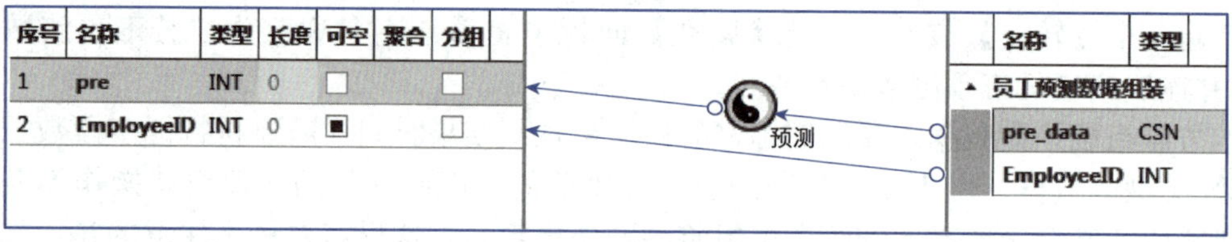

图 3 - 43　员工离职预测转换逻辑

（四）运行调试

流程设计完毕后，可以选择数据结果所在节点，运行调试整个流程，查看运行结果。选中【员工离职预测】节点，右击鼠标，在弹出的快捷菜单中单击【设置查看器】，给该节点设置预览查看器，单击【运行】菜单中的【调试】按钮，开始运行该工作流。在【数据查看器】面板中看到部分结果的展示如图 3 - 44 所示。

pre	EmployeeID
0	2563
0	2580
0	2811
0	3179
0	3657
0	4167
1	2971
0	3087
0	4119
0	2606
1	3431
0	2484

图 3 - 44　员工离职预测结果

运行完成后，单击【停止】按钮。通过上述结果可以看出，每个员工是否会离职已经成功预测出来，0 代表不会离职，1 代表会离职。这一结果可以初步了解到每个员工的大概情况，可以反馈给人力资源业务人员，针对会离职的员工作出相应的心理疏导或者调整企业不合理的工作制度，同时也可以及时启动该岗位的招聘工作，做好相应的人才储备工作。这些措施可以为企业挽回不必要的人力资源损失，提高员工的工作满意度，创造更大的业务效益。

任务评价

一、知识与技能评价（70 分）

评价项目	评价内容	分值
理解与应用	理解分类算法的原理和评估方法	25
模型构建能力	从员工历史数据中提取关键特征，并构建决策树模型	30
决策支持能力	利用分类模型预测员工是否会离职，并能够解释模型结果对人力资源管理的潜在影响	15

二、过程与体验评价（20 分）

评价项目	评价内容	分值
学习态度	对任务的态度和投入程度	10
问题解决能力	在模型训练和预测过程中遇到问题时的解决策略和效果	10

三、自我感受与反思（10 分）

评价项目	评价内容	分值
自我感受	对本次任务的总体感受	5
反思与改进	对自身表现和不足的反思	5

课后思考

为什么面对类别极度不平衡的员工离职预测问题，单纯依赖准确率作为性能评估指标可能会产生误导？

任务五 关联规则发现：揭示数据中的隐藏关系

学习目标

知识目标

1. 理解关联规则的基本原理。
2. 掌握关联规则算法。

技能目标

1. 能够在大数据分析平台上实施关联规则挖掘。
2. 能够应用关联规则优化业务策略。

素质目标

1. 培养数据发现能力。
2. 培养数据驱动思维。

任务背景

某跨境电商企业近期的业务收益大幅下滑，经管理层研究决定近期推出多品类商品购买打折活动，但是对于目前哪些商品适合做活动不太清楚。小悦作为该企业的商业数据分析师，与IT工程师沟通后发现在业务开展过程中积累了大量平台访客的浏览日志数据，包括访客所在国家、访客IP（Intellectual Property，知识产权）地址、访问页面等。小悦决定利用这些数据去发掘哪些商品之间的关联程度较高，适合多件购买促销，为企业的本次营销活动提供重要的方案决策参考，实现业务收益的最大化。

任务目标

根据关联规则挖掘算法找出商品之间的关联程度。

筛选出关联度高且具有商业价值的商品组合，形成推荐清单。

任务准备

一、实验环境准备

需要准备的环境有：

(1) 个人计算机。

(2) Win7SP1以上系统。

(3) 互联网环境。

(4) 大数据分析平台。

二、数据准备

经过与IT部门的沟通协调，工作人员可以从业务系统后台数据库中导出浏览日志表，并将该表命名为“browser_logs”。该表由多列数据组成，表3-32列举了每列数据所代表的含义。

表3-32 访客浏览日志表

字段名	数据类型	含义
country	NVARCHAR	访客所在国家
http_status_code	INT	浏览状态码
ip	NVARCHAR	访客的IP地址

续表

字段名	数据类型	含义
goods	NVARCHAR	访问商品名称
request _ datetime	DATETIME	访问时间
resource _ size	INT	访问资源大小

该表的部分数据如图 3 - 45 所示。

country	resource_size	http_status_code	ip	goods	request_datetime
委内瑞拉	0	200	145.213.85.152	滑板车	2011-12-28 10:37:00.0
美国	0	200	170.61.62.26	香水	2011-11-28 23:32:30.0
美国	0	200	170.61.62.26	香水	2011-11-28 23:32:30.0
德国	0	200	217.237.48.142	美容液	2011-11-27 22:31:00.0
德国	0	200	217.237.48.142	美容液	2011-11-25 15:21:30.0
德国	0	200	217.237.48.142	养生茶	2011-12-04 13:36:29.0
德国	0	200	217.237.48.142	养生茶	2011-12-16 05:17:57.0
德国	0	200	217.237.48.142	养生茶	2011-12-19 16:15:30.0
德国	0	200	217.237.48.142	眼霜	2011-11-12 18:07:30.0
德国	0	200	217.237.48.142	滑板车	2011-12-26 20:57:15.0
委内瑞拉	0	200	145.213.85.152	滑板车	2011-12-28 10:37:00.0
德国	0	200	217.237.48.142	苹果	2011-11-18 17:20:30.0
德国	0	200	217.237.48.142	眼膜	2011-11-24 06:15:30.0
德国	0	200	217.237.48.142	理发器	2011-12-09 15:51:43.0
德国	0	200	217.237.48.142	香水	2011-12-25 01:38:32.0
德国	0	200	217.237.48.142	香水	2011-12-04 13:35:29.0
德国	0	200	217.237.48.142	眼膜	2011-11-03 16:23:31.0
德国	0	200	217.237.48.142	眼膜	2011-12-27 11:00:30.0

图 3 - 45　访客浏览日志数据预览图

三、工作流概览

本工作流首先连接课程数据库，抽取出访客浏览日志数据表 browser _ logs，将原始数据中的商品名称聚合起来，利用关联规则算法分析并保存最终分析结果。整个工作流设计如图 3 - 46 所示。

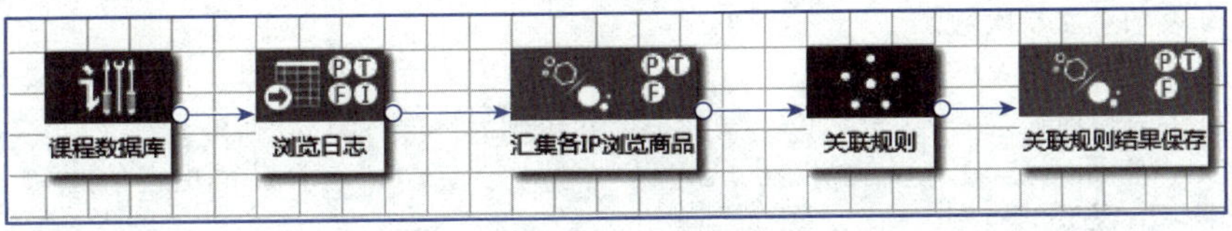

图 3 - 46　工作流概览

四、步骤分解

本任务的执行步骤见表 3 - 33。

表 3 - 33 任务步骤分解

子任务	步骤
流程准备	(1) 新建项目； (2) 创建数据工作流； (3) 创建课程数据库； (4) 汇集浏览日志
商品关联规则分析	(1) 汇集各 IP 浏览商品； (2) 建立关联规则模型； (3) 关联规则结果保存； (4) 运行调试

知识要点

一、关联规则的定义

关联规则是数据挖掘中一种常见的无监督学习算法，旨在从大量数据中发现项集（对象的集合，如顾客购买的商品）之间有价值的关联关系，例如如果顾客购买了 A，则很可能也会购买 B。关联规则的挖掘可以应用于多种场景，如购物篮分析、网站设计与优化、交通事故模式分析等。

关联规则是一个蕴含式 $X \Rightarrow Y$，表示由物品集 X 可以推导出物品集 Y。X 称为规则的前项，Y 称为规则的后项，前项与后项之间用"⇒"分隔，表示一条关联规则。例如：{豆奶} ⇒ {尿布} 就是一条关联规则。{豆奶} 是规则的前项，{尿布} 是规则的后项。

二、关联规则的度量参数

评价前项与后项的关联程度可以使用支持度和可信度这两个参数来判断，见表 3 - 34。

支持度是衡量项集在所有交易中出现的频率的参数，它用于筛选出频繁项集，即在数据集中经常一起出现的项集。

可信度（也称为置信度）用于评估规则的可靠性，即当 X 发生时，Y 有多大的可能性也会发生。

表 3 - 34 关联规则度量参数

参数名	含义	取值范数
支持度	一个项或者一个关联规则（前项和后项组合）在总数据集中出现的频率。 Support（X）=count（X）/N，其中 count（X）表示项集 X 出现的次数，N 表示总交易次数。 支持度越大，表示规则越强	0 到 1 之间
可信度	对于关联规则 $X \Rightarrow Y$，可信度表示前后项并集的支持度/前项支持度： Confidence（$X \Rightarrow Y$）=Support（X，Y）/Support（X），表示 X 的出现条件下，出现 Y 的概率。 可信度越大，表示关联规则越强	0 到 1 之间

例如，表 3－35 是某超市的售卖记录表。

表 3－35　售卖记录表

交易编号	商品
1	豆奶，莴苣
2	莴苣，尿布，啤酒，甜菜
3	豆奶，尿布，啤酒，橙汁
4	莴苣，豆奶，尿布，啤酒
5	莴苣，豆奶，尿布，橙汁

{豆奶} ⇒ {尿布} 的支持度计算方法如下：数据记录共有 5 条，因此 $N=5$，项 {豆奶} 的支持度：Support（{豆奶}）＝4/5＝0.8；项 {尿布，豆奶} 的支持度：Support（{尿布，豆奶}）＝3/5＝0.6。

关联规则 {豆奶} ⇒ {尿布} 的可信度：Confidence（{豆奶} ⇒ {尿布}）＝Support {尿布，豆奶} 的支持度/Support {豆奶} 的支持度＝0.6/0.8＝0.75。

任务实施

一、流程准备

（一）新建项目

在“免费数猎场 _ ************”上右击【创建项目】，将该项目名称改为“项目三 数据洞察行动：数据分析与挖掘”。如果已经存在该项目，则无须再新建。

（二）创建数据工作流

在刚才创建的项目上右击【创建数据工作流】，将该工作流名称改为“跨境电商浏览日志分析”，双击打开这个数据工作流，得到如图 3－47 所示的界面。

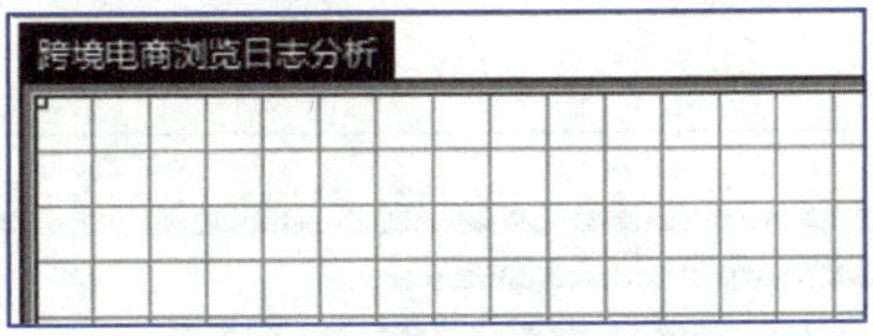

图 3－47　创建数据工作流

至此，一个空的数据工作流就被创建好了，为后续设计流程做准备。

（三）创建课程数据库

在大数据分析平台上，定义并连接必要的数据源。在【工作流节点】面板的【数据源】栏中，找到【课程数据库】节点，用鼠标将它拖曳到上面步骤打开的工作流的编辑面板中。用鼠标选中【课程数据库】节点，对该节点进行如表 3－36 所示的属性设置。

表 3-36　数据源属性

属性名	值
课程	大数据基础与应用（商科版）

（四）汇集浏览日志

在【课程数据库】的【属性】面板中单击【连接】按钮，在下方的数据源面板中显示该课程下的所有数据表，找到浏览日志表“browser_logs”，选中该表并单击【抽取】按钮。在编辑面板中自动生成汇集节点，选中该节点，在右侧【属性】面板中重命名为“浏览日志”。至此，完成了数据的汇集，为后续的模型训练提供数据支撑。

二、商品关联规则分析

（一）汇集各 IP 浏览商品

关联规则算法分析商品的关联性必须保证每个顾客所浏览的商品名称是拼接在一起的。由数据汇集的数据结果可以看出，每个 IP 浏览的单个商品名称是作为一条数据的，因此需要在分析与挖掘之前做加工操作，将每个 IP 浏览的商品名称拼接在一起。

新建一个【转换】节点，在其【属性】面板中将该节点名称改为“汇集各 IP 浏览商品”，并连线到【浏览日志】节点。

在本节点执行数据的分组聚合，按照 IP 字段分组，将 goods 字段进行字符串拼接，转换逻辑如图 3-48 所示。

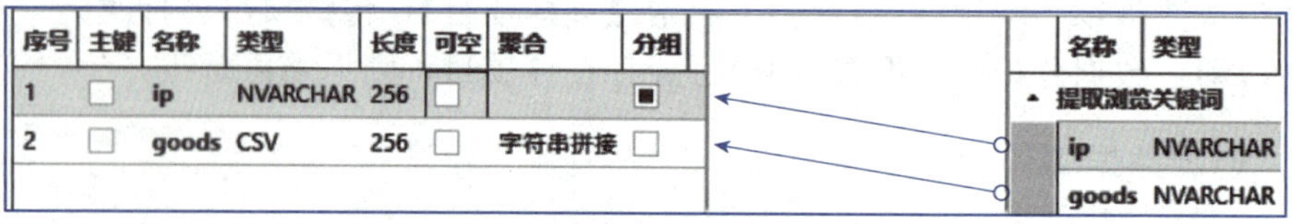

图 3-48　汇集各 IP 浏览商品转换逻辑

该节点运行的部分结果如图 3-49 所示，从图中可以看出，每一行表示一个 IP 及其浏览的所有商品。

ip	goods
211.71.159.213	鞋靴,滴露,滴露,美容液,眼霜,粮油,开心果,橄榄油,胶原蛋白线球,鞋靴,滴露,滴露,美容液,眼霜,粮油,开心果,橄榄油,胶
83.179.118.173	美容液,美容液,化妆棉,调和油,化妆棉,调和油,包,包
96.239.101.232	冰冻鸭,冰冻鸭,笔记本,胶原蛋白线球,笔记本,胶原蛋白线球,电池,电池
200.75.124.178	卸妆油,胶原蛋白线球,运动腕表,卸妆油,胶原蛋白线球,运动腕表,滑板车故事,滑板车故事,化妆棉,化妆棉
205.69.132.128	鞋靴,养生茶,养生茶,眼霜,图书,苹果,理发器,香水,鞋靴,养生茶,养生茶,眼霜,图书,苹果,理发器,香水,奶粉,小提琴,电池
111.221.196.139	手机,睫毛增长液,手机,睫毛增长液
192.147.28.221	养生茶,运动鞋,养生茶,运动鞋,调和油,卸妆油,调和油,卸妆油,面膜,面膜
53.49.216.147	手风琴,沙发,甜奶粉蛋,食用油,橄榄油,调和油,眼膜,手风琴,沙发,甜奶粉蛋,食用油,橄榄油,调和油,眼膜,保鲜袋,手机,
150.102.200.217	包,包,包,包
177.27.234.78	眼霜,眼霜,胶原蛋白线球,运动腕表,胶原蛋白线球,运动腕表,面膜,面膜,面膜,面膜
48.3.132.159	火龙果,眼膜,火龙果,眼膜,笔记本,机械表,牛肉,运动腕表,牛肉干,洗颜粉,笔记本,机械表,牛肉,运动腕表,牛肉干,洗颜
200.140.200.106	橄榄油,橄榄油,睫毛增长液,胶原蛋白线球,胶原蛋白线球,睫毛增长液,胶原蛋白线球,胶原蛋白线球,洗面奶,洗面奶
84.20.120.227	眼膜,眼膜,眼膜,眼膜,笔记本,笔记本,尊马油,尊马油

图 3-49　汇集各 IP 浏览商品部分结果

（二）关联规则

【关联规则】节点可以用于分析商品之间的关联关系，使用时需要将该节点由【工作流节点】的【算法】栏中拖曳到流程编辑界面，并将需要分析的数据所处节点与之连线，如图 3－50 所示。

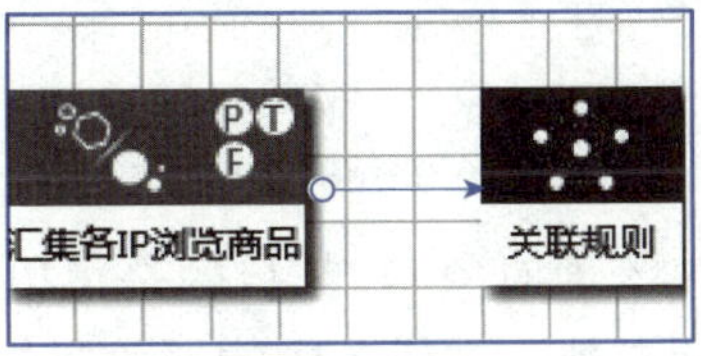

图 3－50　关联规则节点

同时，【关联规则】节点会自动在数据转换面板中生成【训练】转换器，该转换器功能见表 3－37。

表 3－37　【训练】转换器描述

名称	训练
功能	用于训练关联规则模型
输入	用于训练的 CSV 类型数据

根据转换器的功能描述，需要将上个节点中汇集好的商品名称 goods 连线到【训练】转换器，用于关联性的分析。关联规则转换逻辑如图 3－51 所示。

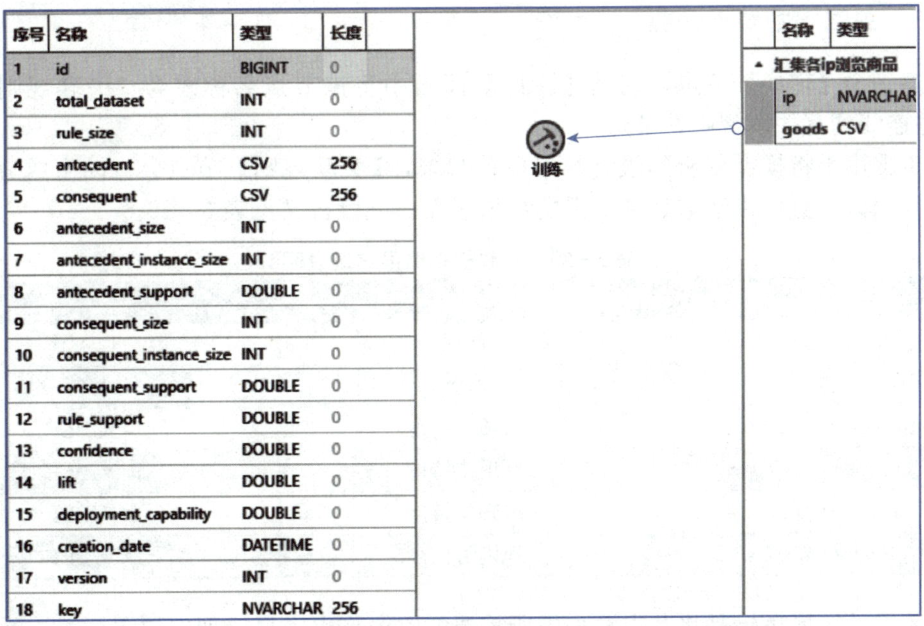

图 3－51　关联规则转换逻辑

关联规则算法在使用时，需要调整算法相关参数以达到最优效果。常用的参数有“最小支持度”“最小可信度”。其中，“最小支持度”代表结果最少要满足该支持度，“最小可信度”代表结果最少要满足该可信度，这两个参数的设置需要根据任务的需求来决定。本任务需要调整的参数见表 3-38。注意，该设置为编者经验值，不一定最佳。读者可以进行参数微调，对比结果。

表 3-38 关联规则属性设置

属性名	值
最小支持度	0.18
最小可信度	0.1

每个算法节点都需要“创建落地对象”，其目的是可以创建出算法训练模型生成数据的表结构，用于存储模型的各项参数，本任务中的【关联规则】节点同样需要“创建落地对象”。具体操作方法为右击【关联规则】节点，单击“创建落地对象”，如图 3-52 所示。

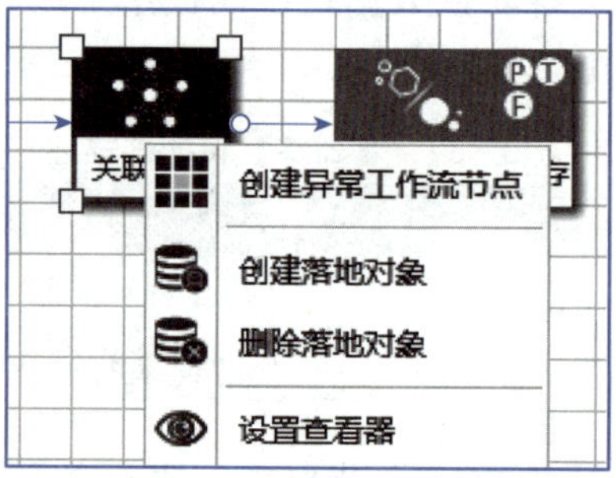

图 3-52 创建落地对象

（三）关联规则结果保存

新建一个【转换】节点，在其【属性】面板中将该节点名称改为“关联规则结果保存”，并连线到【关联规则】节点。

该步骤用于将模型分析的最终结果保存起来，【关联规则】节点会自动生成分析结果字段，利用该节点可以选取任务所需的结果字段。字段含义见表 3-39。

表 3-39 关联规则结果字段说明

英文名	中文名	数据类型
antecedent	前项	CSV
consequent	后项	CSV
antecedent _ support	前项支持度	DOUBLE
consequent _ support	后项支持度	DOUBLE
rule _ support	规则支持度	DOUBLE
confidence	规则可信度	DOUBLE

本节点的转换逻辑是将节点源列中所需要的字段拖曳入目标列，如图 3-53 所示。

（四）运行调试

选中【关联规则结果保存】节点，右击鼠标，在弹出的快捷菜单中单击【设置查看

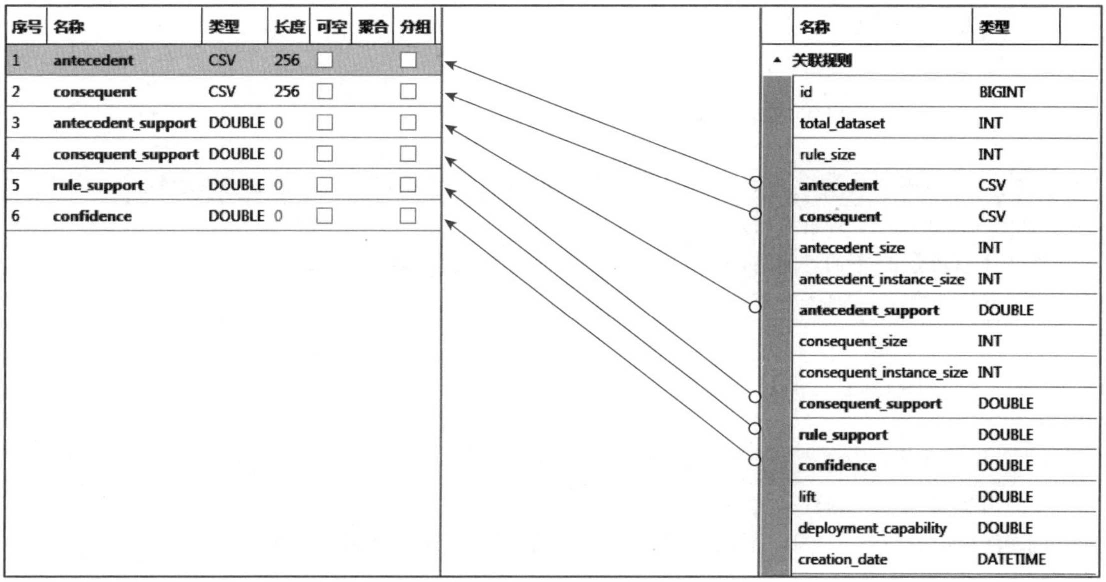

图 3-53　关联规则结果保存转换逻辑

器】，给该节点设置预览查看器，单击【运行】菜单中的【调试】按钮，开始运行该工作流。在【数据查看器】面板中看到部分结果的展示如图 3-54 所示。

关联规则结果保存

antecedent	consequent	antecedent_support	consequent_support	rule_support	confidence
睫毛增长液	化妆棉	0.3466666666666667	0.3233333333333333	0.18333333333333332	0.5288461538461539
睫毛增长液	眼膜	0.3466666666666667	0.30333333333333334	0.19	0.5480769230769231
洗面奶	面膜	0.25	0.43333333333333335	0.18	0.72
化妆棉	胶原蛋白线球	0.3233333333333333	0.3233333333333333	0.18	0.5567010309278351
化妆棉	睫毛增长液	0.3233333333333333	0.3466666666666667	0.18333333333333332	0.5670103092783505
化妆棉	面膜	0.3233333333333333	0.43333333333333335	0.19	0.5876288659793815
胶原蛋白线球	面膜	0.3233333333333333	0.43333333333333335	0.21666666666666667	0.6701030927835051
胶原蛋白线球	化妆棉	0.3233333333333333	0.3233333333333333	0.18	0.5567010309278351
面膜	胶原蛋白线球	0.43333333333333335	0.3233333333333333	0.21666666666666667	0.5
面膜	化妆棉	0.43333333333333335	0.3233333333333333	0.19	0.43846153846153846
面膜	眼膜	0.43333333333333335	0.30333333333333334	0.21666666666666667	0.5
面膜	洗面奶	0.43333333333333335	0.25	0.18	0.4153846153846154
眼膜	睫毛增长液	0.30333333333333334	0.3466666666666667	0.19	0.6263736263736264
眼膜	面膜	0.30333333333333334	0.43333333333333335	0.21666666666666667	0.7142857142857143

图 3-54　关联规则结果

运行完成后，单击【停止】按钮。通过结果可以直接看出每条关联规则的前项、后项、前项支持度、后项支持度、规则支持度、规则可信度，观察发现｛洗面奶｝⇒｛面膜｝、｛眼膜｝⇒｛面膜｝、｛胶原蛋白线球｝⇒｛面膜｝的可信度较高，说明顾客浏览完洗面奶、眼膜、胶原蛋白线球商品后会有很大概率去浏览面膜商品，因此在顾客浏览网站时，可以通过优化网站商品结构，将这些商品同时展示，也可以设置这些商品多品类购买的折扣活动，会有更大概率促进业务收益最大化。

任务评价

一、知识与技能评价（70 分）

评价项目	评价内容	分值
理解与应用	理解关联规则的原理和评估方法	25
数据处理能力	通过网络日志提取商品关键词，筛选高关联度的商品组合	30
决策支持能力	基于推荐清单支持营销活动决策	15

二、过程与体验评价（20 分）

评价项目	评价内容	分值
学习态度	对任务的态度和投入程度	10
问题解决能力	在模型训练和预测过程中遇到问题时的解决策略和效果	10

三、自我感受与反思（10 分）

评价项目	评价内容	分值
自我感受	对本次任务的总体感受	5
反思与改进	对自身表现和不足的反思	5

课后思考

如何利用关联规则设计新颖且有效的营销策略来吸引更多的消费者？除了传统的折扣促销，你能想到哪些基于关联规则的创意促销方式？

项目小结 >>

在项目三的五个任务中，我们深入探索了如何使用数据分析与挖掘技术来解决实际业务问题。在应用各类模型及算法时，我们必须时刻警惕数据使用背后的复杂性，特别是数据的准确性和完整性，以及技术选择的适用性。每一个算法或模型的构建，不仅仅是为了得到某种结果，更是为了在理性分析数据和模型性能的基础上，做出可信且负责任的决策。

崇德向善 >>

▼ 深度伪造技术：在创新与责任间寻求平衡

据英国《镜报》报道，英国电视台“第四频道”（Channel 4）曾播出过一段通过深度伪造技术合成的搞笑版女王的圣诞讲话。这段恶搞版的讲话不仅模仿了女王的形象、声音和神态，还以女王身份进行了一系列高能吐槽，整个视频充满了讽刺和幽默。

这段恶搞视频播出后，迅速引发了王室粉丝和公众的强烈反应。数百位愤怒的王室粉丝向英国媒体监管机构投诉，认为这一行为严重冒犯了王室和女王，英国通信管理局也收到了至少 214 起相关投诉。然而，电视台坚称他们制作这一节目的初衷是为了提醒观众在数字化时代要警惕虚假新闻。他们认为，随着技术的发展，虚假信息可能会越来越逼真，因此有必要通过这种方式来警示公众。

深度伪造技术源自英文词汇 deepfake，是计算机“深度学习”（deep learning）和“伪造”（fake）的组合，指通过深度学习伪造数字内容的人工智能技术，实质上是一种声音、图像与视频的智能处理技术，能够模仿特定人物或者让特定人物看起来像在做某件特定的事。其效果可以达到以假乱真的程度，被称为“音视频领域的 PS 技术”。

随着深度伪造技术应用范围的不断扩大，伪造信息充斥网络，潜藏的风险不容小觑。首先，该技术可能侵犯个人隐私。不法分子可能利用该技术散布政治谣言或者进行敲诈勒索，对受害者的名誉和利益造成巨大损害。其次，深度伪造技术制造的假新闻和伪造视频一旦在社交媒体上广泛传播，将严重误导公众，破坏信息的真实性和公信力，导致社会出现信任危机。最后，该技术还可能被用于司法领域，制造虚假证据以混淆视听，威胁司法公正。

那么，我们应如何规制深度伪造技术，以防止其被滥用呢？对深度伪造的传播和识别，将始终像“猫追老鼠”一样，是一个不断发展、制衡的过程。不能“一刀切”式地禁用深度伪造技术，否则将极大地影响技术创新和应用拓展。一方面，深度伪造技术的提供者和使用者应树立责任意识。2023 年 5 月，抖音集团发布关于人工智能生成内容的平台规范暨行业倡议，其中提到用户在抖音平台发布信息时，需要对人工智能生成内容进行显著标识，以及对生成内容产生的相应后果负责。另一方面，公众的数字素养需要培养，以提高其对深度伪造的认识和辨别能力。总之，社会各界共同努力来控制深度伪造的风险，让技术服务于创新与生产力进步。

实训练习 >>

【习题】

某大型餐厅近期希望推出一款套餐，将顾客经常一起点的菜品汇集起来，该餐厅一直在使用数字系统实施业务，目前已经从系统的后台数据库中导出了顾客点餐记录和评价数据，并保存到文件“meal_review.csv”中。现需要你根据数据来分析出哪些菜品之间的关联性较强。

任务要求：

（1）统计每个顾客点餐的菜品名称。

（2）利用关联规则算法，分析不同顾客所点菜品之间的关联程度。

考核要求：

（1）满分 10 分。

（2）只完成第 1 个任务得 3 分。

（3）完成全部任务得 10 分。

项目四

数据视觉叙事：数据可视化与报告撰写

数据可视化与报告撰写是将复杂的数据转化为可操作洞察的关键环节。数据可视化能够以直观的方式呈现关键信息，而数据分析报告则通过深入分析数据背后的原因和趋势，为决策提供有力支持。本项目旨在帮助读者掌握数据可视化的制作方法和报告撰写的规范，通过设计可视化图表和撰写报告来提升其数据沟通与表达能力。

任务一 设计数据可视化展示

学习目标

知识目标

1. 理解数据可视化的基本概念和应用。
2. 掌握常用的数据可视化工具应用场景。

技能目标

1. 能够选择合适的可视化图表类型。
2. 能够在大数据分析平台上设计并创建有效的数据可视化图表。

素质目标

1. 培养数据沟通与表达能力。
2. 提升数据可视化的审美能力。

任务背景

某电商平台运营公司近期发现业务效益有明显的下滑，运营部经理决定从平台访问量方面着手调查，找出业务实施过程中的问题，以便做出调整策略。目前，经理在平台的数据库记录中查找到近期部分平台访问数据，但是无法从中读取到有价值的信息。作为公司数据分析师的小悦，希望通过可视化图表制作的方法设计可视化看板，利用可视化看板来发现更多的信息。

任务目标

设计并创建可视化看板，选择合适的图表类型来展示数据分析结果。

任务准备

一、实验环境准备

需要准备的环境有：

（1）个人计算机。

（2）Win7SP1 以上系统。

（3）互联网环境。

（4）大数据分析平台。

（5）浏览器。

二、数据准备

在平台的数据库记录中查找到 2022 年 7 月到 2023 年 5 月的平台访问数据，该表名为“visit _ count”，数据字段见表 4 - 1。

表 4 - 1 平台访问数据表

字段名	数据类型	含义
visit _ time	NVARCHAR	访问日期
visit _ ID	INT	访问记录编号
visit _ platform	NVARCHAR	访问方式
last _ stage	NVARCHAR	访问阶段
user _ ID	NVARCHAR	用户编号
total _ stay _ time	INT	访问停留时长
province	NVARCHAR	访客所在地区

该表的部分数据如图 4 - 1 所示。

# total_stay...	# visit_ID	T last_stage	T user_ID	T visit_platform	visit_time
2,866	1,369	添加购物车	USER0053	IOS	2022-12-16 00:00:00
273	1,382	添加购物车	USER0071	IOS	2022-12-21 00:00:00
2,916	1,384	添加购物车	USER0073	IOS	2022-12-21 00:00:00
2,698	1,396	添加购物车	USER0117	IOS	2022-12-25 00:00:00
1,123	1,398	添加购物车	USER0119	IOS	2022-12-25 00:00:00
3,947	1,410	添加购物车	USER0152	IOS	2022-12-27 00:00:00
2,934	1,412	添加购物车	USER0156	IOS	2022-12-28 00:00:00
1,888	1,424	添加购物车	USER0176	IOS	2022-12-31 00:00:00
2,706	1,426	添加购物车	USER0178	IOS	2022-12-31 00:00:00
417	1,438	添加购物车	USER0201	IOS	2023-01-04 00:00:00
4,242	1,440	添加购物车	USER0203	IOS	2023-01-05 00:00:00
829	1,452	添加购物车	USER0225	IOS	2023-01-08 00:00:00

图 4 - 1 平台访问数据

三、步骤分解

根据数据的特点和任务目标，可以使用 4 张可视化图表来呈现数据信息，具体步骤分解见表 4 - 2。

表 4 - 2 任务步骤分解

子任务	步骤
图表制作准备	（1）进入可视化图表制作界面； （2）新建仪表板

续表

子任务	步骤
不同月份访问量线图	(1) 线图的概念； (2) 设置横纵轴； (3) 设置图形属性； (4) 设置组件样式
不同访问方式访问量饼图	(1) 饼图的概念； (2) 设置图形属性； (3) 设置组件样式
不同访问阶段的访问量漏斗图	(1) 漏斗图的概念； (2) 设置图形属性； (3) 设置组件样式
不同访问阶段平均停留时长柱形图	(1) 柱形图的概念； (2) 设置横纵轴； (3) 设置图形属性； (4) 设置组件样式
仪表板排版布局	(1) 图表联动； (2) 组件大小和位置设置； (3) 标题设置； (4) 仪表板样式

知识要点

一、数据可视化的概念

数据可视化是指将复杂的数据转化为易于感知的图形符号表示，从而使得数据中的模式和趋势能够被直观地识别。这种转化过程不仅揭示了数据的内在含义，而且通过图形化的手段，使得数据的解读更加直观和高效，帮助人们更好地探索数据，从而更有效地揭示数据背后的规律和关联性。

二、数据可视化的应用

随着计算机技术和图形学技术的不断进步，数据可视化的应用领域得到了显著扩展。在金融、通信和商业等高维信息密集的行业中，可视化技术已成为揭示数据内在规律、支持科学决策的关键工具。

在商业领域，数据可视化尤其重要，它通过商业智能可视化的形式，即结合商业智能理论与数据可视化的方法，来增强用户对数据的理解。商业智能可视化将收集到的商业和企业运营数据转化为有价值的知识，这些数据包括但不限于业务系统中的订单、库存、交易记录、客户和供应商信息，以及来自外部环境的各种数据。从技术角度来看，商业智能是数据仓库、在线分析处理（OLAP）工具和数据挖掘技术的综合应用，其核心目标是为各级决策者提供知识或洞察力。商业智能可视化通过快速分析商业趋势来预测未来走向，有助于降低企业决策风险，把握先机，从而在激烈的市场竞争中保持领先地位。

三、数据可视化常用图表

数据可视化通过图表有效地揭示数据间的联系和模式。选择合适的图表类型对于清晰传达信息至关重要。每种图表都有其特定的用途和优势，了解各类图表的适用场景有助于根据不同的数据源和分析目标，选用更合适的图表来展示数据之间的关系。以下是常用的几种图表。

（一）柱形图

柱形图用于展示一段时间内数据的变化，或者不同类别之间的比较关系。它通过柱子的高度直观地表示数值大小，便于观察不同组之间的差异。例如，一个零售商可能使用柱形图来比较不同产品类别（如电子产品、服装、食品）在特定季度的销售量。

（二）线图

线图是反映数据变化趋势的图表，通过线条的上升和下降，可以清晰地观察到数据的波动情况，同时，线的波峰值和波谷值也直观地反映了数据的极值点。例如，一家公司可能会用线图来展示其股票价格在一年内的波动情况。

（三）饼图

饼图用于展示各部分在整体中的占比。它通过扇形的角度和面积来表示各个部分的比例，适用于展示组成成分的相对大小。例如，一个市场调查报告可能会使用饼图来展示不同年龄段消费者在总消费者中的比例。

（四）漏斗图

漏斗图适用于展示数据的逐步筛选或转化过程。它从宽到窄的结构形象地表示了从初始值到最终值的减少过程。漏斗图多用于分析流程比较规范、周期比较长、环节比较多的业务，通过比较代表各个环节的形状的大小，能够直观地看出问题所在。例如，一个营销团队可能会用漏斗图来展示潜在客户从初次接触到最终购买的转化率。选择合适的图表类型，不仅可以提高数据的可读性，还能增强信息的传达效果，使数据分析更加直观和有效。

四、数据可视化图表的构成要素

图表由图形、标题、坐标轴、数据标签、网格线、图例等元素组成，不同的元素有不同的作用。在设计图表时，人们可以根据图表想要传递的信息来合理地选择图表元素。

（一）标题

标题是图表的名称，它概括了图表的核心内容和目的。

（二）坐标轴

坐标轴包括水平的横轴和垂直的纵轴。轴标题清晰地说明了每个轴代表的数据维度，帮助读者理解数据的上下文。

（三）数据标签

数据标签直接显示在图表上，提供每个数据点的具体数值和名称。这些标签增强了数据的可读性，使得读者能够快速识别各个数据点的详细信息。

（四）网格线

网格线作为图表的辅助工具，帮助读者更准确地定位数据点在坐标轴上的位置。它们提供了一个视觉参考，使得数值的读取更为便捷。是否使用网格线以及使用何种类型的网格线，应根据图表展示的数据复杂性来决定。

（五）图例

图例是解释不同颜色或者符号对应的数据系列（如红色代表产品 A）。

任务实施

一、图表制作准备

（一）进入可视化图表制作界面

在实验界面，单击【开启实验】按钮，然后单击菜单栏中的【可视化】按钮即可进入可视化图表制作界面，如图 4-2 所示。

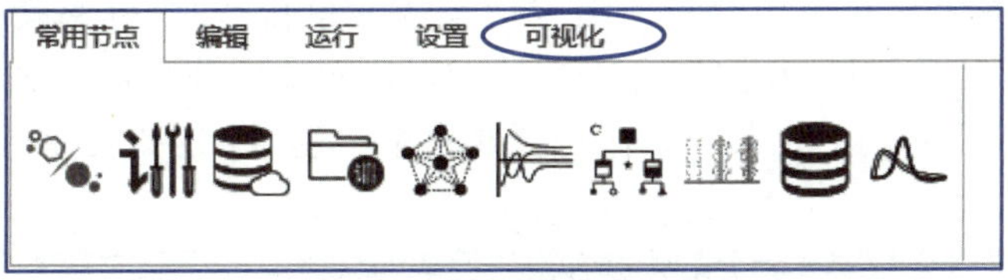

图 4-2　【可视化】按钮

（二）新建仪表板

在可视化图表制作界面中，仪表板的作用是收纳多个可视化图表。一般情况下，某个业务问题的解决需要多张图表协作完成，因此需要将多张图表整合在一起。仪表板的原理类似于做黑板报时，多个区域图画汇总在一起的黑板。

本任务需要制作 4 张可视化图表，因此需要新建一个空白仪表板，后续在此仪表板中制作图表。操作步骤是单击【仪表板】→【新建仪表板】，命名为“访问量分析”，单击【确定】按钮，如图 4-3 所示。

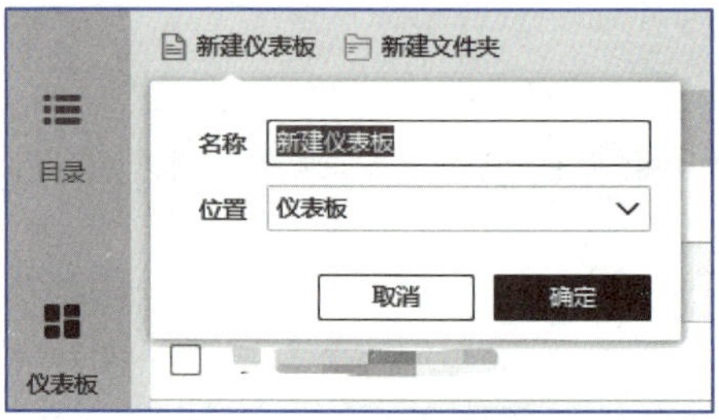

图 4-3　新建仪表板

至此，得到了一个空白仪表板，为可视化图表的制作提供基础。

二、不同月份访问量线图

（一）线图的概念

线图是使用点的高低代表指标的大小，之后使用线将这些点连接起来，它适用于展示数据随时间或有序类别的波动情况的趋势变化。当维度成员过少时，线的趋势可能并不明显，无法呈现有价值的信息。本任务中，不同月份的访问量可以使用线图来呈现。

（二）设置横纵轴

单击【添加组件】按钮，来添加一个新的可视化图表。这里的组件就是可视化图表的意思，添加组件时需要选择使用哪张数据表来制作图形，这里需要选择“大数据基础与应用（商科版）”课程业务包，找到并选中数据表“visit _ count”，单击【确定】按钮，进入图表绘制界面。

“横轴”和“纵轴”区域用于拖曳维度和指标标签，将需要呈现在横轴和纵轴的数据标签放入即可自动实现图表效果。

本任务中需要统计不同月份的访问量，则应将访问时间标签“visit _ time”放入横轴，由数据可知每条数据代表一个访问量，则“记录数（总行数）”标签就是访问量，所以该标签放入纵轴。由于访问时间数据包含年、月、日，而本任务只需要关注月份，因此需要单击“visit _ time”标签的下拉菜单，选择【年月】，设置参数见表 4-3。

表 4-3　横纵轴标签设置

横纵轴	维度指标
横轴	visit _ time（年月）
纵轴	记录数（总行数）

（三）设置图形属性

图形属性用于设置图形的外观效果，主要包含图形类别、颜色、大小、标签等。其中，图形类别默认为【柱形图】，本图形需要更改为【线图】，更改效果如图 4-4 所示。

（四）设置组件样式

组件样式用于图表样式的设置，主要包含标题、图例、轴线等。其中，标题默认为

“未命名组件”，本图形需要进行修改，通常情况下标题需要改为图表所能表示的含义，更改效果如图 4-5 所示。

图 4-4　更改图表类型

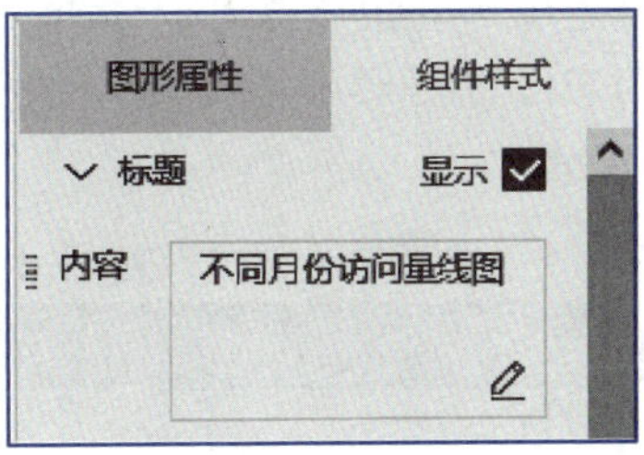

图 4-5　更改标题

最终图形的实现效果如图 4-6 所示。

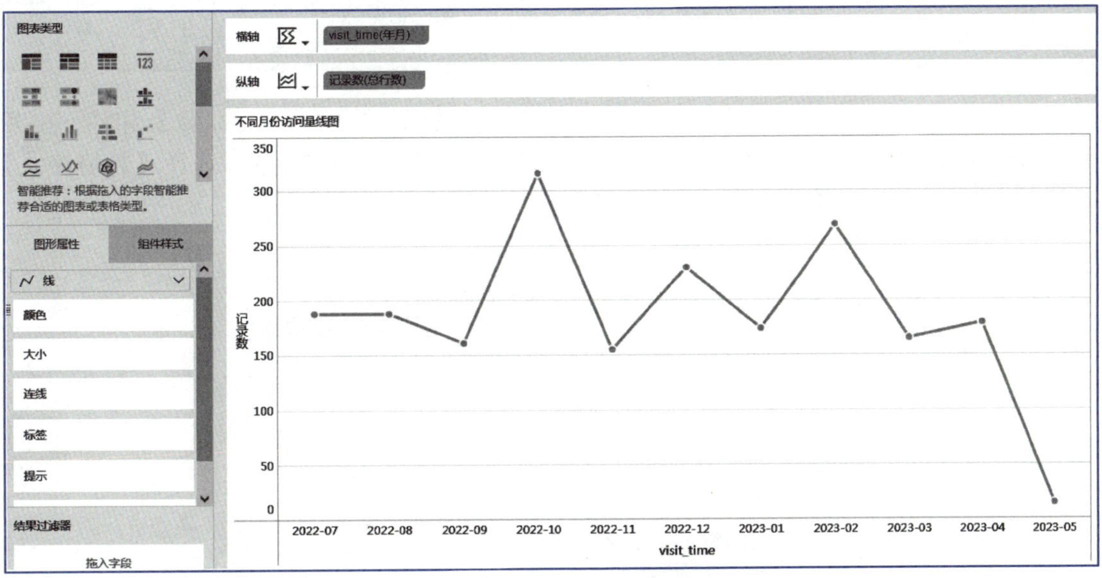

图 4-6　不同月份访问量线图

三、不同访问方式访问量饼图

（一）饼图的概念

饼图是一种用扇形面积表示占比的图表。它能够直观地展示各类别之间的占比关系，用于展示各类别相对总值的占比情况。当类别过多时，扇形区域会被切割得非常小，不适合使用饼图来展示。本任务的不同访问方式有三种，使用饼图展示比较合适。

（二）设置图形属性

单击【添加组件】按钮，在数据列表中选中本课程业务包中的数据表“visit _ count”，单击【确定】按钮后进入图表绘制界面。

图形属性用于设置图形的外观效果，主要包含图形类别、颜色、半径、角度、标签等。其中，图形类别默认为【柱形图】，本图形需要更改为【饼图】；【颜色】中可以放入访问方式数据“visit _ platform”，用于使用不同颜色的扇形区分不同的维度成员；【半径】用于设置饼图圆盘的半径和内径大小，这里可以设置内径大小为“0%”，形成基础饼图；【角度】用于设定扇形的角度大小，这里可以放入访问量数据“记录数”来设定各扇形角度；【标签】用于设置图形中需要显示的数据内容，这里可以将维度成员和指标都放入。图形属性设置见表 4-4。

表 4-4　图形属性设置

图形属性	维度指标
颜色	visit _ platform
半径	内径占比 0%
角度	记录数（总行数）
标签	visit _ platform 记录数（总行数）

访问量需要计算占总量百分比。操作步骤是单击【标签】中的【记录数】标签下拉菜单，选择【快速计算】中的【当前指标百分比】，再次单击下拉菜单，选择【数值格式】中的【百分比】，单击【确定】按钮。操作如图 4-7、图 4-8 所示。

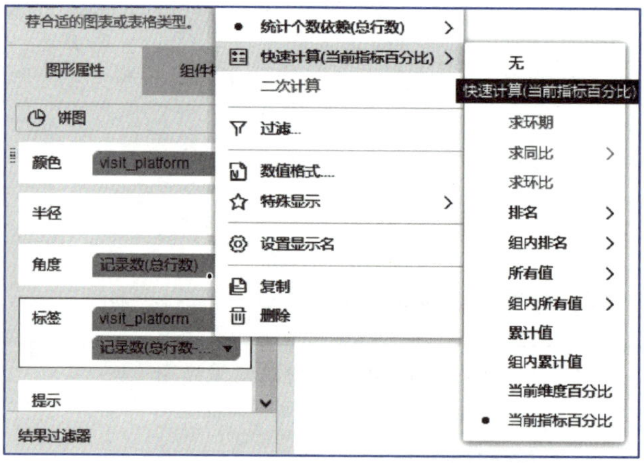

图 4-7　计算当前指标百分比

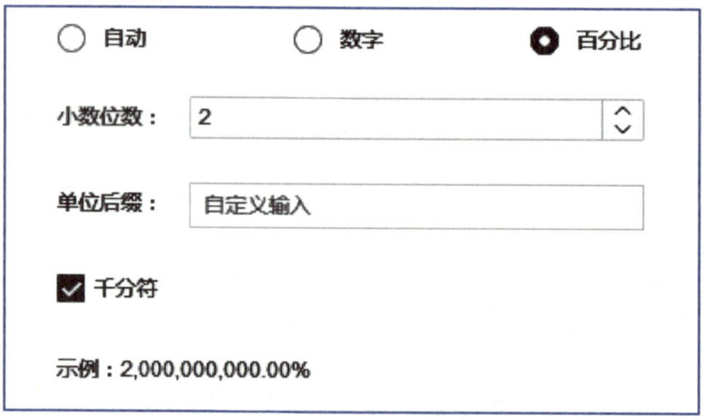

图 4-8　设置百分比显示

（三）设置组件样式

组件样式用于图表样式的设置，主要包含标题、图例、轴线等。其中，标题默认为“未命名组件”，本图形需要进行修改，通常情况下标题需要改为图表所能表示的含义。图例默认为开启状态，用于呈现图例信息，可以自由设置图例位置，如果不需要也可以取消勾选，本图形不需要图例信息，可以取消勾选。组件样式设置见表 4－5。

表 4－5　组件样式设置

组件样式	值
标题	不同访问方式访问量饼图
图例	取消勾选

最终图形的实现效果如图 4－9 所示。

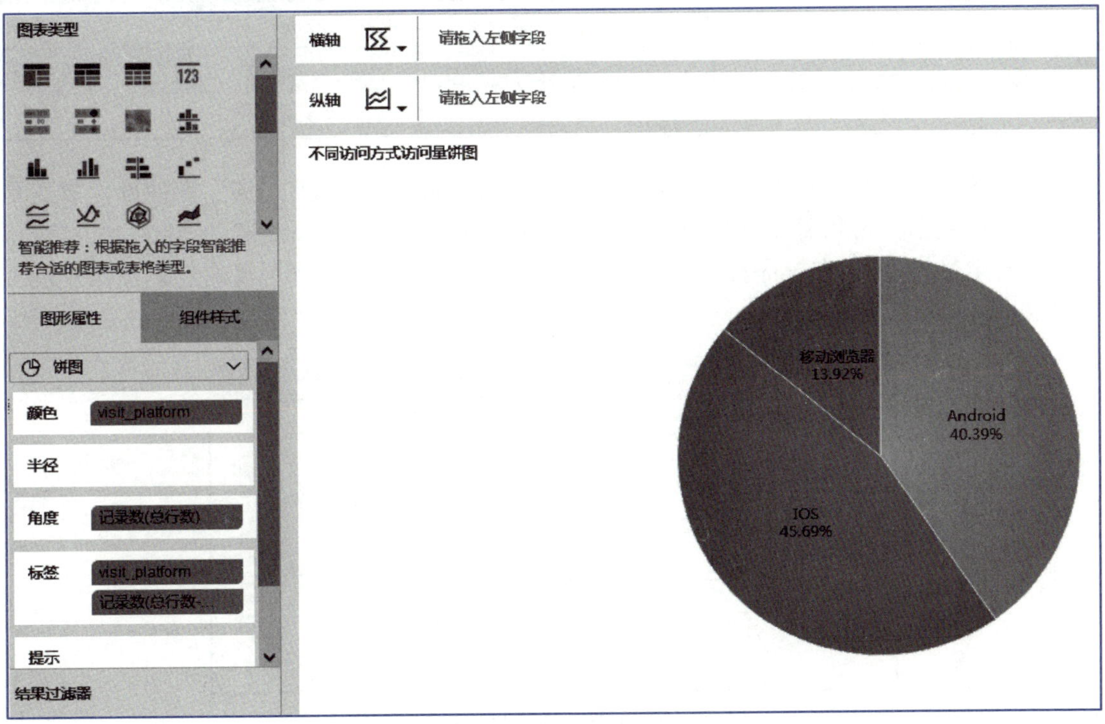

图 4－9　不同访问方式访问量饼图

四、不同访问阶段访问量漏斗图

（一）漏斗图的概念

漏斗图使用不同色块表示不同维度成员，使用色块大小区分指标，适用于有固定业务流程且环节较多的分析，可直观地显示转化率和流失率。如果维度是无序的类别或者没有流程关系，则不适合使用漏斗图来展示。本任务中不同访问阶段的访问量具有固定的业务流程，所以适合使用漏斗图进行信息展示。

（二）设置图形属性

单击【添加组件】按钮，在数据列表中选中本课程业务包中的数据表“visit _ count”，单击【确定】按钮后进入图表绘制界面。

图形属性用于设置图形的外观效果，主要包含图形类别、颜色、大小、标签等。其中，图形类别默认为【柱形图】，本图形需要更改为【漏斗图】；【颜色】中可以放入访问阶段数据“last _ stage”，用于使用不同颜色的色块区分不同的维度成员；【大小】用于设置色块大小，这里可以放入访问量“记录数”，用访问量控制色块大小；【标签】用于设置图形中需要显示的内容，这里可以放入“last _ stage”显示出各个具体访问阶段。图形属性设置见表 4－6。

表 4－6　图形属性设置

图形属性	维度指标
颜色	last _ stage
大小	记录数（总行数）
标签	last _ stage

基础图形属性设置后还需要设置维度成员的展示顺序，一般使用漏斗图的维度成员是非数值类型数据，因此需要使用自定义排序功能。单击“last _ stage”标签的下拉菜单，选择【自定义排序】，在排序面板中使用鼠标拖曳好展示顺序，单击【确定】按钮。设置效果如图 4－10 所示。

图 4－10　自定义排序

（三）设置组件样式

在组件样式中，将标题中“未命名组件”修改为图表所能表示的含义。因为本图形不需要图例信息，所以在图例中取消勾选显示。组件样式设置见表 4－7。

表 4－7　组件样式设置

组件样式	值
标题	不同访问阶段的访问量漏斗图
图例	取消勾选

最终图形的实现效果如图 4－11 所示。

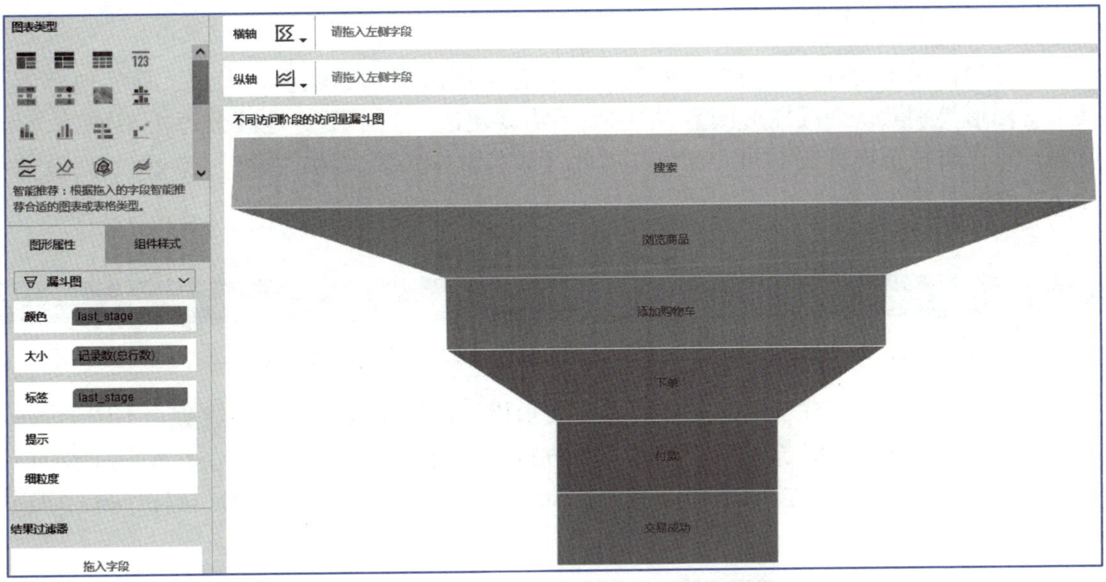

图 4－11　不同访问阶段访问量漏斗图

五、不同访问阶段平均停留时长柱形图

（一）柱形图的概念

柱形图使用不同颜色的柱子表示不同维度成员，使用柱子的高低代表指标的大小，它能够直观地展示不同类别之间的数值差异，适用于比较不同类别的数据。如果维度成员过多，则柱子会全部绘制出来，信息价值较低。本任务中的不同访问阶段平均停留时长维度成员不多，适合使用柱形图进行指标大小的对比。

（二）设置横纵轴

单击【添加组件】按钮，在数据列表中选中本课程业务包中的数据表“visit _ count”，单击【确定】按钮后进入图表绘制界面。

“横轴”和“纵轴”区域用于拖曳维度和指标标签，将希望呈现在横轴和纵轴上的数据标签放入即可自动实现图表效果。

本任务需要统计不同访问阶段平均停留时长，则应将不同访问阶段标签“last _ stage”放入横轴，将停留时长标签“total _ stay _ time”放入纵轴。由于停留时长数据默认计算总和数据，而本任务中需要展示的是平均时长，因此应单击“total _ stay _ time”标签的下拉菜单，选择【汇总方式】中的“求平均”。参数设置见表 4－8。

表 4－8　横纵轴标签设置

横纵轴	维度指标
横轴	last _ stage
纵轴	total _ stay _ time（求平均）

（三）设置图形属性

图形属性用于设置图形的外观效果，主要包含图形类别、颜色、大小、标签内容等。其中，图形类别默认为【柱形图】，本图形不需要更改。为了更好地区分每个不同的访问阶段，可以将柱子设置成不同的颜色，因此【颜色】中需要放入“last _ stage”标签。图形属性设置见表 4 - 9。

表 4 - 9　图形属性设置

图形属性	维度指标
颜色	last _ stage

通常情况下，各个柱子绘制完成后需要展示指标最高或最低的维度成员，本图形同样需要展示哪个阶段停留时长最高，因此需要进行降序排序。单击“last _ stage”标签的下拉菜单，选择“降序”并按照平均停留时长 total _ stay _ time（求平均）排序。降序排序设置如图 4 - 12 所示。

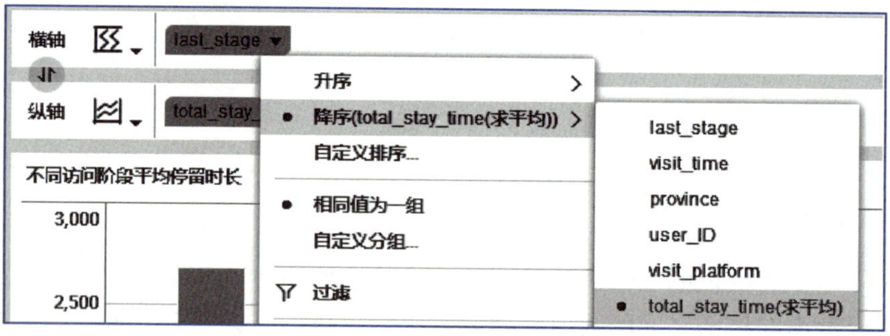

图 4 - 12　降序排序设置

（四）设置组件样式

在组件样式中，将标题中“未命名组件”修改为图表所能表示的含义。因为本图形不需要图例信息，所以在图例中取消勾选显示。组件样式设置见表 4 - 10。

表 4 - 10　组件样式设置

组件样式	值
标题	不同访问阶段平均停留时长柱形图
图例	取消勾选

最终图形的实现效果如图 4 - 13 所示。

六、仪表板排版布局

（一）图表联动

图表联动是指在仪表板可视化中两个或多个组件之间存在关联关系，可以通过一个图

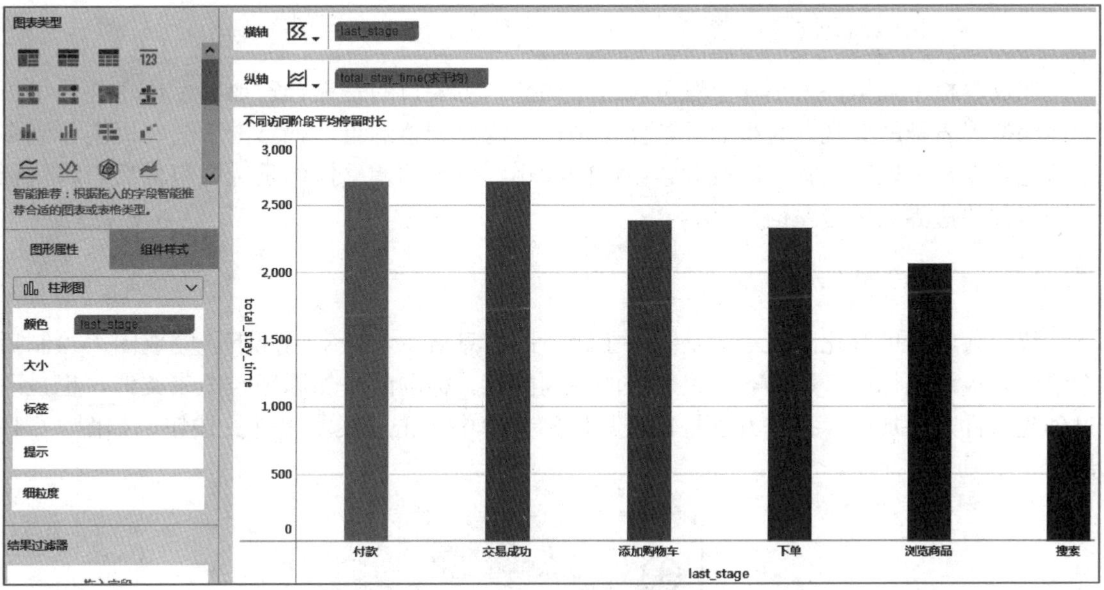

图 4－13　不同访问阶段平均停留时长柱形图

表聚焦某一部分而带动其他图表进行联动聚焦。前提是两个图表所用的数据表为同一张表，图表关联有利于通过对同一数据集的协同探索，提升分析效率。

本任务中制作的 4 张可视化图表都是使用同一张数据表，因此可以使用图表联动来聚焦展示某个数据详情。操作方法是单击【进入仪表板】按钮进入仪表板排版布局界面，选择所做图形的某一部分数据单击鼠标，即可看到其他图表自动发生变化。例如，单击不同访问阶段的访问量漏斗图中的“搜索”色块，其他图表则自动使用访问阶段为“搜索”的数据重新生成图形，效果如图 4－14 所示。

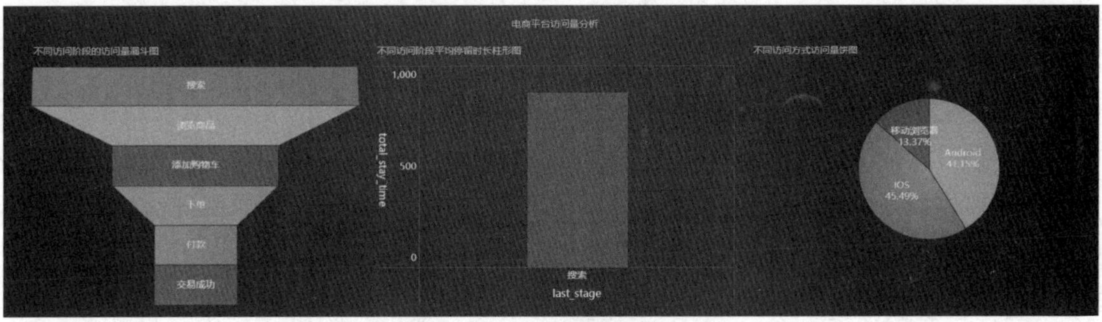

图 4－14　图表联动效果

当不需要图表联动效果时，也可以操作关闭联动模式，单击【清除所有联动】按钮可恢复到最初状态，如图 4－15 所示。

图 4－15　清除所有联动

（二）组件大小和位置设置

在仪表板中，组件大小和位置可以进行调整，主要目的是更合理地展示信息并且尽可能地保持仪表板的美观。大小的调整操作是选中需要调整的组件，单击后会在周围看到多个蓝色圆点，拖曳蓝色圆点即可调整组件的大小。位置的调整操作是选中组件后，将鼠标放到组件的边界上单击左键拖曳。

（三）标题设置

仪表板内的可视化图表一般是同一主题下的信息展示，通常情况下，完成图表绘制后会给仪表板添加标题，用于表述仪表板的主题内容。标题的添加原理与图表类似，也是通过创建组件来添加的，操作方法是在【其他】菜单中单击【文本组件】按钮，如图 4－16 所示。

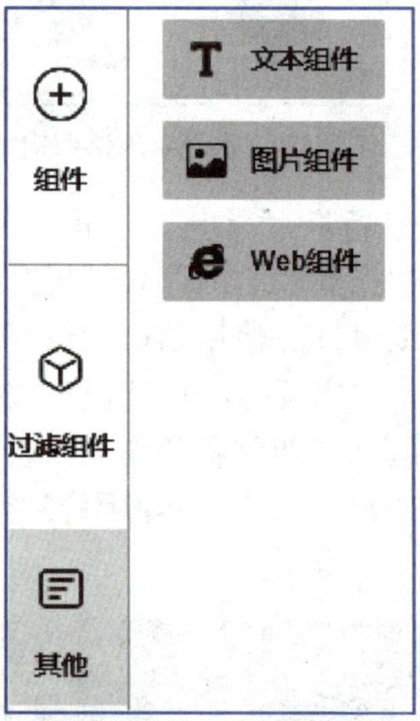

图 4－16　文本组件

单击后，在仪表板中出现一个空白组件，用鼠标双击空白区域即可输入文本内容，输入文本后可以调整字体、字号、颜色等，同时该组件也可以使用与图表组件同样的方式来调整大小和位置。

（四）仪表板样式

完成图表的内容调节后，还可以设置一个仪表板外观主题，主要作用是设置背景、颜色方案等用于美化整个仪表板。设置方法是单击上方【仪表板样式】按钮，选择预设的样式，单击【确定】按钮。

对于可视化图表和仪表板的制作，很多美化操作都是由自己的审美和实际业务场景来决定的，并没有固定的模式。最终的仪表板样例如图 4－17 所示。

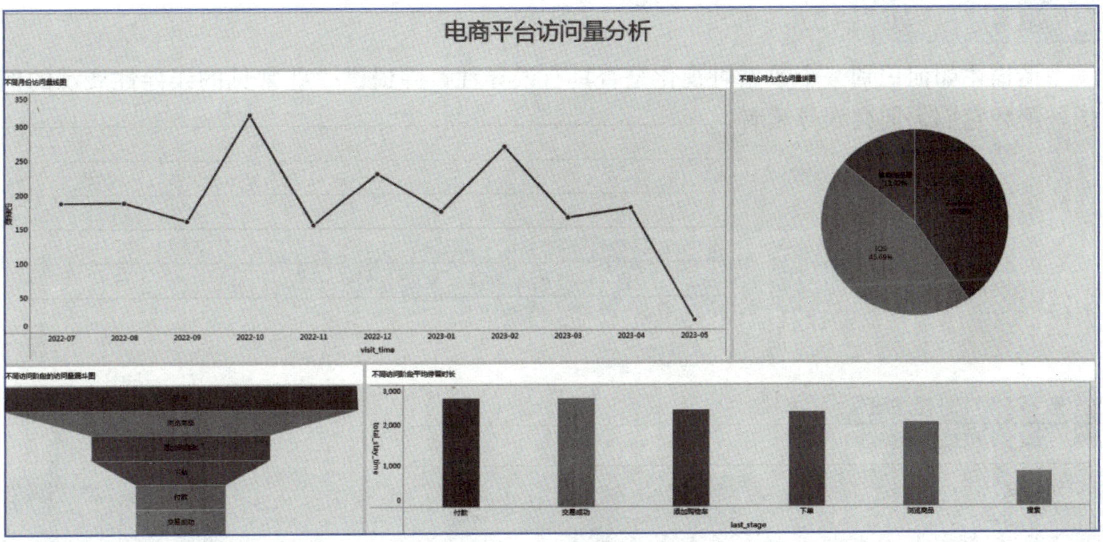

图 4 - 17 仪表板样例

任务评价

一、知识与技能评价（70 分）

评价项目	评价内容	分值
理解与应用	理解数据可视化的概念和选择合适的图表类型来展示数据分析结果	25
数据处理能力	从平台数据库中提取和处理访问数据，准备数据以供可视化	30
决策支持能力	设计直观、易于理解的可视化看板，有效地展示数据分析结果	15

二、过程与体验评价（20 分）

评价项目	评价内容	分值
学习态度	对数据可视化任务的态度和投入程度	10
问题解决能力	在可视化看板设计和创建过程中遇到问题时的解决策略和效果	10

三、自我感受与反思（10 分）

评价项目	评价内容	分值
自我感受	对本次数据可视化任务的总体感受	5
反思与改进	对自身表现和不足的反思	5

课后思考

请描述如何识别一个数据可视化是否具有误导性，并提供一些常见的误导性展示的例子，解释它们为何会误导读者。

任务二 撰写数据分析报告

学习目标

知识目标

1. 理解数据分析报告的基本结构与要求。
2. 掌握将文字、图表和数据相结合的表达方式。

技能目标

1. 能够分析数据背后的原因。
2. 能够撰写清晰且有说服力的数据分析报告。

素质目标

1. 提升数据素养与专业表达能力。
2. 培养批判性思维和问题解决能力。

任务背景

在上一任务中，作为电商平台运营公司的数据分析师，小悦成功制作了可视化看板，将平台的访问数据转化为直观的图表，包括不同月份访问量线图、不同访问方式访问量饼图、不同访问阶段访问量漏斗图以及不同访问阶段平均停留时长柱形图。这些图表初步揭示了平台访问数据的一些特征和趋势，为深入分析业务效益下滑的原因提供了线索。然而，如何准确解读这些图表背后的信息，并将其转化为有价值的业务洞察和调整策略，成为当前亟待解决的问题。为此，小悦需要撰写一份详尽的数据分析报告，对可视化图表进行深入分析和解读，为运营部经理提供决策支持。

任务目标

精准解读线图、饼图、漏斗图以及柱形图，挖掘数据背后的业务问题与潜在原因。

基于图表分析结果，撰写出结构清晰、内容翔实的数据分析报告，为电商平台业务调整与优化提供有力的数据支撑和决策依据。

任务准备

一、实验环境准备

需要准备的环境有：

（1）个人计算机。

（2）Win7SP1 以上系统。

（3）互联网环境。

（4）大数据分析平台。

（5）浏览器。

二、数据准备

图表数据回顾：本项目任务一中某电商平台运营公司的可视化图表。

业务背景资料收集：收集与电商平台运营相关的业务背景资料，如市场分析报告、竞争对手情况、用户需求调研等，为准确解读图表数据和撰写报告提供参考依据。

三、任务步骤

本任务的执行步骤见表 4－11。

表 4－11 任务步骤分解

子任务	步骤
报告撰写准备	（1）明确报告框架； （2）收集资料与数据
问题诊断与原因分析	（1）流量获取； （2）用户行为与偏好； （3）转换效率提升； （4）流程优化
综合分析及建议	
撰写数据分析报告	

知识要点

一、数据分析报告的构成

数据分析报告是基于数据分析原则和技巧，使用数据来揭示事物的当前状况、核心特征及其发展规律，得出相关分析结论并提出解决方法的分析应用文本。它包含项目目的、方法、过程、结论和可行性建议等，是作出科学决策的重要依据。一份高质量的报告应该有一个清晰的组织结构，以保证内容的逻辑性和易读性。

报告的结构应该灵活，能够根据不同的目标、信息内容和目标读者群体进行调整。经典的“总—分—总”结构模式在撰写报告时非常有效，它将报告分为开篇、正文和结尾三个主要部分。

（一）撰写引人入胜的引言

背景介绍：简要介绍业务背景和当前面临的挑战，吸引读者的注意力。

问题陈述：明确指出报告要解决的核心问题，如业务效益增长乏力、用户流失率高等，为后续分析设定明确的目标。

报告目的：阐述撰写报告的目的，如通过数据分析提供决策支持，帮助平台实现销量增长和利润提升。

（二）组织正文内容

按照报告框架，分部分撰写正文，确保内容逻辑连贯。每个部分都应有明确的主题和结构，避免内容杂乱无章。在正文部分，详细描述数据分析过程和结果，用数据支持每个观点和结论。例如，通过图表和数据分析结果来展示业务问题的具体表现和潜在原因。可借鉴引用其他电商平台或类似行业的成功案例，展示类似策略的实际效果，增强报告的说服力。

（三）撰写有力的结论和建议

在结尾部分，对全文内容进行精练概括，总结关键发现和分析结论。基于分析结果，提出具有战略意义的建议，如优化流量获取策略、提升移动端用户体验、调整商品结构等。

为确保建议能够有效落实，可在报告中制订明确的实施计划，包括目标、关键任务、时间表和相关责任部门或责任人。例如，制订未来三个月内流量提升计划，关键任务包括流量渠道拓展、促销活动规划与实施等，每个月安排具体的执行计划，由市场营销部负责，技术部门提供技术支持。

二、数据分析报告的撰写原则

（一）确保术语的一致性和准确性

在撰写数据分析报告时，使用的语言应精确无误，确保每个术语都准确反映其代表的事实，避免含糊不清的表达。同时，应统一使用行业内公认的专业术语和专有名词，确保报告的专业性。

（二）确保内容的逻辑性和条理性

报告的结构和内容应逻辑严密，各部分之间应有清晰的联系，确保整个报告的连贯性。在撰写报告前，应制定一个清晰的写作框架，以帮助组织报告的内容和结构，确保数据分析的逻辑性和条理性。

（三）确保数据的准确性和可视化

报告的数据基础必须准确无误，以确保分析结果的正确性。错误的数据可能导致错误的结论，从而误导读者。为了提高报告的直观性和易理解性，可以适当运用图表来展示数据，将复杂的数据信息转化为易于理解的视觉形式。

（四）提高报告的可读性

撰写报告时，应考虑目标读者的阅读习惯和理解能力，使用易于理解的语言和逻辑结构。报告应从读者的角度出发，采用清晰、简洁的表达方式，确保信息传达的有效性。

任务实施

一、报告撰写准备

（一）明确报告框架

电商的核心业务目标是实现销量增长和利润提升。为了达成这一目标，电商平台需要吸引更多的潜在用户（流量获取），了解并满足他们的需求（用户行为与偏好），促使他们完成购买（转化效率提升），并确保他们在整个购物过程中有良好的体验（流程优化），从而促进复购和口碑传播。围绕实现销量增长和利润提升的核心业务目标，本报告确定涵盖流量获取、用户行为与偏好、转化效率提升、流程优化这四个关键维度。这四个维度紧密围绕业务目标，涵盖了从吸引用户、促成交易到维护用户关系的全过程。

（二）收集资料与数据

整理上一任务中的基础数据及根据基础数据生成的不同月份访问量线图、不同访问方式访问量饼图、不同访问阶段访问量漏斗图、不同访问阶段平均停留时长柱形图等可视化图表数据，以及与电商平台运营相关的业务背景资料、市场分析报告、竞争对手情况等。

二、问题诊断与原因分析

（一）流量获取

核心问题：稳定并提升电商平台的访问量。

通过观测图 4－18 线图横轴（访问时间中的月份）和纵轴（平台访问量记录数）的具体数值，关注数据点的高低起伏和连线的趋势。结合电商平台的运营情况，探寻 2023 年 5 月访问量急剧下滑的可能原因，如是否受到季节性因素、促销活动调整或外部市场竞争加剧的影响。

根据调查发现，访问量的不稳定主要受季节性波动和促销活动影响较大，当竞争对手推出类似促销活动时，平台访问量会受到明显的冲击。

（二）用户行为与偏好

核心问题：理解用户行为与偏好，优化用户访问体验，促进用户留存。

通过识别图 4－19 饼图中不同颜色扇形区域代表的用户访问方式，了解电商平台的主要访问来源。通过对比发现，用户访问方式主要集中在 iOS（苹果公司开发的移动操作系统）客户端，占比高达 45.69%，而移动浏览器用户较少，仅占 13.92%。结合电商平台

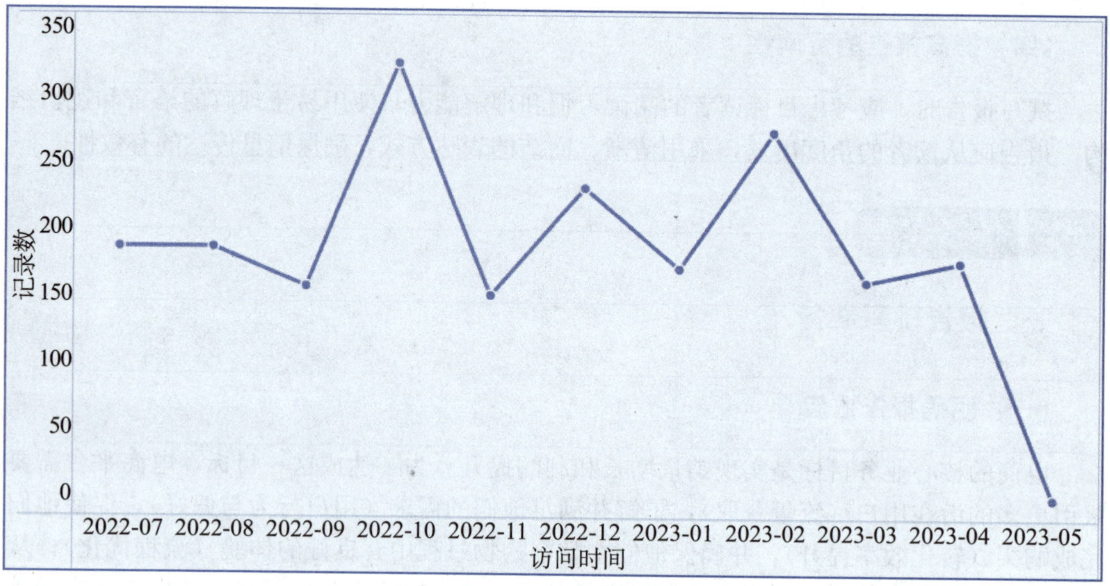

图 4-18 线图结果

的商品展示、购物车功能、下单流程和支付方式等因素，探究用户流失的具体原因。结合用户体验设计、营销推广策略等因素，分析移动浏览器访问方式较少的原因。

根据调查发现，移动端网页在适配性和交互设计方面存在不足，导致移动浏览器用户体验不佳，影响了用户留存和忠诚度。

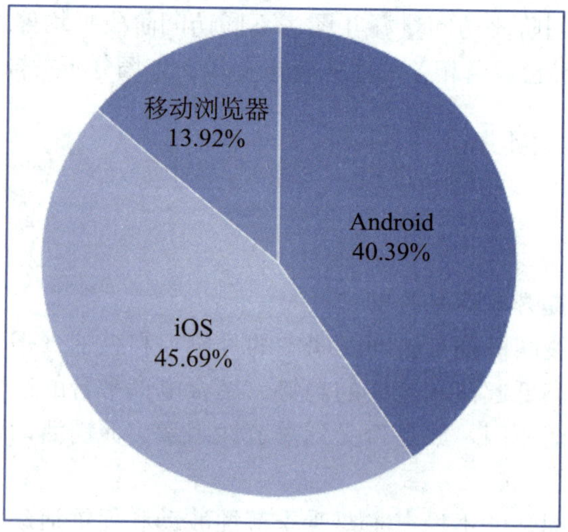

图 4-19 饼图结果

（三）转化效率提升

核心问题：减少用户在购物流程中的流失，提高转化效率。

观察图 4-20 漏斗图中不同颜色方块代表的用户访问阶段，分析方块面积的大小变化和排列顺序。重点关注从浏览商品到添加购物车、下单到付款这两个访问量急剧下降的阶段，结合电商平台的商品展示、购物车功能、下单流程和支付方式等因素，探究用户流失的具体原因。

根据调查发现，用户在从浏览商品到添加购物车阶段的流失率较高，可能与商品结构不合理、商品信息展示不充分或购物车操作不便有关。

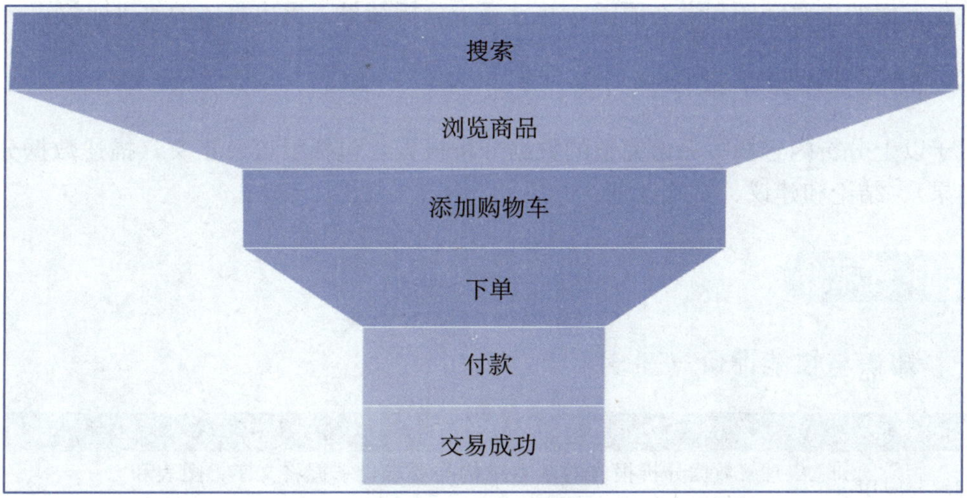

图 4－20　漏斗图结果

（四）流程优化

核心问题：优化电商平台的购物流程，减少用户在关键环节的停留时间。

比较图 4－21 柱形图中不同颜色柱子的高度，明确各访问阶段的平均停留时长，分析付款、交易成功、添加购物车停留时长较长的现象。调查是否是平台在这些环节的操作流程复杂、页面加载速度慢或信息展示不清晰等因素，导致用户停留时间过长。

通过调查发现，存在支付信息展示不清晰、支付流程较为复杂等问题。

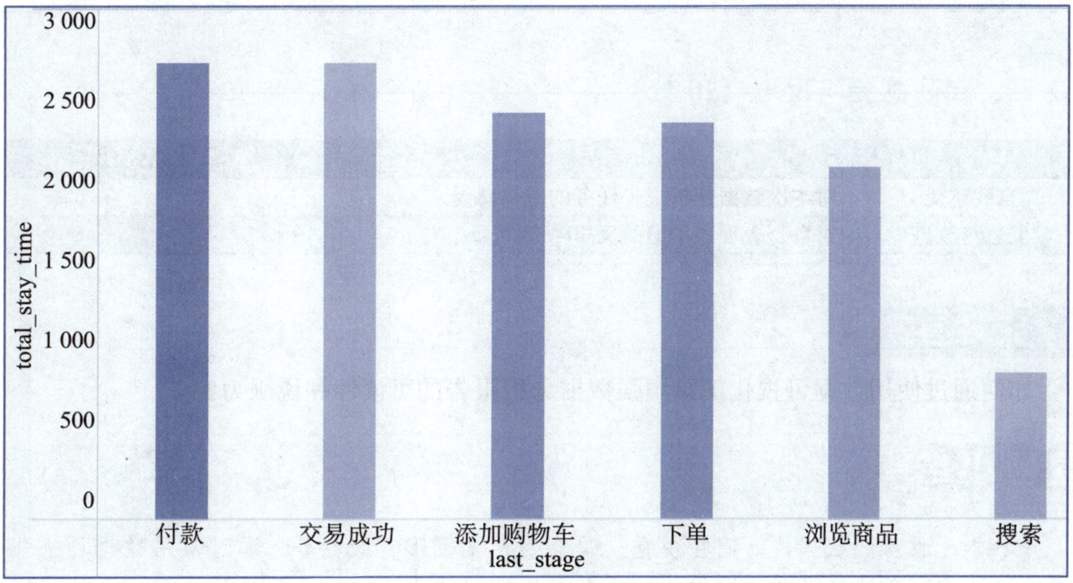

图 4－21　柱形图结果

三、综合分析与建议

综合以上四个维度的分析，总结平台在流量获取、用户行为与偏好、转化效率提升、流程优化方面的主要问题和潜在原因，并且基于分析结果，提出具体的改进建议。

四、撰写数据分析报告

基于以上分析内容撰写一份完整的数据分析报告，包括引言、正文（描述数据分析过程和结果）、结论和建议、实施计划。

任务评价

一、知识与技能评价（70 分）

评价项目	评价内容	分值
理解与应用	理解数据分析报告的基本结构与要求，掌握将文字、图表和数据相结合的表达方式	25
数据表达能力	能够使用合适的图表和文字描述数据及数据背后的问题	30
决策支持能力	设计直观、易于理解的数据分析报告，有效地展示数据分析结果，为业务决策提供支持	15

二、过程与体验评价（20 分）

评价项目	评价内容	分值
学习态度	对数据分析报告任务的态度和投入程度	10
问题解决能力	在撰写报告过程中遇到问题时的解决策略和效果	10

三、自我感受与反思（10 分）

评价项目	评价内容	分值
自我感受	对本次数据分析报告任务的总体感受	5
反思与改进	对自身表现和不足的反思	5

课后思考

如何通过使用数据可视化工具增强数据分析报告的可读性和说服力？

项目小结 >>

相对于枯燥的数据，人们在视觉上更容易接受图形、颜色等。通过使用数据可视化技术，人们可以快速识别数据的关键信息，将数据转化为可操作的决策步骤，从而提高数据分析处理的效率。

在当下数据驱动的商业决策环境中，能够撰写清晰、有说服力的数据分析报告是一项重要的技能。报告不仅需要准确呈现数据分析的结果，还要能够吸引并引导读者理解数据背后的故事。将文字、图表和数据相结合来表达复杂的信息，有助于增强报告的说服力。

崇德向善 >>

▼ 社交媒体的“回音室效应”

请你仔细回想日常刷微博时，是不是会看到很多人与自己持相同的观点，而对于少数和你看法不一的动态，你总会嗤之以鼻？这其实就是“回音室效应”(Echo chamber)。对于社交媒体而言，它是指在一个相对封闭的环境中，通过大数据算法的精准推送，一些意见相近的声音会不断重复甚至夸张、扭曲，令处于相对封闭环境中的大多数人认为这些扭曲的内容就是事实的全部。该效应产生的主要原因是网络空间的信息量庞大，个人不可能做到全盘接收，用户会依照个人的喜好对信息进行过滤和选择，以保持集中的注意力和心理上的舒适感，并且社交媒体在一定程度上强化了人群的分化。

“回音室效应”启示我们反思自己的网络行为。例如，在享受网络带来的便利时，我们是否过于依赖某种信息来源？是否习惯于与观点相似的人交流而忽视了其他声音？为了避免陷入回音室的困境，我们应该主动寻求多样化的信息来源和交流对象。同时，我们还要学会倾听和尊重不同的声音和意见，保持开放和包容的心态。除此之外，社会也需要采取相应的措施，如加大网络监管和治理力度，打击网络谣言和虚假信息；推动媒体行业的自律和规范化发展；加强公民教育和媒介素养教育等。通过公民个人和社会的共同努力，我们期望能构建一个健康、有序、开放的网络环境，实现信息的自由流通和多元化的交流。

实训练习 >>

【习题】

某风险投资机构需要对近几年的创业公司融资情况做一个基础了解，并利用得到的信息为业务部门提供风险投资策略，减少投资风险。经过公司在市场上的详细调查，现统计出近几年创业公司的融资数据，但无法从中直观得到信息价值，因此需要使用可视化图表的制作来综合展示数据隐含的信息。

该数据表名称为“total_investment_inform”，数据表结构见表 4-12。

表 4-12　融资情况数据表

字段名	数据类型	含义
company_id	NVARCHAR	公司 id

续表

字段名	数据类型	含义
company _ name	NVARCHAR	公司名称
province	NVARCHAR	省份
amount	INT	融资额
unit	NVARCHAR	单位
rounds	NVARCHAR	融资轮次
date	DATETIME	日期
industry	NVARCHAR	行业

任务要求：

（1）选取合适的图表类型从不同年份、地区、行业、融资轮次四个维度对融资额、公司数量进行分析。

（2）必须包含线图、饼图、漏斗图、柱形图。

（3）仪表板排版合理美观。

（4）撰写分析报告。

考核要求：

（1）任务要求（1）～（4）的分值分别是 8 分、3 分、2 分、7 分，共 20 分。

（2）缺少一个分析维度扣 2 分。

（3）每缺少一个图表类型扣 1 分。

（4）根据仪表板排版布局情况酌情扣分。

（5）根据报告分析的完整度酌情扣分。

项目五

数据实战解码：综合案例分析应用

通过前面四个项目的学习和训练，读者对于大数据全链路的理论知识、思维方式以及基本的操作技能有了系统性的掌握。本项目为综合案例分析应用，完整地覆盖了从分析业务问题、框定业务数据、探索业务问题、开发数据流程，到解决业务问题的全链路实践。它反映了真实商业场景中大数据分析工作完整而复杂的全过程。本项目深度剖析真实业务场景，系统整合读者前期所学知识，帮助读者提升解决综合性复杂业务问题的能力。

学习目标

知识目标

1. 理解业务需求分析的关键要素。
2. 掌握数据分析项目的规划方法。

技能目标

1. 能够执行全面的数据解决方案。
2. 能够提出基于数据分析的业务建议。

素质目标

1. 培养系统性思维。
2. 提升战略规划能力。

任务背景

A公司是一家跨境电商平台，专注于食品销售。产品通过跨境平台销售到全球各主要经济区域，其中最主要的销售区域为欧美地区。食品都是从国内供应商采购，但受限于成本因素，食品的定制化范围比较有限。

为了提高运营效率，该公司高薪引进了一位运营总监，并给他分配了业绩指标：在一年内将平台业绩翻番。

任务目标

能够针对企业业绩目标，利用企业数据和市场数据，通过数据挖掘技术，提出具体建议措施。

任务准备

一、实验环境准备

需要准备的环境有：

（1）个人计算机；

（2）Win7SP1 以上系统；

（3）互联网环境；

（4）大数据分析平台。

二、数据准备

从数据角度，根据解决业务问题的可行性分析结果出发，在开放给项目组的所有业务数据中挑选合适的数据表。

商品表见表 5－1，商品数据如图 5－1 所示。

表 5－1　商品表

字段名	数据类型	含义
product _ fat _ content	NVARCHAR	脂肪含量
organic	NVARCHAR	绿色食品
target _ area	NVARCHAR	商品所属区域
product _ id	NVARCHAR	商品编号
product _ max _ price	NVARCHAR	商品最高售价
product _ type	NVARCHAR	商品所属分类
product _ weight	DOUBLE	商品重量

product_max_price	product_type	product_fat_content	product_weight	product_id	target_area	organic
249.81元	Dairy	LowFat	9.3	FDA15	欧美	是
48.27	SoftDrinks	Regular	5.92	DRC01	欧美	否
141.62	Meat	LowFat	17.5	FDN15	欧美	是
182.09元	FruitsandVegetables	Regular	19.2	FDX07	欧美	否
53.86	Household	LowFat	8.93	NCD19	中东	是
51.4元	BakingGoods	Regular	10.395	FDP36	欧美	否
57.66	SnackFoods	Regular	13.65	FDO10	欧美	否
107.76	SnackFoods	LowFat	null	FDP10	欧美	是
96.97元	FrozenFoods	Regular	16.2	FDH17	欧美	是
187.82	FrozenFoods	Regular	19.2	FDU28	欧美	是
45.54元	FruitsandVegetables	LowFat	11.8	FDY07	欧美	是
144.11	Dairy	Regular	18.5	FDA03	欧美	是
145.48元	FruitsandVegetables	Regular	15.1	FDX32	欧美	是

图 5－1　商品数据

商品展示页信息表见表 5－2，商品展示页数据如图 5－2 所示。

表 5－2　商品展示页信息表

字段名	数据类型	含义
product _ id	INT	页面商品编号
main _ page	INT	是否是主页推荐
page _ level	INT	所在页面层次
page _ id	NVARCHAR	页面编号
sales	DOUBLE	该商品一年总销售额
supplier _ id	NVARCHAR	页面商品所属供应商编号

page_id	main_page	product_id	supplier_id	sales	page_level
1	1	FDA15	OUT049	3735.14	2
2	null	DRC01	OUT018	443.42	3
3	null	FDN15	OUT049	2097.27	2
4	null	FDX07	OUT010	732.38	2
5	0	NCD19	OUT013	994.71	2
6	0	FDP36	OUT018	556.61	2
7	null	FDO10	OUT013	343.55	4
8	1	FDP10	OUT027	4022.76	2
9	0	FDH17	OUT045	1076.6	2

图 5-2 商品展示页数据

供应商信息表见表 5-3，供应商数据如图 5-3 所示。

表 5-3 供应商信息表

字段名	数据类型	含义
supplier_city_type	NVARCHAR	供应商所在城市类型
supplier_id	NVARCHAR	供应商编号
supplier_open_date	NVARCHAR	供应商建立时间
supplier_size	NVARCHAR	供应商注册资本规模：小型（Small）、中型（Medium）、大型（High），有缺失值
quality_problem	NVARCHAR	是否发生过产品质量问题：是，否
famous_brand	INT	是否是知名品牌：是知名品牌为 1，不是知名品牌为 0
supplier_type	INT	供应商类型：非专营为 0，专营为 1

supplier_size	supplier_city_type	supplier_type	quality_problem	supplier_open_date	supplier_id	famous_brand
Medium	Tier1	1	否	1999-03-19	OUT049	1
Medium	Tier3	1	否	2009-10-02	OUT018	0
Medium	Tier1	1	否	1999-06-28	OUT049	1
	Tier3	0	否	1998-10-09	OUT010	0
High	Tier3	1	否	1987-04-26	OUT013	0
Medium	Tier3	1	否	2009-07-03	OUT018	0
High	Tier3	1	否	1987-05-04	OUT013	0
Medium	Tier3	1	否	1985-08-09	OUT027	1
	Tier2	1	否	2002-13-02	OUT045	1
	Tier2	1	否	2007-13-12	OUT017	1
Medium	Tier1	1	否	1999-07-21	OUT049	0
Small	Tier1	1	否	1997-08-02	OUT046	1

图 5-3 供应商数据

由于数据表太多，这里不再一一展示。为了取得尽可能好的分析结果，读者需要自己对其他数据表进行浏览和探索，做到对原始业务数据的情况尽可能多的掌握。

三、工作流概览

本项目开发的数据工作流包括训练流程和预测流程。训练流程是通过算法训练数据得到一个模型，预测流程是利用训练出来的模型去预测结果。

训练流程如图 5－4 所示。

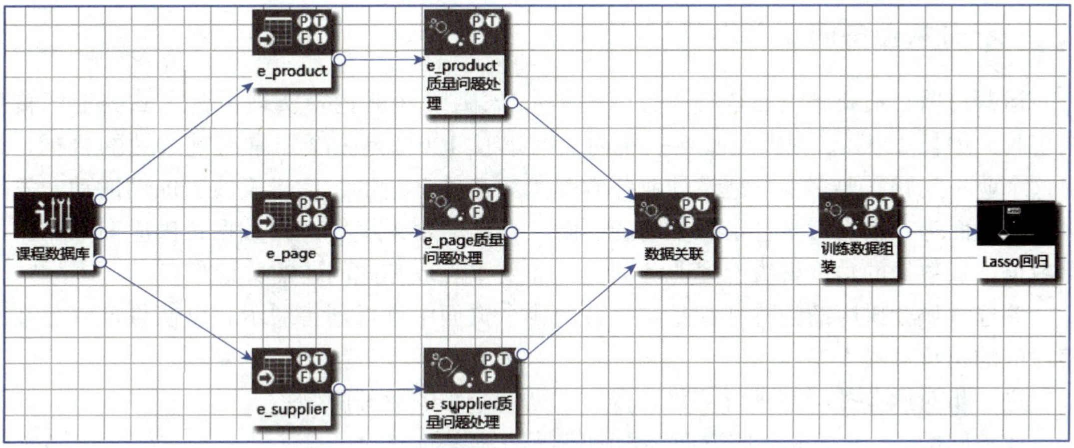

图 5－4　训练流程图

预测流程如图 5－5 所示。

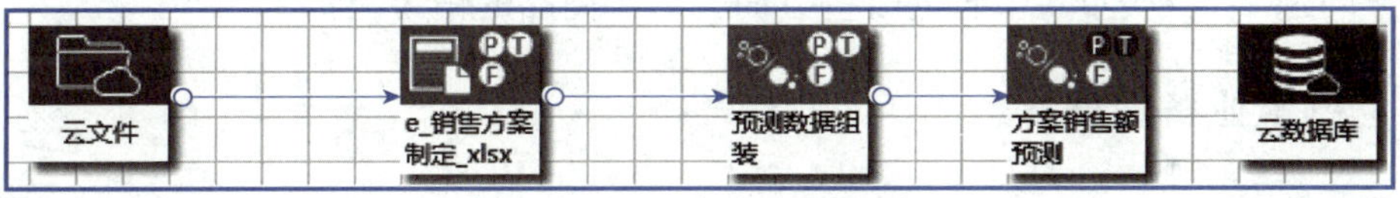

图 5－5　预测流程图

四、步骤分解

本任务的执行步骤见表 5－4。

表 5－4　任务步骤分解

子任务	步骤
分析业务问题	
框定业务数据	（1）选择业务数据； （2）制作业务问题数据映射表
探索业务问题	（1）探索数据质量问题； （2）将业务问题转化为数据问题
开发数据流程	（1）准备数据源数据； （2）处理数据质量问题； （3）进行业务字段相关性分析； （4）选择训练模型的算法； （5）开发数据流程-训练阶段； （6）制作预测数据； （7）开发数据流程-预测阶段
解决业务问题	

任务实施

一、分析业务问题

运营总监目前要解决的核心业务问题是：未来12个月内，实现平台在欧美地区食品销售收入增长100%。根据经验，一年内业绩增长100%是一个非常有挑战性的目标，解决这个业务问题需要多维度地设计业务方案，如选品、定价、广告投放、促销活动、发展多级经销商等。根据对平台信息系统的了解，目前后台系统有产品数据、供应商数据、平台数据。从数据的角度解决上述业务问题，需要重点攻克此问题的关键难点：

该选择哪个供应商的哪种食品在平台的哪个页面中进行销售展示，以使得该食品在欧美地区的销售额最大？

进一步对此业务问题进行细化，得出下列几个小的业务问题：

业务问题1：食品的哪些方面会影响商品的销售额？

业务问题2：供应商的哪些方面会影响商品的销售额？

业务问题3：电商平台的哪些方面会影响商品的销售额？

业务问题4：欧美重大节日的哪些方面会影响商品的销售额？

二、框定业务数据

（一）选择业务数据

根据业务问题的影响因素分析结果，选择出与业务问题相关的、可能解决业务问题、合适的业务数据。通过数据分析工具连接与业务问题相关的业务数据源。根据IT部门提供的数据字典，对数据源中的数据进行浏览。

选择的数据表有：

（1）商品表 product；

（2）供应商信息表 supplier；

（3）商品展示页信息表 page。

（二）制作业务问题数据映射表

通过分析食品、供应商、电商平台，寻找到解决业务问题1的业务因子有脂肪含量、绿色食品、商品最高售价、商品所属分类、商品重量；解决业务问题2的业务因子有供应商所在城市类型、供应商建立时间、是否发生过产品质量问题、是否是知名品牌、供应商类型、供应商注册资本规模；解决业务问题3的业务因子有是否是主页推荐、所在页面层次；解决业务问题4的业务因子有各州节假日计划、节假日和宗教的关系、节假日和人口统计学关系等。

平台系统开放的后台数据有产品表、供应商表、页面表等。这些数据表和分析得到的业务因子有较好的对应关系。但由于目前公司市场团队尚未完成欧美各区域节假日数据的收集和整理，因此对于业务问题4无法从数据角度进行分析解决。整体来说，本项目细化出4个业务问题，其中3个业务问题有较好的数据支撑，初步判断，从数据的角度解决本项目的业务问题是可行的。

根据选定的数据表，制作业务因子与数据的映射表，见表 5-5。

表 5-5 业务因子与数据的映射表

业务问题	业务因子	业务表	业务字段	支持强度
业务问题 1：食品的哪些方面会影响商品的销售额？	脂肪含量	product	product_fat_content	强
	绿色食品	product	organic	强
	商品最高售价	product	product_max_price	强
	商品所属分类	product	product_type	强
	商品重量	product	product_weight	强
业务问题 2：供应商的哪些方面会影响商品的销售额？	供应商所在城市类型	supplier	supplier_city_type	强
	供应商建立时间	supplier	supplier_open_date	强
	是否发生过产品质量问题	supplier	quality_problem	强
	是否是知名品牌	supplier	famous_brand	强
	供应商类型	supplier	supplier_type	强
	供应商注册资本规模	supplier	supplier_size	强
业务问题 3：电商平台的哪些方面会影响商品的销售额？	是否是主页推荐	page	main_page	强
	所在页面层次	page	page_level	强
业务问题 4：欧美重大节日的哪些方面会影响商品的销售额？	各州节假日计划	无	无	无
	节假日和宗教的关系	无	无	无
	节假日和人口统计学关系	无	无	无

业务因子与数据映射表的制作思路如下：从业务问题出发，结合行业经验筛选出对解决问题有价值的业务因子；匹配数据库中对应的业务表及业务字段，明确数据来源；依据经验判断各因子与业务问题的关联强度（强/弱），形成结构化数据映射表。

由于业务因子与数据的映射表的制作过程严重依赖分析人员的个人经验，因此建议在筛选业务因子时，尽可能地放宽条件限制，并进行小组讨论，咨询不同背景的分析人员，以免遗漏重要的业务因子。

三、探索业务问题

探索业务问题是指通过对业务问题的深入理解，将其转化为如何处理业务数据的问题，包括发现并处理数据质量问题、采用的加工方法和挖掘算法以及最终确定数据处理流程的基本设计思路。

为什么需要探索业务问题呢？

第一，有些业务问题的解决并非想象中那样可行，探索业务问题可以进一步确定业务问题是否有解，以及利用业务数据解决业务问题的可行性；

第二，有了数据，如何通过数据来解决问题，需要对数据有充分的认识，将业务问题转化为数据处理的问题。

（一）探索数据质量问题

数据探索是拿到数据后要做的第一步工作，其目的是对要分析的数据有一个初步的了解，弄清数据集的质量、大小、特征和样本数量、数据类型、数据的概率分布等，并找出可能存在的数据质量问题。

数据质量问题的探索没有唯一方法或方式，可以利用各种手段对数据进行了解，这里建议利用数据工作流的加工方式来探索。

经过进一步探索，商品表业务数据画像特征及质量问题汇总见表 5-6。

表 5-6　商品表业务数据画像特征及质量问题汇总表

业务字段	数据类型	业务含义及画像特征	数据质量问题
product_fat_content	NVARCHAR	脂肪含量 Regular 687 个 lowfat 29 个 LowFat 1 284 个	有脏数据 lowfat，属性的取值大小写有区分
organic	NVARCHAR	绿色食品 是有 1 332 个 否有 668 个	否
product_id	NVARCHAR	商品编号 有 1 152 个不同的商品	否
product_type	NVARCHAR	商品所属分类 有 16 种商品	否
product_max_price	NVARCHAR	商品最高售价（元） 最高价格是 265.22 最低价格是 31.29 平均价格是 140.71	有脏数据，类型不是数值类型，有 6 条脏数据带“元”字
product_weight	DOUBLE	商品重量 有 352 条缺失记录	有缺失值
target_area	NVARCHAR	商品所属区域 欧美有 1 694 个 亚洲有 97 个 中东有 99 个 东南亚有 110 个	否

供应商业务数据画像特征及质量问题探索请自己完成后填写表 5-7。

表 5-7　供应商业务数据画像特征及质量问题汇总表

业务字段	数据类型	业务含义及画像特征	数据质量问题
supplier_city_type	NVARCHAR		
supplier_id	NVARCHAR		
supplier_open_date	NVARCHAR		
supplier_size	NVARCHAR		
quality_problem	NVARCHAR		
famous_brand	INT		
supplier_type	INT		

商品展示页业务数据画像特征及质量问题探索请自己完成后填写表 5-8。

表 5-8 商品展示页业务数据画像特征及质量问题汇总表

业务字段	数据类型	业务含义及画像特征	数据质量问题
product_id	INT		
main_page	INT		
page_level	INT		
page_id	NVARCHAR		
sales	DOUBLE		
supplier_id	NVARCHAR		

（二）将业务问题转化为数据问题

通过分析，我们将业务问题转化为下面5个数据问题，对应的数据流程设计思路见表5-9。

表 5-9 数据流程设计思路

数据问题	设计思路
数据问题1：商品表product中和业务因子对应的各字段与商品展示页信息表page中销售额的关联分析	用相关系数、分组聚合、可视化方式来分析框定的数据列和销售额的关联关系
数据问题2：供应商信息表supplier中和业务因子对应的各字段与商品展示页信息表page中销售额的关联分析	用相关系数、分组聚合、可视化方式来分析框定的数据列和销售额的关联关系
数据问题3：商品展示页信息表page中和业务因子对应的各字段与商品展示页信息表page中销售额的关联分析	用相关系数、分组聚合、可视化方式来分析框定的数据列和销售额的关联关系
数据问题4：分别从商品表product、供应商信息表supplier、商品展示页信息表page中选择合适的列建立一个回归模型，预测产品销售额	分别构建线性回归、岭回归、Lasso回归、决策树回归、随机森林回归模型，并调整各自的参数，来选择最优的一个模型
数据问题5：对商品、供应商、商品展示页信息进行多种配置组合，利用前面建立的销售额预测模型预测该业务配置方案下的销售额，选择一个最优的业务配置方案推荐给业务部门	用矩形块、分组表和交叉表的方式来将结果展示出来。对比多种业务配置方案，选择最优方案

解决业务问题的总体思路：抽取上述三张表，并进行加工处理，确定影响销售额的特征，建立一套预测销售额的模型，并预测出不同供应商的不同商品在不同页面的销售额，从而为决策提供支持。

四、开发数据流程

开发数据工作流，是基于设计思路验证设计的可行性。这个设计包括大数据全链路六大环（数据源、数据湖、数据汇集、数据加工、分析挖掘、可视化）。

开发数据流程的步骤如下（一）至（七）所示。

（一）准备数据源数据

1. 创建数据工作流

在“免费数猎场_************”上右击【创建项目】，将该项目名称改为“项目五数据实战解码：综合案例分析应用”。

在刚才创建的项目上右击【创建数据工作流】，将该工作流名称改为“开发数据工作流-数据准备”。

用鼠标双击该工作流，即可打开该工作流，如图 5－6 所示。

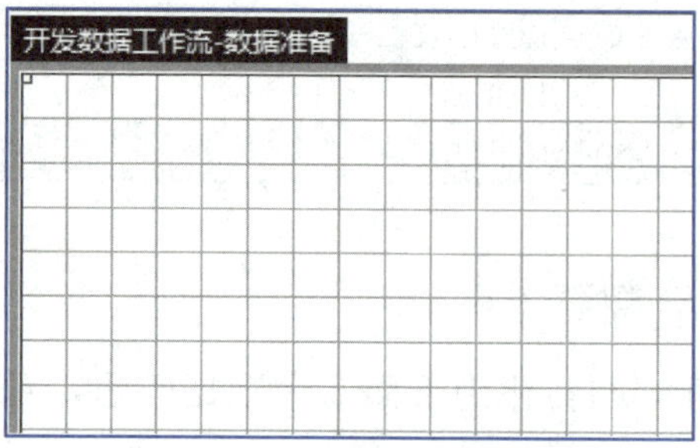

图 5－6　创建数据工作流

2. 创建课程数据库并汇集数据

在【工作流节点】面板中的【数据源】栏中，找到【课程数据库】节点，用鼠标将它拖曳到上面步骤打开的工作流的编辑面板中，用鼠标选中【课程数据库】节点，对该节点进行如表 5－10 所示的属性设置。

表 5－10　数据源属性

属性名	值
课程	大数据基础与应用（商科版）

单击【属性】面板中的【连接】按钮，找到 product、page、supplier 三张表，依次选中这三张表并单击【抽取】按钮，至此，已经将业务系统中的数据抽取出来了，如图 5－7 所示。

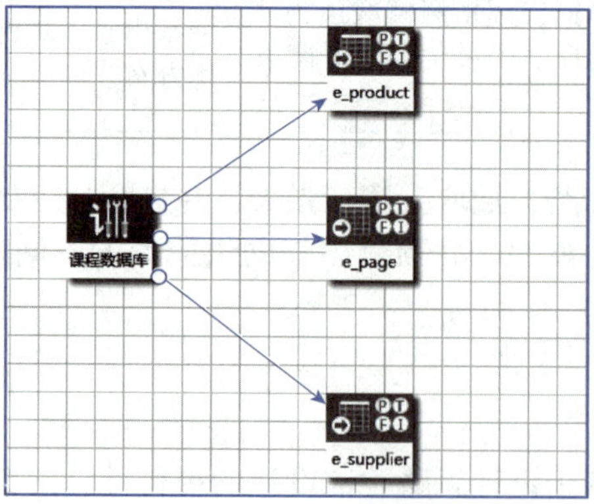

图 5－7　抽取数据

（二）处理数据质量问题

在探索业务问题中，经过对数据表的探索，相关数据质量问题总结如下：

（1）product 表有重复记录；

（2）product 表中 product _ weight 字段含缺失值的记录；

（3）product 表中 product _ fat _ content 字段中有脏数据 lowfat；

（4）product 表中 product _ max _ price 字段有“元”单位字符串，且字段为非数值类型；

（5）page 表中的 main _ page 有空值；

（6）supplier 表有重复记录；

（7）supplier 表中 supplier _ size 字段含缺失值的记录。

根据业务需求需要进行如下的处理加工：

（1）product 表去除重复行；

（2）product 表中 product _ weight 字段含缺失值的记录被删除；

（3）product 表中 product _ fat _ content 字段中 lowfat 被替换成 LowFat；

（4）product 表中 product _ max _ price 字段去除“元”单位字符串，并转换为数值类型；

（5）page 表中的 main _ page 的空值被替换成 0；

（6）supplier 表去除重复记录；

（7）supplier 表中 supplier _ size 字段中含缺失值的记录被删除。

如果读者在对 product、page 和 supplier 表进行数据探索的过程中发现有其他数据质量问题，请自行设计数据质量问题的处理方法，并补充到上面的列表中。

根据业务问题，未来 12 个月，实现平台在欧美地区食品销售收入增长 100%，需要筛选出欧美地区的相关数据并将三张表进行关联，只分析当前运营区域相关数据并进行预测即可。根据以上设计开发出的数据工作流概览如图 5－8 所示。

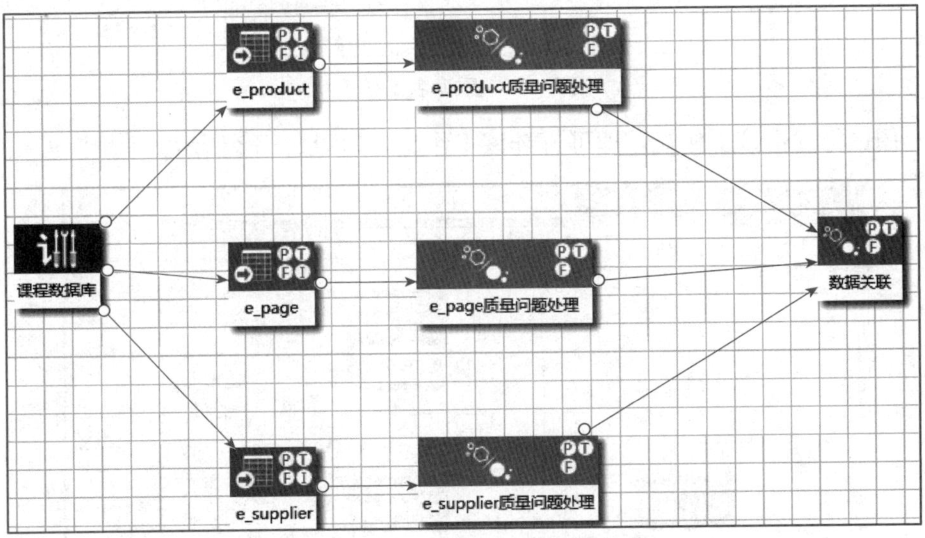

图 5－8 处理数据质量问题工作流

1. 创建数据质量处理工作流

（1）进入“项目五 数据实战解码：综合案例分析应用”项目中，右击【开发数据工作流-数据准备】，在弹出的菜单中选择【复制】命令，如图 5－9 所示。

（2）选中“项目五 数据实战解码：综合案例分析应用”项目，右击鼠标，在弹出的快捷菜单中选择【粘贴】命令，粘贴刚复制好的数据工作流，如图 5－10 所示。

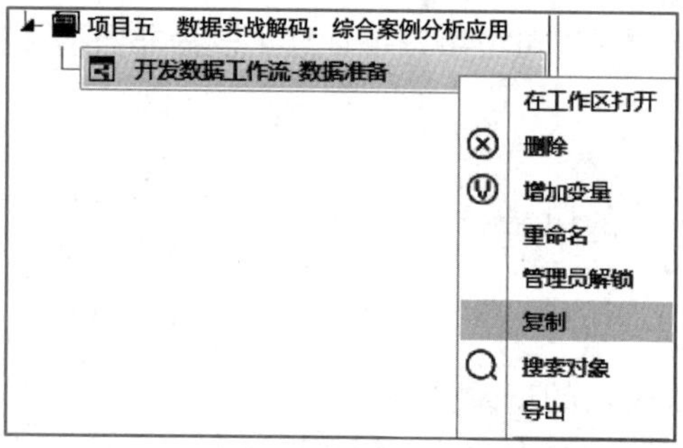

图 5－9 创建数据质量处理工作流

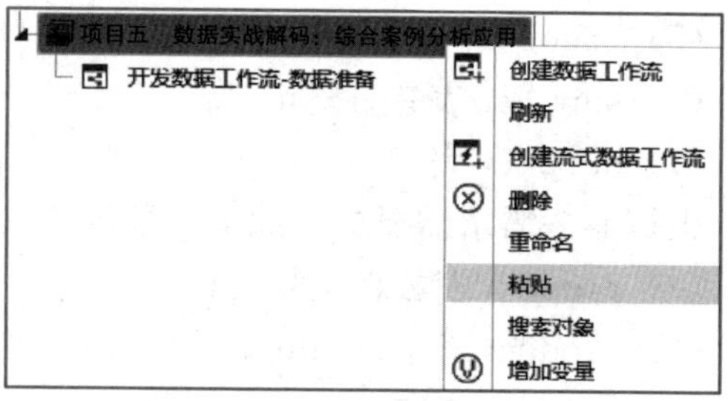

图 5－10 复制工作流

（3）选中粘贴好的数据工作流，右击鼠标，在弹出的快捷菜单中选择【重命名】命令，将其重命名为“开发数据流程-数据质量问题处理”，如图 5－11 所示。

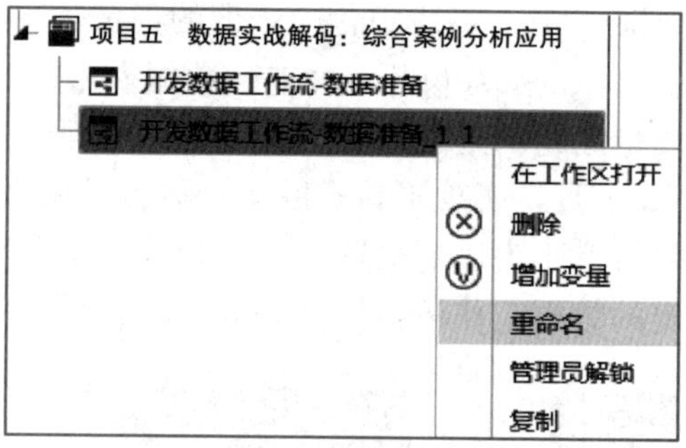

图 5－11 重命名工作流

（4）用鼠标双击该工作流，即可打开该工作流，如图 5－12 所示。

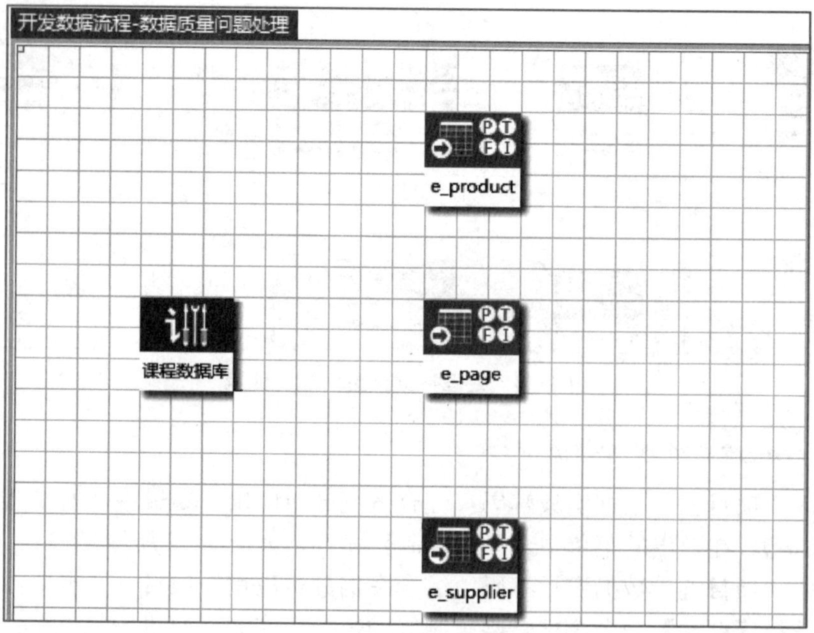

图 5－12 打开工作流

2. 处理数据质量问题的具体操作

（1）product 质量问题处理。

新建【转换】节点，命名为“e _ product 质量问题处理”。

product 表去除重复行，并筛选出欧美地区数据：在【e _ product 质量问题处理】节点的转换面板中设置筛选条件为选出欧美地区数据，并且去掉“允许重复行”的勾选以实现去除重复行，如图 5 - 13 所示。

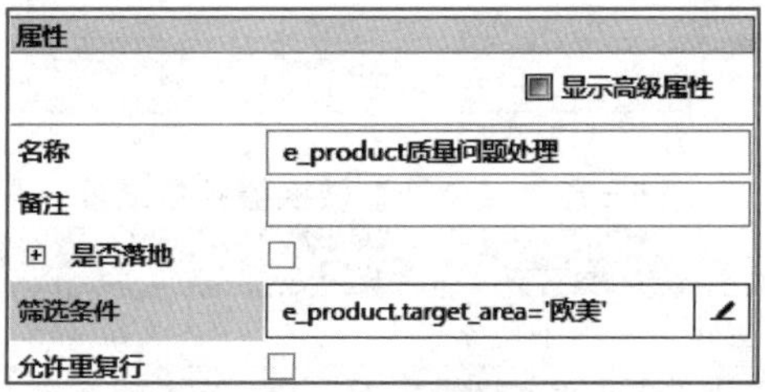

图 5 - 13　数据筛选及去重

删除 product 表中 product _ weight 字段含缺失值的记录：目标数据列 product _ weight 的“可空”选项中取消勾选，即可去除字段中的空值，如图 5 - 14 所示。

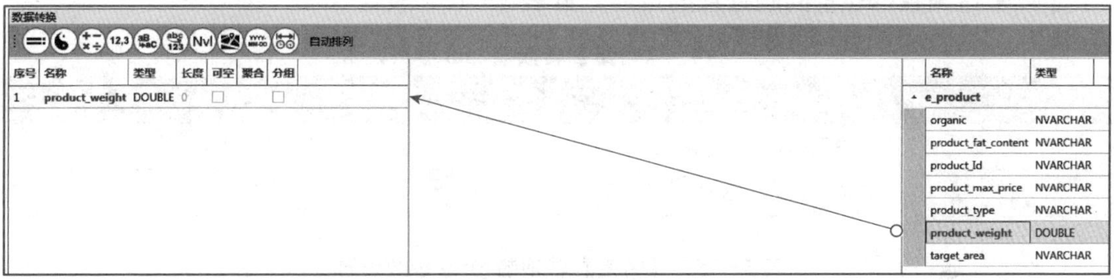

图 5 - 14　product _ weight 字段去除缺失值

利用【替换】转换器和两个【常量】转换器将 product _ fat _ content 字段中 lowfat 替换成 LowFat；利用【替换】转换器、【字符串转数值】转换器和两个【常量】转换器将 product _ max _ price 字段“元”单位字符串去掉，并转换成数值。转换逻辑如图 5 - 15 所示。

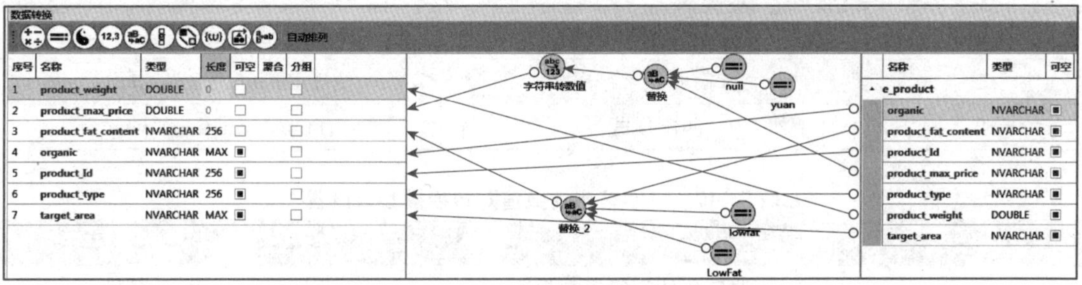

图 5 - 15　product 质量问题处理转换逻辑

将 product _ fat _ content 字段中 lowfat 替换成 LowFat，可以通过设置以下转换器参数来达到数据质量问题处理的目的，见表 5 - 11～表 5 - 13。

表 5-11　【常量】转换器 lowfat 参数设置

参数名	输入
常量数据类型	NVARCHAR
值	'lowfat'

表 5-12　【常量】转换器 LowFat 参数设置

参数名	输入
常量数据类型	NVARCHAR
值	'LowFat'

表 5-13　【替换】转换器参数设置

编号	备注	变换输入
0	在此字符串中搜索	Column：product_fat_content
1	替换成此字符串	Transformation：LowFat
2	匹配模式	Transformation：lowfat

将 product_max_price 字段"元"单位字符串去掉，并转换成数值，可以通过设置以下参数来达到数据质量问题处理的目的，见表 5-14～表 5-17。

表 5-14　【常量】转换器 null 参数设置

参数名	输入
常量数据类型	NVARCHAR
值	''

表 5-15　【常量】转换器 yuan 参数设置

参数名	输入
常量数据类型	NVARCHAR
值	'元'

表 5-16　【替换】转换器参数设置

编号	备注	变换输入
0	在此字符串中搜索	Column：product_max_price
1	替换成此字符串	Transformation：null
2	匹配模式	Transformation：yuan

表 5-17　【字符串转数值】转换器参数设置

编号	备注	变换输入
0	需要转化的字符串数值	Transformation：替换

该节点的部分计算结果如图 5-16 所示，从图中可以看出相关的数据质量问题已经处理了。

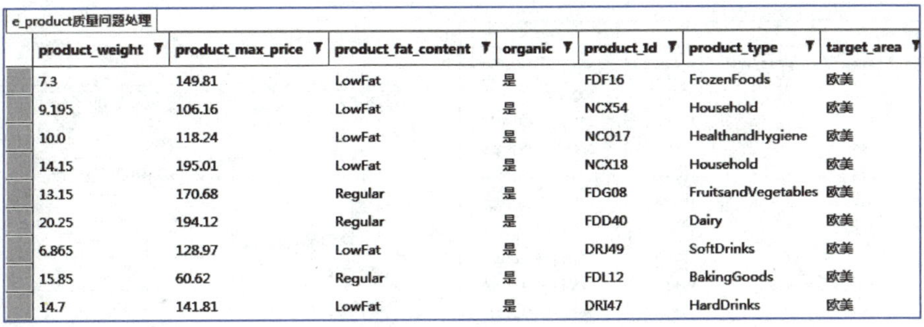

e_product质量问题处理

product_weight	product_max_price	product_fat_content	organic	product_Id	product_type	target_area
7.3	149.81	LowFat	是	FDF16	FrozenFoods	欧美
9.195	106.16	LowFat	是	NCX54	Household	欧美
10.0	118.24	LowFat	是	NCO17	HealthandHygiene	欧美
14.15	195.01	LowFat	是	NCX18	Household	欧美
13.15	170.68	Regular	是	FDG08	FruitsandVegetables	欧美
20.25	194.12	Regular	是	FDD40	Dairy	欧美
6.865	128.97	LowFat	是	DRJ49	SoftDrinks	欧美
15.85	60.62	Regular	是	FDL12	BakingGoods	欧美
14.7	141.81	LowFat	是	DRI47	HardDrinks	欧美

图 5-16　结果预览

（2）page 质量问题处理。

新建【转换】节点，命名为“e _ page 质量问题处理”。

利用【null 值替换】转换器和【常量】转换器将 main _ page 的空值替换成 0，其转换逻辑如图 5-17 所示。

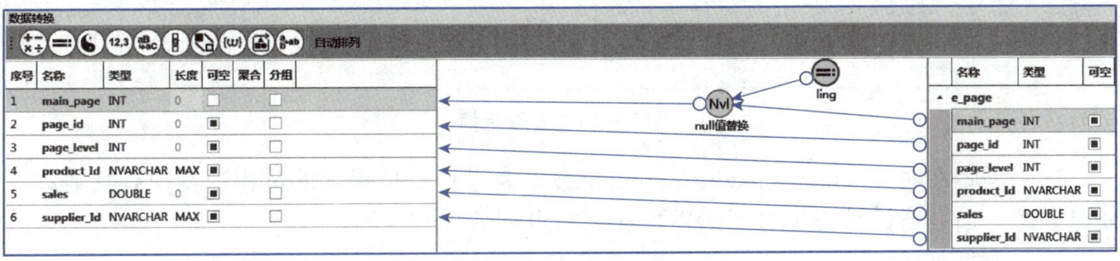

图 5-17　空值替换

具体参数设置见表 5-18、表 5-19。

表 5-18　【常量】转换器 ling 参数设置

参数名	输入
常量数据类型	INT
值	0

表 5-19　【null 值替换】转换器参数设置

编号	数据类型	变换输入
0	INT	Column：main _ page
1	INT	Transformation：ling

该节点的部分计算结果如图 5-18 所示，从图中可以看出相关的数据质量问题已经处理了。

（3）supplier 质量问题处理。

新建【转换】节点，命名为“e _ supplier 质量问题处理”。

supplier 表去除重复行：在【e _ supplier 质量问题处理】节点的转换面板中去掉“允许重复行”的勾选来实现去除重复行，如图 5-19 所示。

删除表中 supplier _ size 字段中含缺失值的记录：目标数据列 supplier _ size 勾选掉可空来去除字段中的空值，如图 5-20 所示。

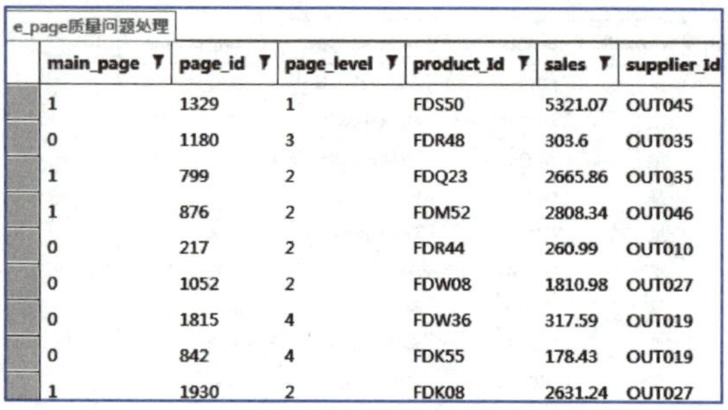

e_page质量问题处理

main_page	page_id	page_level	product_Id	sales	supplier_Id
1	1329	1	FDS50	5321.07	OUT045
0	1180	3	FDR48	303.6	OUT035
1	799	2	FDQ23	2665.86	OUT035
1	876	2	FDM52	2808.34	OUT046
0	217	2	FDR44	260.99	OUT010
0	1052	2	FDW08	1810.98	OUT027
0	1815	4	FDW36	317.59	OUT019
0	842	4	FDK55	178.43	OUT019
1	1930	2	FDK08	2631.24	OUT027

图 5-18　结果预览

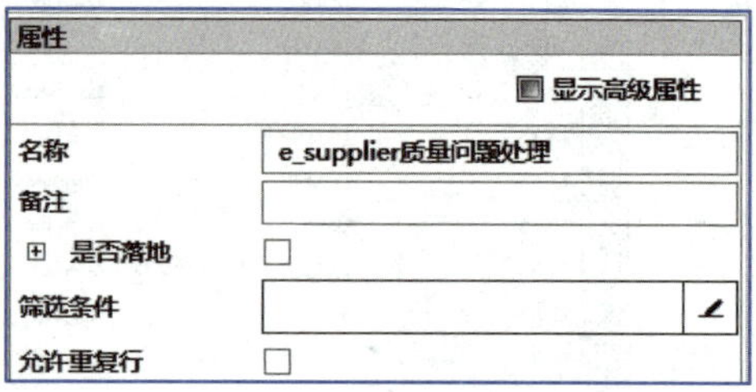

图 5-19　转换面板属性设置

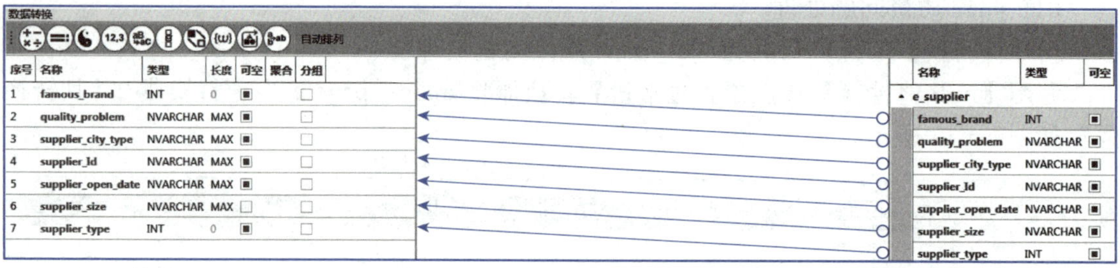

图 5-20　去除空值

如果读者在对 product、page、supplier 数据表进行数据探索的过程中发现有其他数据质量问题，请自行设计添加合适的数据加工节点和数据转换器。

（4）数据关联。

数据质量问题处理完毕后，新建【转换】节点，命名为“数据关联”。【数据关联】节点通过连接【e_product 质量问题处理】【e_page 质量问题处理】【e_supplier 质量问题处理】三个转换节点，将三张表的数据合并成一张大数据表，其转换逻辑如图 5-21 所示。

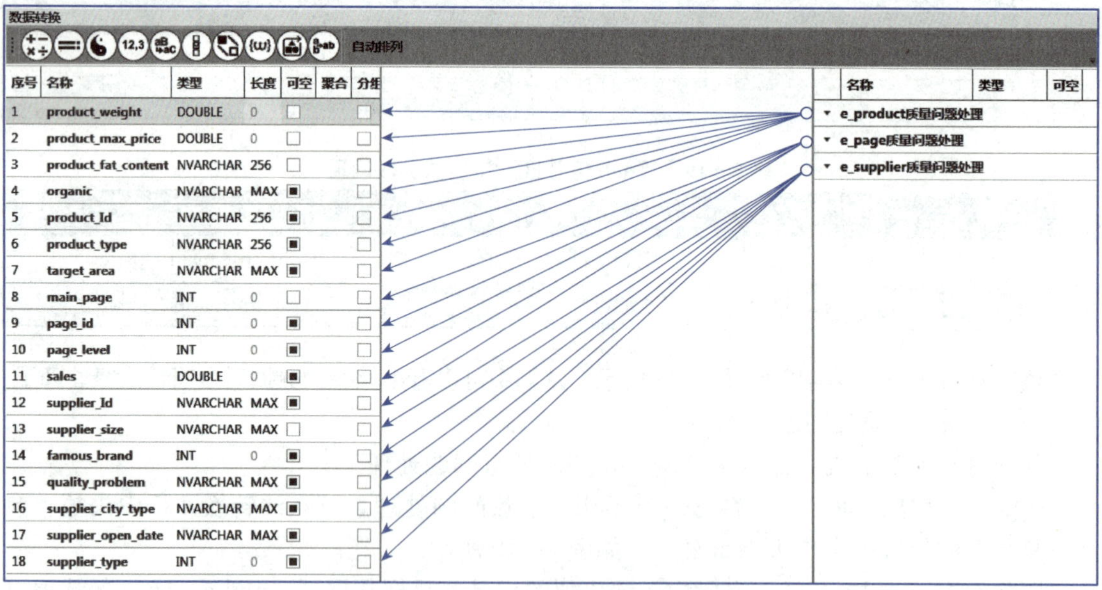

图 5-21　数据关联转换逻辑

数据关联节点连接操作在【连接】面板中的设置如图 5－22 所示。

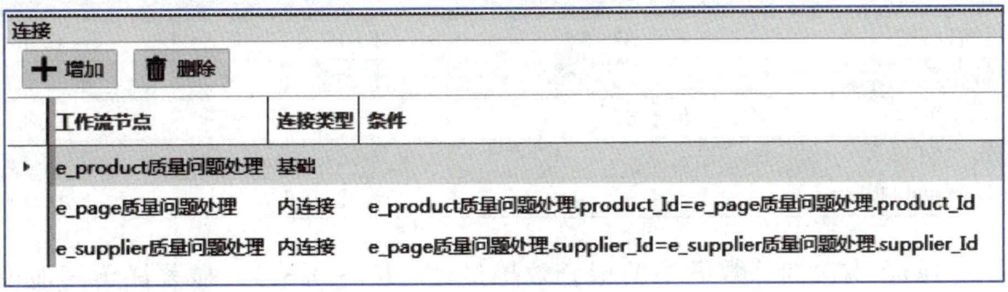

图 5－22　数据关联

（三）进行业务字段相关性分析

采用皮尔逊相关系数（Pearson）分析，获取数据问题 1、2、3 中的特征业务字段和预测标签之间的相关性，结果见表 5－20。

表 5－20　相关系数表

业务字段（特征）	业务字段（预测目标）	皮尔逊相关系数	皮尔逊相关系数绝对值	线性相关性水平
main _ page	sales	0.59	0.59	中度
product _ max _ price	sales	0.62	0.62	中度
page _ level	sales	−0.56	0.56	中度
organic	sales	0.37	0.37	低度
supplier _ type	sales	0.24	0.24	低度
famous _ brand	sales	0.09	0.09	极低
supplier _ size	sales	0.06	0.06	极低
supplier _ city _ type	sales	0.04	0.04	极低
product _ fat _ content	sales	−0.07	0.07	极低
supplier _ open _ date	sales	−0.002	0.002	极低
product _ weight	sales	0.04	0.04	极低
product _ type	sales	−0.003	0.003	极低

从表中可以看出，与销售额中度线性相关的业务字段有：最大价格 product _ max _ price、是否在主页 main _ page、所展示页面的层次 page _ level。这三个业务字段将作为销售额预测模型的特征列。这里选取业务字段作为模型的特征列没有统一标准，需要根据业务需求选取相关程度相对高的字段。

（四）选择训练模型的算法

利用选择好的特征列，将销售额作为标签，分别尝试构建线性回归、岭回归、Lasso 回归、决策树回归、随机森林回归模型，模型的参数都是默认值，模型结果见表 5－21。

表 5-21 训练模型结果①

模型	平均绝对误差（MAE）	均方根误差（RMSE）	决定系数（R^2）
线性回归	779.87	1 010.08	0.63
岭回归	778.36	1 008.06	0.63
Lasso 回归	864.67	1 103.74	0.87
决策树回归	1 320.68	1 667.89	−0.000 06
随机森林回归	1 316.95	1 657.06	−0.000 01

Lasso 回归在本次训练数据中的拟合效果最佳（$R^2=0.87$），显著优于其他模型。尽管其预测误差相较线性回归与岭回归略高，但 Lasso 回归能自动筛选关键业务驱动因素并剔除冗余信息干扰。这一特性在需要清晰决策依据的商业场景中具有优势。综合考虑，我们选择 Lasso 回归模型作为我们最终的核心预测算法。

（五）开发数据流程-训练阶段

训练流程通过算法训练数据得到一个模型，训练流程概览如图 5-23 所示。

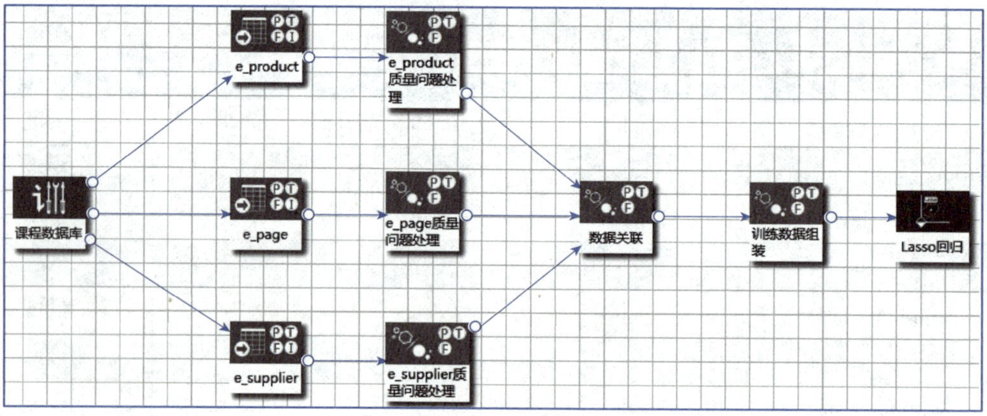

图 5-23 训练流程概览

1. 创建数据工作流

（1）选中“项目五 数据实战解码：综合案例分析应用”项目，右击【开发数据流程-数据质量问题处理】，在弹出的快捷菜单中选择【复制】命令，如图 5-24 所示。

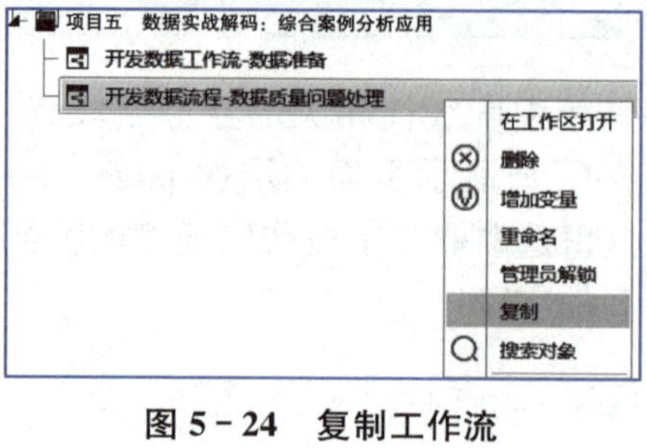

图 5-24 复制工作流

① 模型训练结果在不同运行期间可能存在波动，具体原因详见本书第 132 页二维码文件《大数据平台使用指引：模型波动说明与数据查看导出》。

（2）选中“项目五　数据实战解码：综合案例分析应用”项目，右击鼠标，在弹出的快捷菜单中选择【粘贴】命令，粘贴刚复制好的数据工作流，如图 5－25 所示。

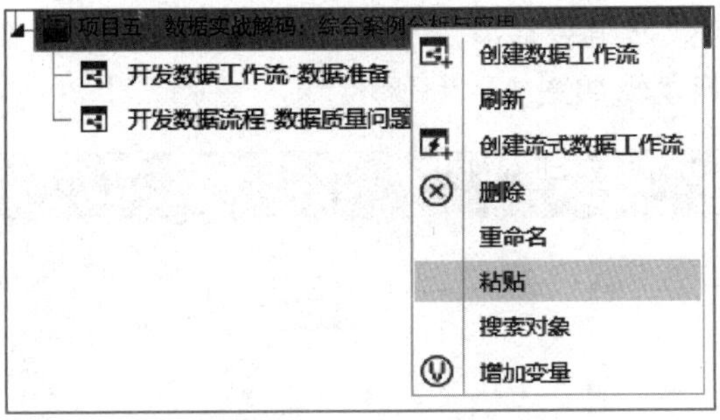

图 5－25　粘贴工作流

（3）选中粘贴好的数据工作流，右击鼠标，在弹出的快捷菜单中选择【重命名】命令，将其重命名为“开发数据流程-训练阶段”，如图 5－26 所示。

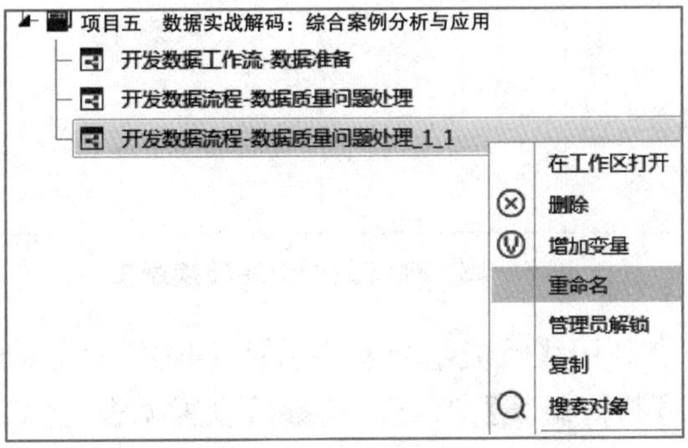

图 5－26　重命名工作流

（4）用鼠标双击该工作流，即可打开该工作流，如图 5－27 所示。

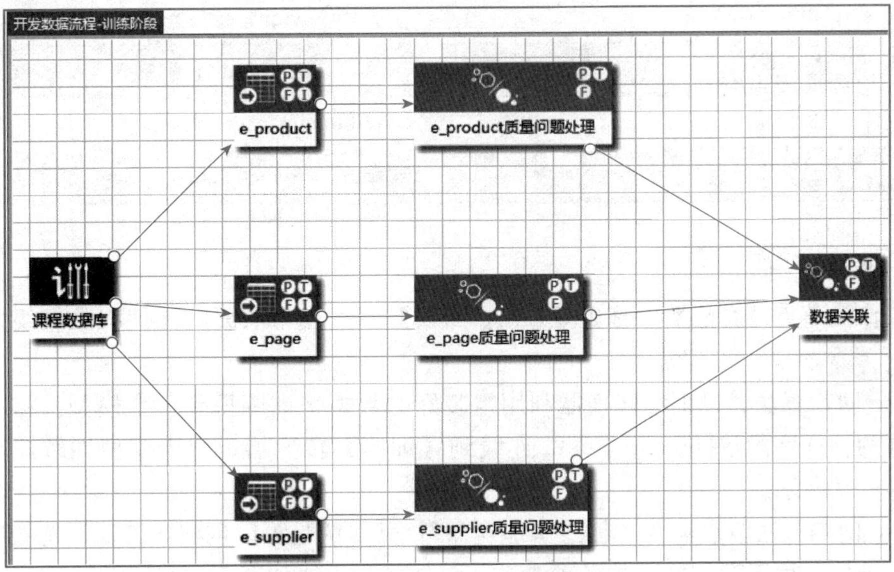

图 5－27　打开工作流

2. 训练数据组装

新建一个【转换】节点，命名为“训练数据组装”，将前面的【数据关联】节点连线到该转换节点上。【训练数据组装】节点利用【数值组装】转换器组装特征数据，为训练模型做数据准备，其转换逻辑如图 5－28 所示。

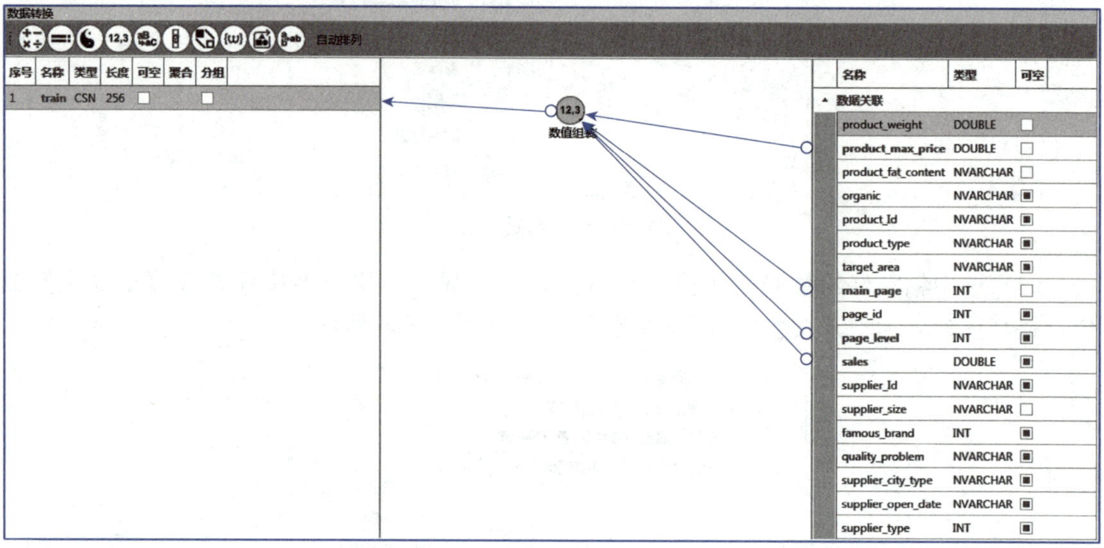

图 5－28　训练数据组装转换逻辑

【训练数据组装】节点利用【数值组装】将特征字段组装成 CSV 类型数据，注意标签 sales 必须第一个连线到【数值组装】节点。其参数设置见表 5－22。

表 5－22　【数值组装】参数设置

编号	变换输入
0	Column：sales
1	Column：main _ page
3	Column：page _ level
4	Column：product _ max _ price

3. Lasso 回归

在工作流节点【算法】中拖曳【Lasso 回归】节点，与前面的【训练数据组装】节点连线。

Lasso 回归算法通过训练转换器利用组装好的数据来训练得到一个模型。将上个节点中组装好的特征字段数据 train _ data 连线到【训练】转换器，用于模型训练，其转换逻辑如图 5－29 所示。

Lasso 回归算法节点需要“创建落地对象”，其目的是可以创建出算法训练模型并生成数据的表结构，用于存储模型的各项参数，具体操作方法如图 5－30 所示。

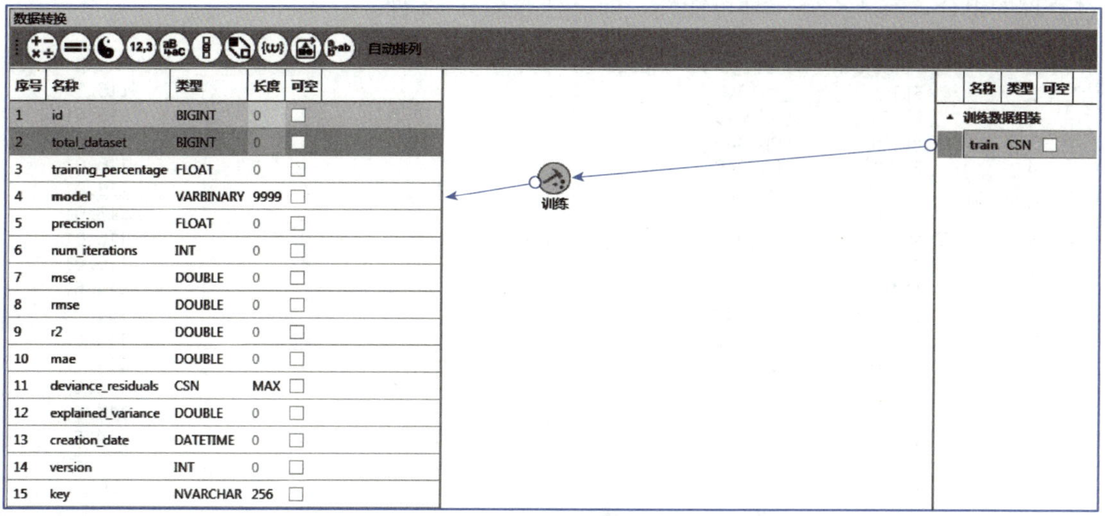

图 5-29　训练模型

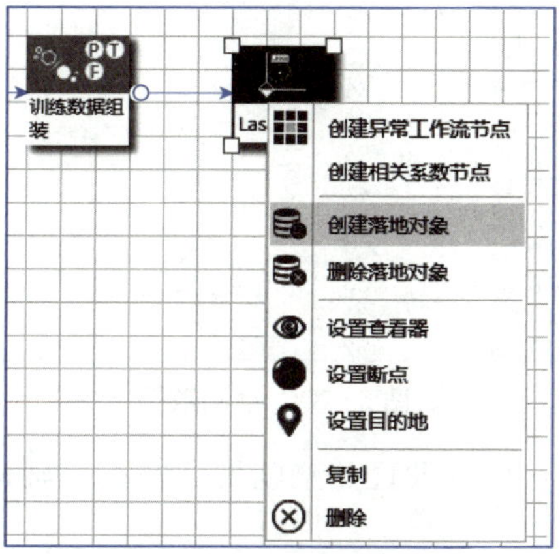

图 5-30　创建落地对象

（六）制作预测数据

当前预测流程使用前面训练的 Lasso 回归模型，预测商品在不同特征列取值条件下的销售额。需要手动制作预测数据，其实就是手工构造不同的业务方案。

由前面的相关性分析结果可知，显著影响一个单品年销售额的字段主要有三个：最大价格 product _ max _ price、是否在主页 main _ page、所展示页面的层次 page _ level。这三者的不同合理组合即为该单品的业务方案。通过前面步骤训练的回归模型，对该单品所有的业务方案进行预测，预测值较高的业务方案即为该单品的最佳业务方案。所有单品的最佳业务方案的汇总就是 A 公司的最佳业务方案。下面以编号为 FDJ07 的单品为例，详细说明确定最佳业务方案的过程，如图 5-31 所示。对于其他单品，读者可按照相同的方法来做。

通过对原始商品表进行数据探索结合市场调研等手段分析，可以确定：FDJ07 商品的 product _ max _ price 合理取值有四个，即 116.01、114.52、114.3、115.66；main _ page 取值有两个，即 0、1；page _ level 取值有四个，即 1、2、3、4。当前能够构建的方案经过合理的组合，有 4×2×4 种可能性，即设计方案有 32 种。

plan id	product id	supplier id	page id	mainpage	page level	product max price
1	FDJ07	OUT049	1	0	1	116.01
2	FDJ07	OUT013	2	0	2	116.01
3	FDJ07	OUT035	3	0	3	116.01
4	FDJ07	OUT046	4	0	4	116.01
5	FDJ07	OUT027	5	1	1	116.01
6	FDJ07	OUT046	6	1	2	116.01
7	FDJ07	OUT049	7	1	3	116.01
8	FDJ07	OUT013	8	1	4	116.01
9	FDJ07	OUT035	9	0	1	114.52
10	FDJ07	OUT046	10	0	2	114.52
11	FDJ07	OUT046	11	0	3	114.52
12	FDJ07	OUT049	12	0	4	114.52
13	FDJ07	OUT018	13	1	1	114.52
14	FDJ07	OUT035	14	1	2	114.52
15	FDJ07	OUT013	15	1	3	114.52
16	FDJ07	OUT046	16	1	4	114.52
17	FDJ07	OUT049	17	0	1	114.3
18	FDJ07	OUT018	18	0	2	114.3
19	FDJ07	OUT046	19	0	3	114.3
20	FDJ07	OUT049	20	0	4	114.3
21	FDJ07	OUT035	21	1	1	114.3
22	FDJ07	OUT013	22	1	2	114.3
23	FDJ07	OUT035	23	1	3	114.3
24	FDJ07	OUT018	24	1	4	114.3
25	FDJ07	OUT013	25	0	1	115.66
26	FDJ07	OUT035	26	0	2	115.66
27	FDJ07	OUT046	27	0	3	115.66
28	FDJ07	OUT018	28	0	4	115.66
29	FDJ07	OUT035	29	1	1	115.66
30	FDJ07	OUT049	30	1	2	115.66
31	FDJ07	OUT018	31	1	3	115.66
32	FDJ07	OUT018	32	1	4	115.66

图 5-31 预测数据

为了方便理解预测结果，可以设置一些辅助业务列，辅助业务列的内容可以随意填写，并且不会影响预测结果。

将这些方案通过模型进行预测，可选用预测销售额高的方案进行实际的销售运营工作。

（七）开发数据流程-预测阶段

预测流程引用前面训练的 Lasso 回归模型，预测商品在不同业务列取值条件下的销售额。预测流程如图 5-32 所示。

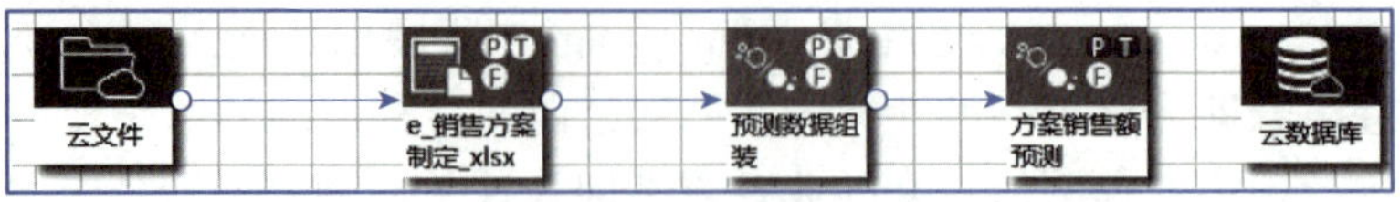

图 5-32 预测流程

1. 方案数据上传平台

在【我的数据】中找到“图形引擎数据”，在【文件管理】里选取文件，并单击【开始上传】按钮，如图 5-33 所示。

图 5－33　上传数据

2. 数据准备

在“项目五　数据实战解码：综合案例分析应用”上右击鼠标，首先单击【创建数据工作流】按钮，然后将该工作流名称改为“开发数据流程-预测阶段”，最后双击该工作流，即可打开该工作流。如图 5－34 所示。

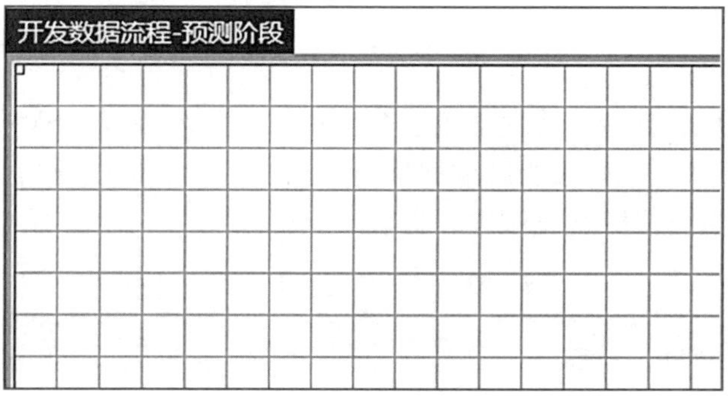

图 5－34　创建数据工作流

3. 创建云文件并汇集数据

在【工作流节点】面板的【数据源】栏中，找到【云文件】节点，用鼠标将它拖曳到上面步骤打开的工作流的编辑面板中，用鼠标选中【云文件】节点，单击【属性】面板中的【连接】按钮，找到“销售方案制定 _ xlsx _ xls”文件，选中并单击【抽取】按钮，至此，已完成业务系统数据的抽取工作，如图 5－35 所示。

4. 预测数据组装

在【工作流】节点“转换”中拖曳【转换】节点，与刚抽取的数据源“销售方案制定 _ xlsx _ xls”连线，并重命名为“预测数据组装”。单击该节点，利用【数值组装】转换器组装特征数据，为预测营业额做数据准备，其转换逻辑如图 5－36 所示。

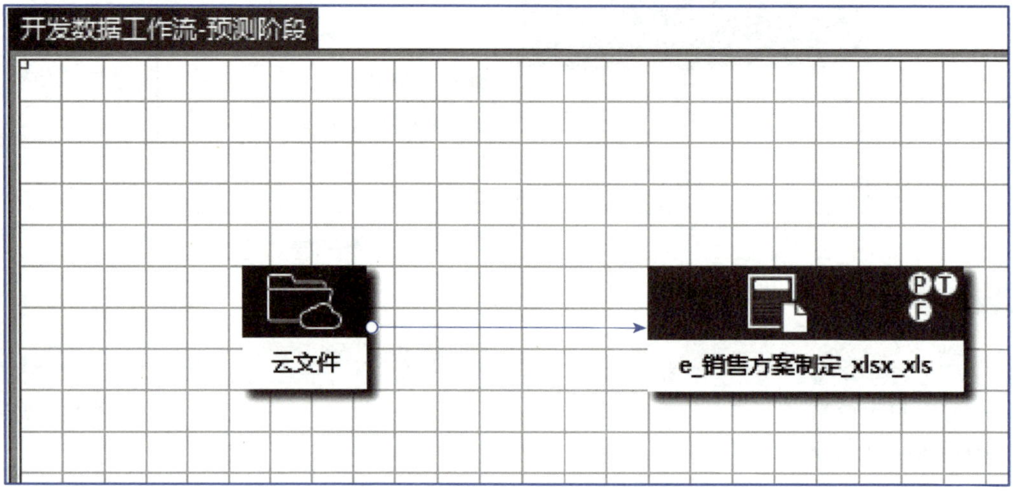

图 5-35　抽取数据

图 5-36　预测数据组装转换逻辑

【预测数据组装】节点利用【数值组装】将特征字段组装成 CSV 类型数据。注意：数据组装的顺序一定要和训练阶段组装顺序保持一致。组装后生成新列，命名为 sales。

【数据组装】参数设置即拖曳顺序，见表 5-23。

表 5-23　【数值组装】参数设置

编号	变换输入
0	Column：main _ page
1	Column：page _ level
2	Column：product _ max _ price

5. 方案销售额预测

在【工作流】节点"转换"中拖曳【转换】节点，与"预测数据组装"连线，并重命名为"方案销售额预测"。单击该节点，使用【预测】转换器对组装的预测数据 sales 进行预测，如图 5-37 所示。

【预测】参数中模型设置为之前训练的 Lasso 回归（见表 5-24），最终输出的结果为预测的商品营业额。

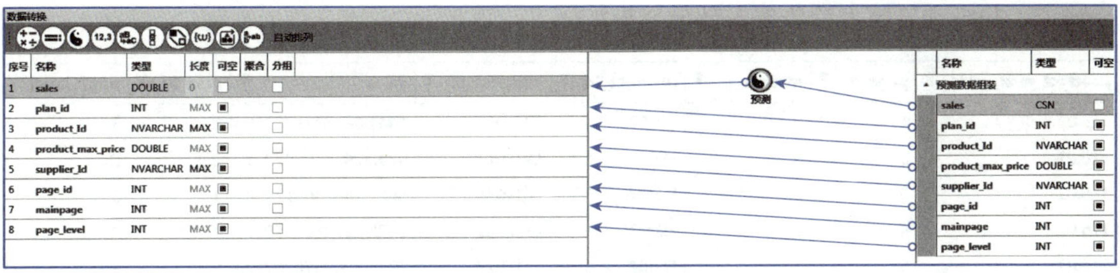

图 5-37　方案销售额预测

表 5-24　预测参数设置

参数	值
模型	.../开发数据流程-训练阶段/Lasso 回归

6. 落地保存

在【工作流】节点里面拖曳一个【云数据库】节点到工作流编辑区。

（1）选中【方案销售额预测】节点，在其【属性】面板中设置落地属性，见表 5-25。

表 5-25　落地属性

属性名	值
是否落地	√
落地表名	pre _ result
落地目标	云数据库
清空旧数据	√

（2）在【方案销售额预测】节点上单击【创建落地对象】。方法是选中【方案销售额预测】节点，右击鼠标，在弹出的快捷菜单中单击【创建落地对象】，如图 5-38 所示。

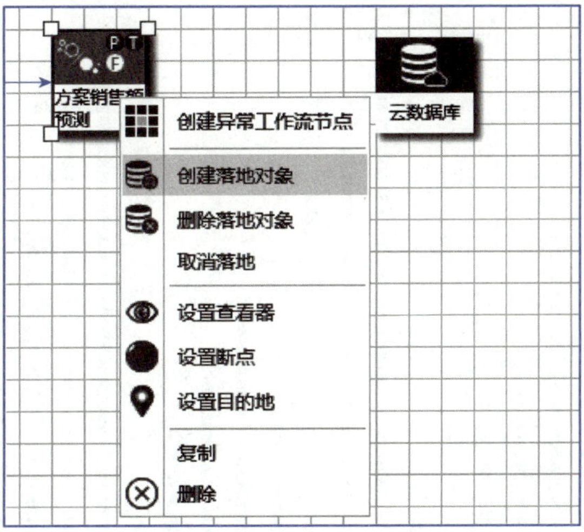

图 5-38　创建落地对象

（3）再次运行流程，可以将数据落地到表“pre _ result”中。

运行之后，可以选中【云数据】节点，单击【连接】按钮，可以看到存在表“pre _

result”，并可预览该表的数据。部分数据如图 5－39 所示。

product_max_price	page_id	mainpage	product_Id	supplier_Id	sales	plan_id	page_level
116.01	1	0	FDJ07	OUT049	1341.0848811777394	1	1
116.01	2	0	FDJ07	OUT013	974.7294670897271	2	2
116.01	3	0	FDJ07	OUT035	608.3740530017149	3	3
116.01	4	0	FDJ07	OUT046	242.0186389137025	4	4
116.01	5	1	FDJ07	OUT027	2774.2943570707703	5	1
116.01	6	1	FDJ07	OUT046	2407.938942982758	6	2
116.01	7	1	FDJ07	OUT049	2041.5835288947458	7	3
116.01	8	1	FDJ07	OUT013	1675.2281148067334	8	4
114.52	9	0	FDJ07	OUT035	1319.1549954786963	9	1
114.52	10	0	FDJ07	OUT046	952.799581390684	10	2
114.52	11	0	FDJ07	OUT046	586.4441673026718	11	3
114.52	12	0	FDJ07	OUT049	220.0887532146594	12	4
114.52	13	1	FDJ07	OUT018	2752.364471371727	13	1
114.52	14	1	FDJ07	OUT035	2386.009057283715	14	2
114.52	15	1	FDJ07	OUT013	2019.6536431957027	15	3
114.52	16	1	FDJ07	OUT046	1653.2982291076903	16	4
114.3	17	0	FDJ07	OUT049	1315.9170257781666	17	1
114.3	18	0	FDJ07	OUT018	949.5616116901543	18	2

图 5－39　结果预览

7．可视化呈现

通过可视化数据准备将数据湖中落地的预测结果数据加载到可视化模块，打开实时数据，就可以对该数据进行可视化呈现了。制作的可视化数据如图 5－40 所示。

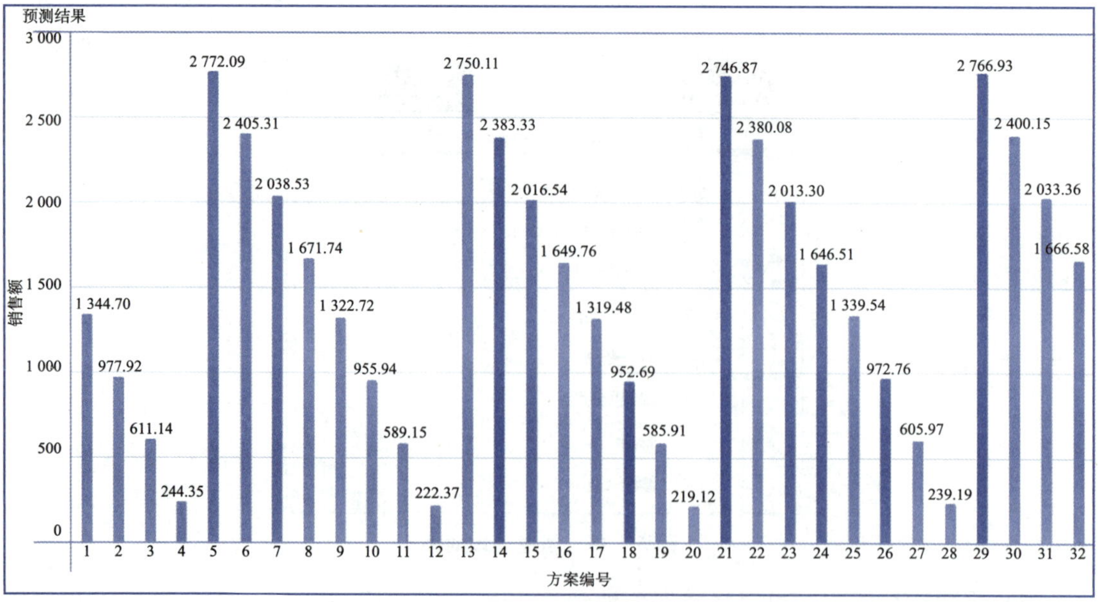

图 5－40　可视化数据

五、解决业务问题

根据对业务结果的分析，在保证业务实际可行性的前提下尽可能选择最优方案。通过对预测结果可视化的观察，我们发现第 5、13、21、29 号方案预测的销售结果较高，推荐方案的实例报告见表 5-26。

表 5-26　推荐方案

业务方案编号	商品编号	推荐的供应商编号	最高售价	是否是主页推荐	所在页面层次	预测未来一年的销售额（单位：万元）
5	FDJ07	OUT027	116.01	1	1	2 772.09
13	FDJ07	OUT018	114.52	1	1	2 750.11
21	FDJ07	OUT035	114.3	1	1	2 746.87
29	FDJ07	OUT035	115.66	1	1	2 766.93

对于商品 FDJ07，理论的最佳业务方案为 5 号方案。但在实践中，企业往往会在考虑更多的其他因素后再来最终做出决定，比如控制单一供应商风险。

根据分析报告，设计业务流程优化方案并实施反馈、迭代，直到能解决业务问题以实现一年内销售额翻一番的目标，如图 5-41 所示。

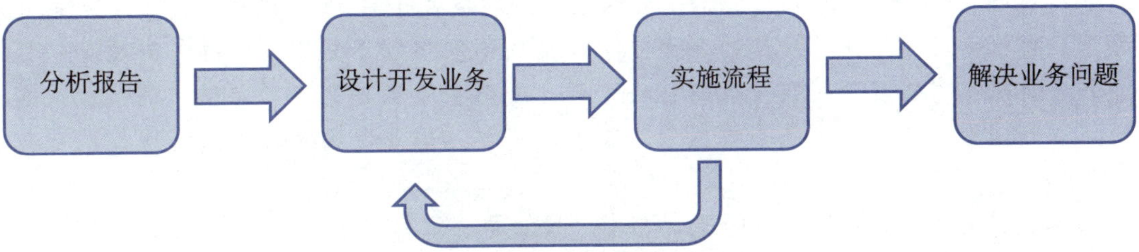

图 5-41　业务流程优化

以上是单品 FDJ07 最佳业务方案的设计过程。读者可按照相同的方法来确定所有其他单品的最佳业务方案，并最终汇总形成 A 公司的整体最佳业务运营方案。

任务评价

一、知识与技能评价（70 分）

评价项目	评价内容	分值
理解与应用	能够将业务问题转化为数据问题	25
数据处理能力	能够通过数据探索发现潜在的数据质量问题，并设计开发解决业务问题的训练模型	30
决策支持能力	利用数据分析结果，提出具体的业绩提升方案	15

二、过程与体验评价（20分）

评价项目	评价内容	分值
学习态度	对数据分析任务的态度和投入程度	10
问题解决能力	在数据处理和分析过程中遇到问题时的解决策略和效果	10

三、自我感受与反思（10分）

评价项目	评价内容	分值
自我感受	对本次数据分析任务的总体感受	5
反思与改进	对自身表现和不足的反思	5

? 课后思考

探讨新兴技术（如人工智能、机器学习）在跨境电商中的应用，以及这些技术如何帮助企业提升业绩。

项目小结 >>

通过本项目的深入学习，我们全面探索了跨境电商平台A公司在欧美市场上的业绩增长挑战。通过对业务问题的全面分析，我们不仅识别了影响业绩的关键因素，还运用大数据技术提出了切实可行的解决方案。面对在不确定的市场环境中的挑战，企业可以利用数据资产和先进的数据分析工具，将复杂的业务问题转化为可操作的数据问题。

本项目的学习重在培养数据驱动思维。我们学会了如何在海量复杂的数据中筛选、提炼出有价值的信息，并将这些信息转化为支持业务决策的有力策略。这些技能对于在当今数据密集型商业环境中取得成功至关重要。

崇德向善 >>

▼ Sora会导致影视行业大规模失业吗?

2024年2月，美国人工智能研究公司OpenAI发布了其首个“文生视频”模型Sora。据官方介绍，Sora可以根据文本提示直接输出长达60秒的视频。官网上的视频示例中，Sora不仅能准确呈现细节，还能理解物体在物理世界中的存在，并生成具有丰富情感的角色。该模型甚至还可以根据提示、静止图像等填补现有视频中的缺失帧来生成视频。

Sora代表了人工智能在视频制作领域中的最新进展，它使得从剧本直接生成视频成为可能，大大提高了视频制作的效率。与此同时，许多影视行业的从业者开始担忧自己的工作安全。导演、编剧、后期制作人员都在思考同一个问题：他们的专业技能是否会被这个AI工具取代？

然而，许多行业专家和学者认为，Sora 更像是一个强大的辅助工具，而非行业的终结者。

某位学者认为，尽管 Sora 在技术上取得了显著的进步，但它更多地代表了在工具性和效率上的提升，而不是生产力和生产关系的根本变革。效率的提升会带来两个选择：压缩人员数量，或者扩大工作量。“如果你选择压缩成本，那你原来 10 个人干的活，现在 2 个人就可以干了。但我看到更多的情况是，因为用了这个工具，我可以接更多的工作了。所以我觉得，用这个工具的公司会比那些不用这个工具的公司更有竞争力。”此外，该学者还指出，视频行业还有很多的环节不能被替代，比如创意。

有行业专家表示，AI 可能会替代 70%～80%对创造性要求不高的拍摄和后期工作，但那些具有独特创意和人文价值的创作是无法被机器取代的，就像机器制品占据市场后，依然有手工制品受到推崇。

还有的行业专家则认为，电影行业的一线从业者还不会恐慌，因为电影核心的魅力其实是文化和情感的交流，这是不可被替代的，至少现在的人工智能还没有这个能力。但在 AI 产生驱动世界的能力之前，人类和 AI 是可以协同共生的。

尽管 Sora 等人工智能技术在影视制作中的应用可能会改变行业的某些方面，但它们更应该成为人类的帮手，而非替代者。在技术革新的浪潮中，影视行业从业者需要不断地适应和进化，通过与人工智能的协同合作，创造出更多、更好的内容，同时保持人类的创造力和情感的独特价值。Sora 或许是一个起点，但它绝不是终点。

实训练习

一、背景

你作为某公司的运营经理，过去已经对直播的全流程进行了数据分析，也积累了大量的历史直播数据。如何充分利用这些直播数据的价值，以带来更多的销售额，是这一阶段的主要目标。

二、业务问题

通过对一段时间内的直播进行分析，公司总经理发现直播对销售的促进作用不如之前明显。因此，他下达了任务指标，要求改进直播方案，将营业收入提升 50%以上。

三、业务数据

IT 部门与你沟通后向你提供了一些数据，这些数据对于完成第二阶段的目标是否有帮助需要你甄别，数据质量问题也需要识别。

1. 直播信息表 lhw_broadcast（见表 5－27）

每场直播开播时，IT 部门都会在直播信息表中插入一条唯一的记录，记录该场直播的基本信息。直播结束时会更新该场直播所创造的销售额。

表 5-27 直播信息表

字段名称	字段含义	数据类型
room _ id	直播间编号（每场直播的一个编号）	NVARCHAR
start _ time	直播开始时间	NVARCHAR
end _ time	直播结束时间	NVARCHAR
atmosphere _ team _ num	直播氛围组人数	INT
style	直播风格	NVARCHAR
broadcast _ period	直播时间段：上午，中午，晚上	NVARCHAR
sales _ amount	该场直播销售额	DOUBLE
weekend	是否在工作日或周末直播	NVARCHAR

2. 企业的盈利数据 lhw _ revenue _ 2015（见表 5-28）

表 5-28 企业盈利数据

字段名称	字段含义	数据类型
parentnetprofit	母公司净利润	DOUBLE
publishname	发布的名字	NVARCHAR
reportdate	报告日期	NVARCHAR
stockcode	股票代码	NVARCHAR
sumprofit	总利润	DECIMAL
totaloperatereve	总运营额	DOUBLE
totalcost	总成本	DOUBLE

3. 直播产品表 lhw _ broadcast _ product（见表 5-29）

该表记录每一场直播所推荐的商品，以及该商品的折扣。

表 5-29 直播产品表

字段名称	字段含义	数据类型
room _ id	直播间编号	NVARCHAR
product _ id	产品编号	NVARCHAR
discount	直播产品折扣	DOUBLE

4. 用户信息表 lhw _ user _ info（见表 5-30）

该表记录观看直播的用户信息表。

表 5-30 用户信息表

字段名称	字段含义	数据类型
user _ id	用户编号	INT
gender	用户性别	NVARCHAR
from _ city	用户来源城市	NVARCHAR
birth _ date	用户出生日期	NVARCHAR

5. 订单表 lhw_product_order（见表 5-31）

该表记录客户观看直播下单后的记录。

表 5-31 订单表

字段名称	字段含义	数据类型
order_id	订单编号	INT
order_date	下单时间	NVARCHAR
customer_id	购买者编号	NVARCHAR
product_id	产品编号	NVARCHAR
entrance	订单来源	NVARCHAR

6. 商品信息表 lhw_product（见表 5-32）

该表记录该公司所有在售商品的信息，即直播商品。

表 5-32 商品信息表

字段名称	字段含义	数据类型
product_id	商品编号	NVARCHAR
product_name	商品名称	NVARCHAR
price	商品价格	DOUBLE
category	商品品类	NVARCHAR

7. 公司工资信息表 lhw_city_salary（见表 5-33）

该表记录公司的整体薪资情况。

表 5-33 公司工资信息表

字段名称	字段含义	数据类型
lower_salary	最低工资，单位千元	INT
upper_salary	最高工资，单位千元	NVARCHAR
city	城市	NVARCHAR
industry	所属行业	NVARCHAR
id	公司 id	INT

8. 开播排班表 lhw_shows（见表 5-34）

该表记录每一场直播的主播对应关系。

表 5-34 开播排班表

字段名称	字段含义	数据类型
room_id	直播间编号	NVARCHAR
shows_id	排班 id	INT
host_id	主播编号	NVARCHAR
is_chief_host	是否是首席主播：是，否	NVARCHAR

9. 主播信息表 lhw _ host（见表 5 - 35）

该表记录主播的详情信息。

表 5 - 35 主播信息表

字段名称	字段含义	数据类型
host _ id	主播编号	NVARCHAR
name	主播姓名	NVARCHAR
gender	主播性别	NVARCHAR
level	主播等级	INT
fee	主播每场直播的费用	INT
experience _ num	主播经历项目数	INT

10. 公司的物流订单数据 lhw _ logistics _ order（见表 5 - 36）

该表记录用户订单的物流信息。

表 5 - 36 公司的物流订单数据

字段名称	字段含义	数据类型
custom _ feedback	客户反馈	NVARCHAR
delivery _ date	签收日期	DATETIME
delivery _ status	物流状态（按时交货，晚交货）	NVARCHAR
order _ code	订单号	NVARCHAR
product _ type	产品类型	NVARCHAR
quantity	产品数量	INT
region	目的地	NVARCHAR
freight	运费	NVARCHAR
gather _ date	揽收日期	DATETIME

四、分析要求

请你根据对直播业务和数据的分析，制定合理可行的直播策略调整建议，完成业绩指标。按照以下六个步骤完成整个项目：

（1）分析业务问题。

（2）框定业务数据。

（3）探索业务问题。

（4）开发数据流程。

对于实操部分，需要满足如下要求：

1）测试用的数据工作流名称须为：

训练阶段：BT01train。

预测阶段：BT01predict。

2）落地数据要求：需要对框定的所有表解决质量问题（需要进行数据质量探索），并将质量问题解决后的所有表的数据落地，落地要求的字段名与原表的字段名一致。

（5）流程结果分析。

（6）解决业务问题。

五、提示

（1）请紧扣题目中所给出的业务问题来设计所有的数据工作流，不要做与解决该业务问题无关的数据分析工作。

（2）题中给出了10张业务数据表，并不是所有的数据表都与业务问题的解决有关，你需要仔细理解每个数据表的每个列，同时根据自己的经验来选择合适的数据表和列。

（3）每一张数据表的每一个列都可能有数据质量问题，你需要设计相关的数据流程来找出数据质量问题并解决掉，这样最后的预测结果才能更好。

（4）通过数据分析最终给到业务部门的是一个具体的业务方案，请详细说明直播的各种资源配置，如主播、产品等。

（5）直播业务方案的评比，主要看三点：一是直播方案的合理性，二是直播销售额预测模型，三是直播方案在预测模型下的预测结果的高低。

参考文献

1. 叶雅珍，朱扬勇．数据资产［M］．北京：人民邮电出版社，2021.
2. 用友平台与数据智能团队．一本书讲透数据治理：战略、方法、工具与实践［M］．北京：机械工业出版社，2024.
3. 史凯．精益数据方法论：数据驱动的数字化转型［M］．北京：机械工业出版社，2022.
4. 薛薇．统计分析与 SPSS 的应用［M］．7 版．北京：中国人民大学出版社，2024.
5. 练金，苏重来．大数据基础与实务：商科版［M］．2 版．北京：高等教育出版社，2024.
6. 沈凤池．商务数据分析与应用：微课版［M］．2 版．北京：人民邮电出版社，2023.
7. 林子雨．大数据技术原理与应用：概念、存储、处理、分析与应用：高职版［M］．4 版．北京：人民邮电出版社，2025.
8. 宋天龙．Python 数据分析与数据化运营［M］．2 版．北京：机械工业出版社，2019.
9. 陈兰香．云存储安全：大数据分析与计算的基石［M］．北京：清华大学出版社，2019.
10. 林子雨．大数据导论：数据思维、数据能力和数据伦理：通识课版［M］．2 版．北京：高等教育出版社，2024.
11. 陶皖．大数据导论［M］．西安：西安电子科技大学出版社，2020.
12. 黄源，董明，刘江苏．大数据技术与应用［M］．北京：机械工业出版社，2020.
13. 周苏，戴海东．大数据分析［M］．北京：中国铁道出版社有限公司，2020.
14. 张尧学，胡春明．大数据导论［M］．2 版．北京：机械工业出版社，2021.
15. 卢西亚诺·弗洛里迪，莫瑞奥萨瑞·塔迪欧，闫宏秀（译），杨庆峰（校）．何为数据伦理学［J］．洛阳师范学院学报，2018（4）：1－4＋98.
16. 钱晓东．数据挖掘中分类方法综述［J］．图书情报工作，2007（3）：68－71＋108.
17. 肖铮．常用的三种分类算法及其比较分析［J］．重庆科技学院学报（自然科学版），2020（5）：101－106.
18. 马占杰，杨淑莹．基于贝叶斯和 F-measure 感知机的分类器设计［J］．现代电子技术，2019（21）125－129.
19. 吴明礼，张宏安．数据存储技术综述［J］．北方工业大学学报，2015（1）：30－35＋55.